第九届全国商品砂浆学术交流会论文集

Proceedings of the 9th National Symposium on Commercial Mortar

主　编　王培铭　陈胡星

副主编　张国防　武双磊

中国建材工业出版社

图书在版编目（CIP）数据

第九届全国商品砂浆学术交流会论文集/王培铭，陈胡星主编；张国防，武双磊副主编．--北京：中国建材工业出版社，2023.4

ISBN 978-7-5160-3590-0

Ⅰ.①第… Ⅱ.①王… ②陈… ③张… ④武… Ⅲ.①砂浆—学术会议—文集 Ⅳ.①TQ177.6-53

中国版本图书馆 CIP 数据核字（2022）第 183548 号

第九届全国商品砂浆学术交流会论文集

Di-jiu Jie Quanguo Shangpin Shajiang Xueshu Jiaoliuhui Lunwenji

主　编　王培铭　陈胡星

副主编　张国防　武双磊

出版发行：中国建材工业出版社

地　　址：北京市海淀区三里河路 11 号

邮　　编：100831

经　　销：全国各地新华书店

印　　刷：北京印刷集团有限责任公司

开　　本：787mm×1092mm　1/16

印　　张：19.5

字　　数：420 千字

版　　次：2023 年 4 月第 1 版

印　　次：2023 年 4 月第 1 次

定　　价：128.00 元

本社网址：www.jccbs.com，微信公众号：zgjcgycbs

第九届全国商品砂浆学术交流会(9th NSCM)

杭州　2021年11月4—6日

主办单位: 中国硅酸盐学会房屋建筑材料分会
中国建筑学会建筑材料分会
中国硅酸盐学会水泥分会
同济大学
浙江大学

承办单位: 同济大学
浙江大学

协办单位: 浙江省散装水泥与预拌砂浆发展研究会
瓦克化学(中国)有限公司
塞拉尼斯(上海)聚合物有限公司
杭州临安正翔建材有限公司
杭州墨泰科技股份有限公司
浙江正昶新型材料股份有限公司
浙江益森科技股份有限公司
浙江鼎峰科技股份有限公司
杭州盈河建材科技有限公司
北京道豪科技有限公司(中国砂浆网)
山东龙润建材有限公司
烟台中海电子科技有限公司
山东朗格润新材料有限公司
上海增司工贸有限公司
先进土木工程材料教育部重点实验室(同济大学)
上海市建筑材料行业协会干混砂浆分会
《新型建筑材料》杂志社
《中华建筑报》报社

前　言

第九届全国商品砂浆学术交流会于2021年11月4—6日在杭州市以线上线下相结合的方式举行。这是继2005年上海、2007年开封、2009年武汉、2011年上海、2013年南京、2015年济南、2017年广州、2019年天津之后国内商品砂浆学术交流的又一次盛会。

自第八届全国商品砂浆学术交流会以来的两年内，商品砂浆的研究范围不断扩大，研究深度不断加深，产品门类和种类不断增多，标准和规范不断完善，生产和应用规模不断扩大。

本届会议旨在总结交流近两年来的研究成果，为商品砂浆的科学研究、生产和应用提供参考。本届会议遴选出35篇论文集结出版。论文集涉及商品砂浆发展现状、砂浆基本性能和原材料作用、砂浆产品研发与应用、固体废弃物利用、标准与试验方法等方面内容。

论文集参编人员有孙振平、张永明、王茹、徐玲琳、刘贤萍、段瑜芳、苗琳琳、丁文东、祝张法、孙辉、匡康泰、詹早良、沈池清、丁旭鹏、方伟烽、张斌、贾学飞、郭文华、李辉永、范树景、马先伟、吴丹琳等。

在论文征集、整理和编辑过程中，同济大学材料科学与工程学院王顺祥、汪江福、冯淑瑶以及浙江大学材料科学与工程学院周威杰、周润铎等研究生也付出了辛勤劳动，在此一并表示深深的谢意。

由于编者水平有限，书中不足之处在所难免，敬请广大读者批评指正。

编　者
2021年11月

前言

目　录

第一部分　综　　述

第二部分　砂浆基本性能和原材料作用

第三部分　产品研发与应用

第四部分　其　　他

第一部分

综　述

水泥基饰面砂浆泛白本质及机理研究

王培铭
（同济大学材料科学与工程学院，上海 200092）

摘　要：依据课题组近几年关于由硅酸盐水泥、铝酸盐水泥和硫铝酸盐水泥制备的饰面砂浆的试验结果，就泛白本质及泛白机理的共性问题进行了分析。主要涉及水泥基饰面砂浆泛白物的种类和聚集态以及其与泛白的关系，并以问答形式提出了个人见解。泛白物基本上不是以碱而是以盐的形式出现及演变；处于砂浆表面的水化产物有可能直接参与泛白，也可能碳化后参与泛白；是否能达到肉眼可见泛白的程度，其与泛白物的聚集态有关，且取决于砂浆的服役时间和所处的环境条件，尤其是湿度和是否遭受（雨）水的扰动等。

关键词：水泥基饰面砂浆；泛白本质；泛白机理；水化物；碳化产物；聚集度

Study on Efflorescence Essence and Mechanism of Cement-based Decorative Mortar

Wang Peiming
(School of Materials Science and Engineering,
Tongji University, Shanghai 200092)

Abstract: Based on the experimental results of our research group on the decorative mortar prepared with Portland cement, aluminate cement and sulphoaluminate cement in recent years, the common problems of efflorescence essence and mechanism are analyzed. This paper mainly deals with the types and aggregation state of efflorescence substance of cement-based decorative mortar and its relationship with whiteness, and puts forward personal opinions in the form of question and answer. The efflorescence substance appears and evolves in the form of salt instead of alkali; the hydration products on the mortar surface may participate in efflorescence directly or after carbonization; whether the whiteness can be seen by the naked eye is related to the aggregation state of the efflorescence substance, which depends on the service time of the mortar and the environmental conditions, especially the humidity and whether it is disturbed by (rain) water.

Keywords: cement-based decorative mortar; efflorescence essence; efflorescence mechanism; hydration products; carbonation products; aggregation state

1 引言

我国早在2007年就颁布了首部饰面砂浆行业标准《墙体饰面砂浆》(JC/T 1024—2007),2019年又对此进行了修订,但饰面砂浆在国内的应用仍存在一些问题,最突出的是饰面砂浆色彩在服役期间的非预期变化,其中泛白备受关注。

砖瓦、石材和混凝土等建筑材料的泛白早有研究,而针对饰面砂浆的泛白研究还是本世纪的事。尽管时间很短,但在泛白形成机理和预防途径方面获得了有意义的研究成果,提出了许多泛白预防途径,其中不乏从砂浆体系入手者,仅举如下几例:

(1)形成低碱体系。由低碱硅酸盐水泥、吸碱或无碱外加剂完成,尽量降低碱对氢氧化钙碳化后泛白的加重影响[1]。碱在本节是指碱KOH和NaOH或碱金属K和Na。

(2)形成无碱-快硬体系。由高纯无可溶碱和白度严格可控的白色铝酸盐水泥完成,并使水化加快,尽早形成有利浆体结构[2]。

(3)形成AFt-AFm-AH_3体系。由白色铝酸盐水泥-硅酸盐水泥-石膏三元胶凝材料体系完成,基于AFt和AH_3特有的水化物及其构成的显微结构。硅酸盐水泥所含的钙必须全部结合在AFt和AFm中[3]。

(4)形成AFm和AH_3体系。由铝酸盐水泥-矿渣粉-硅酸盐水泥-硬石膏四元胶凝材料体系完成,实际测得水化产物为AFt、AFm、C_3AH_6和C_2ASH_8(不含C-S-H和C-H),使结构尽早密实,水化物稳定[2]。

(5)形成低离子传输体系。由白色硅酸盐水泥-辅助胶凝材料二元胶凝材料体系、白色硅酸盐水泥-聚合物二元胶凝材料体系、白色铝酸盐水泥-石膏-硅酸盐水泥三元胶凝体系,辅以憎水剂和引气剂有效降低离子传输速率完成。使离子浸出率低于阈值[4]。

本文围绕这些提法,结合笔者课题组近年的部分研究,提出三个问题并给出思考结果,供大家批评。

2 问题一:水泥基饰面砂浆中只有氢氧化钙碳化产物泛白吗?

答案是否定的。结论:所有碳化物和水化物都有泛白的潜力。

(1) 从热力学角度来看：凡是水化产物都有可能碳化。根据 J. Stark 的描述[5]，水泥的主要水化产物碳化反应方程如式（1）～式（9）所列，计算得出的 ΔG_R^T 见表 1。

$$Ca(OH)_2 + CO_2 \longrightarrow CaCO_3 + H_2O \quad (1)$$

$$3CaO \cdot 2SiO_2 \cdot 3H_2O + 3CO_2 \longrightarrow 3CaCO_3 + 2SiO_2 + 3H_2O \quad (2)$$

$$2CaO \cdot Al_2O_3 \cdot 8H_2O + 2CO_2 \longrightarrow 2CaCO_3 + 2Al(OH)_3 + 5H_2O \quad (3)$$

$$3CaO \cdot Al_2O_3 \cdot 6H_2O + 3CO_2 \longrightarrow 3CaCO_3 + 2Al(OH)_3 + 3H_2O \quad (4)$$

$$4CaO \cdot Al_2O_3 \cdot 19H_2O + 4CO_2 \longrightarrow 4CaCO_3 + 2Al(OH)_3 + 16H_2O \quad (5)$$

$$3CaO \cdot Al_2O_3 \cdot CaSO_4 \cdot 12H_2O + 3CO_2 \longrightarrow 3CaCO_3 + 2Al(OH)_3 + CaSO_4 \cdot 2H_2O + 7H_2O \quad (6)$$

$$2CaO \cdot SiO_2 \cdot 1.17H_2O + 2CO_2 \longrightarrow 2CaCO_3 + SiO_2 + 1.17H_2O \quad (7)$$

$$5CaO \cdot 6SiO_2 \cdot 5.5H_2O + 5CO_2 \longrightarrow 5CaCO_3 + 6SiO_2 + 5.5H_2O \quad (8)$$

$$3CaO \cdot Al_2O_3 \cdot 3CaSO_4 \cdot 32H_2O + 3CO_2 \longrightarrow 3CaCO_3 + 2Al(OH)_3 + 3CaSO_4 \cdot 2H_2O + 23H_2O \quad (9)$$

表 1　若干水泥水化产物 25℃和－5℃下碳化反应的自由焓 ΔG_R^T（按绝对值大小排序）

水泥水化产物	ΔG_R^T (kJ/mol)	
	25℃	－5℃
$Ca(OH)_2$	－74.58	－78.61
$3CaO \cdot 2SiO_2 \cdot 3H_2O$	－74.37	－78.24
$2CaO \cdot Al_2O_3 \cdot 8H_2O$	－72.18	－75.29
$3CaO \cdot Al_2O_3 \cdot 6H_2O$	－69.39	－73.65
$4CaO \cdot Al_2O_3 \cdot 19H_2O$	－67.24	－68.78
$3CaO \cdot Al_2O_3 \cdot CaSO_4 \cdot 12H_2O$	－63.25	－66.26
$2CaO \cdot SiO_2 \cdot 1.17H_2O$	－61.72	－65.94
$5CaO \cdot 6SiO_2 \cdot 5.5H_2O$	－47.43	－50.96
$3CaO \cdot Al_2O_3 \cdot 3CaSO_4 \cdot 32H_2O$	－50.79	－49.06

在等温等压下一个反应能否自发进行，取决于自由焓变量即 ΔG_R^T 是负值还是正值，ΔG_R^T 为负值的反应可以进行，且负值越大，则反应的趋势越大。两个同类型反应所进行的先后顺序取决于 ΔG_R^T 的大小，负值大的反应优先进行。根据这一观点，可由表 1 确定以下三点：

① 上列水泥水化产物都可发生碳化反应；

② 就相同温度条件下的碳化反应趋势来说，$Ca(OH)_2$（氢氧化钙）最大，而 $3CaO \cdot Al_2O_2 \cdot 3CaSO_4 \cdot 32H_2O$（钙矾石）最小；

③ 降低温度使水泥水化产物碳化反应趋势增大，钙矾石是一例外。

将上述水泥水化产物来源列于表 2（A 组），从中可以看出，若仅考虑自由焓（表 1），硅酸盐水泥水化产物的碳化趋势最大。

表 2 水泥水化产物及其对应的水泥系列（仅含三大系列水泥，且无混合材）

水泥水化产物		源自水泥系列		
		硅酸盐水泥*	铝酸盐水泥**	硫铝酸盐水泥***
A组	$Ca(OH)_2$	√		
	$3CaO \cdot 2SiO_2 \cdot 3H_2O$****	√		√
	$2CaO \cdot Al_2O_3 \cdot 8H_2O$	√	√	
	$3CaO \cdot Al_2O_3 \cdot 6H_2O$		√	
	$4CaO \cdot Al_2O_3 \cdot 19H_2O$	√		
	$3CaO \cdot Al_2O_3 \cdot CaSO_4 \cdot 12H_2O$	√		√
	$2CaO \cdot SiO_2 \cdot 1.17H_2O$****	√		√
	$5CaO \cdot 6SiO_2 \cdot 5.5H_2O$****	√		√
	$3CaO \cdot Al_2O_3 \cdot 3CaSO_4 \cdot 32H_2O$	√		√
B组	$Al(OH)_3$		√	√
	$CaSO_4 \cdot Al_2O_3 \cdot 10H_2O$		√	√
	$CaSO_4 \cdot 2H_2O$			√

* 由白色硅酸盐水泥熟料和石膏组成；
** 由铝酸钙组成；
*** 仅含硫铝酸盐水泥熟料；
**** 代表钙硅比和结合水不同的水化硅酸钙。

式（1）～式（9）的碳化所产生的固体反应产物是 $CaCO_3$、SiO_2、$Al(OH)_3$、$CaSO_4 \cdot 2H_2O$ 等［注：这里的 $Al(OH)_3$ 和 $CaSO_4 \cdot 2H_2O$ 是碳化产生的，而表 2 中 B 组的 $Al(OH)_3$ 和 $CaSO_4 \cdot 2H_2O$ 是水化生成的］。也就是说，$CaCO_3$ 并不是唯一的碳化反应产物，不管采用三大水泥系列中的哪种系列，至少有两种以上的不尽相同的碳化反应产物。

（2）从动力学的角度来讲，包含固体反应物的溶解过程、气体反应物 CO_2 的溶解过程和两者溶解所产生离子的反应生成碳化产物（反应产物）在内的整个碳化反应过程前后，反应物和碳化产物的量的变化与时间之间必然存在着精确关系，本文从略。

（3）上述是碳化产物泛白的情况，并不涉及水化物直接泛白，后面将在下节予以讨论。

3 问题二：有“泛白物”就能显示出肉眼看到的泛白吗？

答案是否定的。结论：只有泛白物的大小达到肉眼的分辨率才能显示出泛白。

本文仅研究泛白问题，因此选用的水泥均不含有色矿物（如铁酸钙或其固溶体），水化产物和碳化产物基本都是白色或无色。它们在彩色饰面砂浆（拌制时掺有其他颜色）表面会显示其本色吗？换句话问，我们在用 XRD 或 SEM 在砂浆表面测到这些白色物，就能判断必然出现泛白吗？或反过来问，没有泛白的就不会有这些物相吗？仅用肉眼观察，甚至加上 XRD 和 SEM 观察也不能准确回答这个问题。

我们举例说明。图 1 显示了用肉眼观察到的两种掺有同一红色颜料的水泥砂浆的泛白 DC 照片[6]，其中一个样品 M1，表面大面积明显泛白［图 1（a）］，另一个样品 M2，只有很小的区域［图1（b）区域W］泛白，不泛白的区域保持颜料的红色［图1（b）区域R］。毋庸置疑，M1表面必然密集泛白物。然而，M2的泛白区域与非泛白区域的差异从宏观上很难判断。通过SEM将泛白区域及其周边放大［图2（a）］，首先发现的并不是上面提及的$CaCO_3$、SiO_2、$Al(OH)_3$、$CaSO_4 \cdot 2H_2O$四种碳化反应产物的任何一种，而是水泥水化产物AFt，其呈针状，并以放射状成簇排列，是典型的AFt形态，并用EDS进一步得到确认，如图2（b）所示。但AFt是否参与泛白，其周边基底是否显示白色还不能确定。因为SEM不能区别物相颜色，只能借助光学显微镜来判断。图2（c）和（d）是在超景深光学显微镜下观察到的浆体结构，图2（c）的视域与图2（a）的完全相同，可以明显看到在图2（a）中看不到物相的真实颜色，尤其是白色物相的形状和分布或聚集态。可以确定AFt的白色没有受到颜料色彩的影响，其与周边基底颜料的红色分界线非常清晰。将放大倍数缩小，可以观察到更大的视域，如图2（d）所示，AFt的分布广泛，诸多单个密集区域明显大于肉眼0.1mm的分辨率，为确认AFt这一水化产物参与泛白的事实提供了依据。

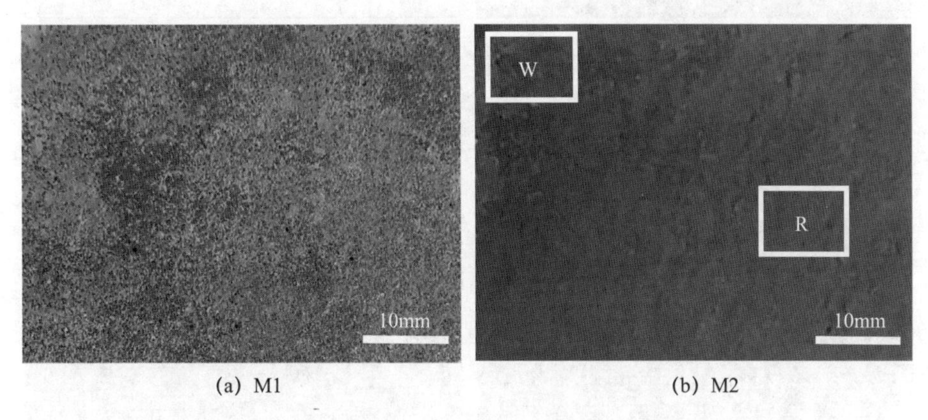

(a) M1　　(b) M2

图1　红色砂浆表面泛白DC照片（M1整体泛白；M2局部泛白，如W区）[7]

在非泛白区［图1（b）区域R］也发现了成簇AFt的存在，如图3所示[6]。但是因为这里的AFt整簇尺寸只有0.05mm左右，低于肉眼0.1mm的分辨率，因此，光学显微镜下清晰可见的白色物在原始尺寸的红色砂浆表面上用肉眼观察不到。将这种用肉眼观察不到的白色物相称为潜在泛白物。

这只是一个例子，其他水泥水化产物如表1所列的AFm、C-A-H、C-S-H都有可能参与泛白，其作用一般在其碳化之前，当然最基本的前提是这些水化产物生长形成的聚集态超过了肉眼的分辨率，或者说，干扰了基底颜料的聚集态，使后者的尺度达不到肉眼的分辨率。两种碱，KOH和NaOH都不在其列，这是因为它们碳化迅速，碳化产物也是易溶的，接着与$Ca(OH)_2$反应回归成碱，周而复始，直至$Ca(OH)_2$消耗殆尽。在这个过程中，K和Na几乎总是以离子的形式存在于孔溶液中，不能形成难溶或不溶的碱金属盐。它们的去向将在下一节讨论。$Ca(OH)_2$也几乎不在其列，归结于其碳化速率过快，我们在砂浆表面上观察时其已变为碳化产物，其往往是硅酸盐水泥制备的饰面砂浆上最主要的泛白物。

实际上，泛白物在性质上并不是一成不变的。包括$Ca(OH)_2$在内的水泥水化产物经碳化形成的产物有些是稳定的，如 $CaCO_3$（矿物大多为方解石，也有霰石和球霰石，因水泥品种而异）、SiO_2（石英）、$Al(OH)_3$（三铝水石），有的是不稳定的，如 $CaSO_4 \cdot 2H_2O$（石膏），其会在尚有铝酸盐或硫铝酸盐的体系中参与水化及后续碳化过程。即使是稳定的方解石、石英和三铝水石也要根据它们的聚集态干扰基底颜料的聚集态的程度来确定其泛白作用。在这三者之间，方解石对泛白的作用最大。

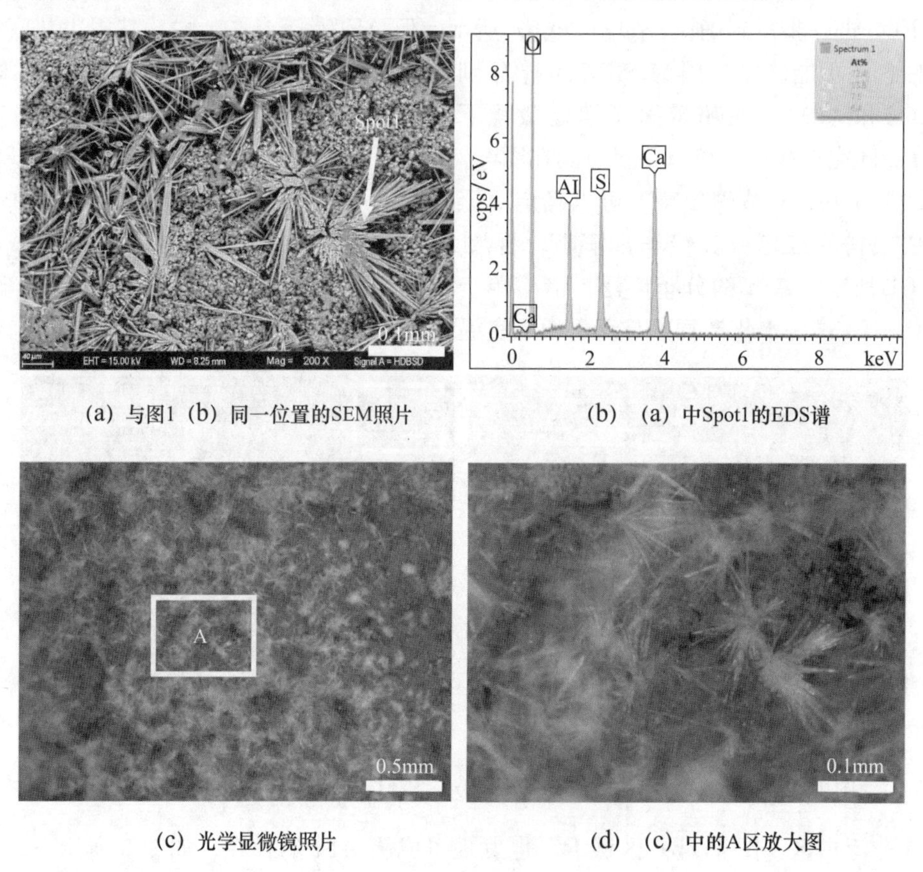

（a）与图1（b）同一位置的SEM照片　　（b）（a）中Spot1的EDS谱

（c）光学显微镜照片　　（d）（c）中的A区放大图

图 2　图 1 中 W 区形貌[7]

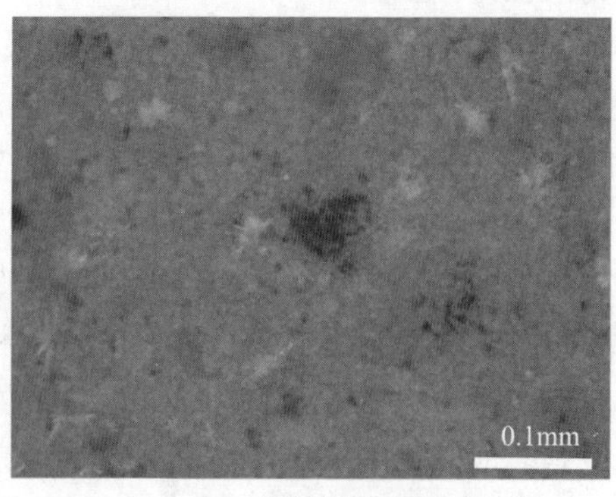

（a）光学显微镜图

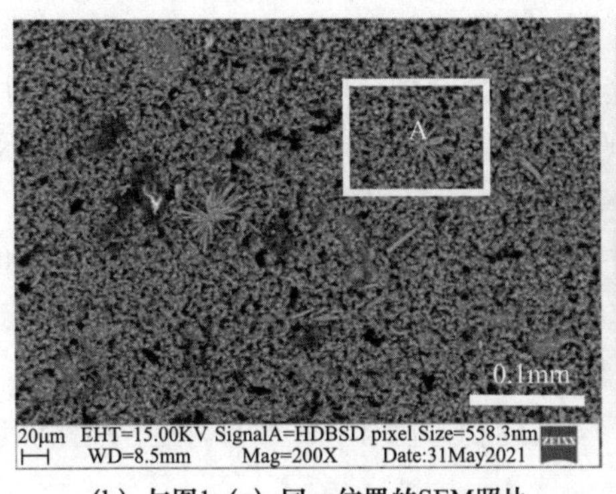

(b) 与图1 (a) 同一位置的SEM照片

(c) (b) 中的A区放大图

图 3　图 1 中 R 区形貌[7]

4　问题三：泛白是泛碱吗？

答案是否定的。结论：所有泛白物都不是碱，只不过大多泛白物含碱金属或碱土金属。

将课题组最近研究认为的潜在泛白物列于表 3，这些数据来源于表 2 中的硅酸盐水泥、铝酸盐水泥和硫铝酸盐水泥及其混合物所制备的砂浆。所有样品都是在经过一定时间养护再浸泡一定时间后测定砂浆表面泛白物和（或）浸泡液干燥沉淀物。

表 3　砂浆表面白色矿物和浸泡液白色矿物定性分析结果

类别	矿物分子式	属性	溶解性*	矿物来源						
				砂浆表层刮取				浸泡液析出或捕获		
1	$CaCO_3$	盐	难溶	√√√	√√√	√√√	√√√	√√	√√	√√
	$Al(OH)_3$	两性**	难溶				√√√		√	√
2	C-A-H	盐	微溶	√			√√			
	AFm***	盐	微溶				√√√			
	AFt****	盐	微溶			√√√	√√√			√√
	$CaSO_4 \cdot 2H_2O$	盐	微溶	√		√			√	
3	K_2SO_4	盐	可溶	√	√			√√		
4	K_2CO_3	盐	易溶						√	
	$Na_2CO_3 \cdot H_2O$	盐	易溶						√	√√
	$Na_3H(CO_3)_2 \cdot 2H_2O$	盐	易溶							√√
	$Na_2CO_3 \cdot 10H_2O$	盐	易溶						√	
	$K_3Na(SO_4)_2$	盐	易溶					√√√		
数据来源				文献[4]	文献[8]	文献[9]	课题组最近试验	文献[4]	文献[7]	课题组最近试验

*　难溶：小于 0.01g/100g；微溶：(0.01～1) g/100g；可溶：(1～10) g/100g；易溶：大于 10g/100g；

**　指两性氢氧化物；

***　AFm 包括 $3CaO \cdot Al_2O_3 \cdot CaSO_4 \cdot 12H_2O$、$3CaO \cdot Al_2O_3 \cdot CaCO_3 \cdot 11H_2O$、$3CaO \cdot Al_2O_3 \cdot 0.5CaCO_3 \cdot 12H_2O$ 等；

****　AFt 包括 $3CaO \cdot Al_2O_3 \cdot 3CaSO_4 \cdot 32H_2O$ 及其 $CaCO_3$ 固溶体。

按溶解度将砂浆表面泛白物和（或）浸泡液干燥沉淀物归为四类：第1类包含$CaCO_3$和$Al(OH)_3$两种难溶矿物，前者为盐，后者为两性氢氧化物；第2类包含水化铝酸钙（以C-A-H表示）、AFm、AFt和$CaSO_4 \cdot 2H_2O$四种微溶盐；第3类仅含K_2SO_4一种可溶盐；第4类含K_2CO_3、$Na_2CO_3 \cdot H_2O$、$Na_3H(CO_3)_2 \cdot 2H_2O$、$Na_2CO_3 \cdot 10H_2O$、$K_3Na(SO_4)_2$5种易溶盐。由表3中可见，两种难溶矿物在砂浆表面上和浸泡液中均能得到，微溶盐和可溶盐则更多地沉积在样品表面，但也有在浸泡液中获取的，特别是棒状矿物，而易溶盐仅在浸泡液中找得到。由此可以确定以下几点：

（1）无论砂浆表面泛白物还是浸泡液干燥沉淀物，除了$Al(OH)_3$是两性氢氧化物以外都是盐，根本不属于碱。

（2）含K、Na碱金属的盐（第3类和第4类）基本上都是易溶盐，只有K_2SO_4的溶解度相对低一些，属可溶盐。这些盐除了K_2SO_4以外，均未沉积在砂浆表面上，而是来自浸泡液。可以推断，孔（包括表面孔）溶液中的K^+、Na^+向离子浓度尚低的浸泡液中迁移，在干燥过程中与碳酸（氢）根离子或硫酸根离子反应，以碱金属盐的形式沉淀。对可溶盐K_2SO_4来说，其例外地沉积在样品表面，也可能与样品制备过程有关。这个样品虽然也经过水浸泡，但在样品从浸泡液中取出时没有清除表面的残留液体，其中的K^+和$SO_4{}^{2-}$在样品干燥时析出K_2SO_4。凡是有此操作过程的或不经过用水浸泡或冲淋的样品直接观察泛白的，都会有这样的结果。

（3）微溶的盐（第2类）都含碱土金属Ca，而不含碱金属K和Na。它们均出现在砂浆表面上，基本上都是水化产物，如C-A-H、AFm、AFt等，而$CaSO_4 \cdot 2H_2O$可能是过量的硫酸钙水化而成或是AFt和AFm等水化产物碳化过程产生的反应产物。其在浸泡液干燥后测到的可能是孔溶液相关离子的迁移结果，也有的是细长棒状水化产物在碳化过程中被碳化腐蚀截断脱离样品表面而落入浸泡液中的。图4所示的是砂浆表面的AFt在碳化过程中其发射状簇的根部被腐蚀而与碳化产物断开［头部如果碳化也会这样，见图4（a）］，其脱落在浸泡液中的残体仍保持着根部或头部被腐蚀的痕迹［图4（b）］。

(a) 砂浆表面的AFt（“根”部碳化断开）

(b) 浸泡液中的AFt（碳化痕迹可见）

图4　砂浆表面和浸泡液中的AFt

（4）难溶的两种矿物（第1类）中，$CaCO_3$是碳化产物［不仅来自$Ca(OH)_2$的碳化，如式（1）～式（9）所示］，而$Al(OH)_3$既是碳化物（AFt和AFm碳化产出，源自所有产生 AFt 和 AFm 的水泥），也是水化物（由铝酸盐水泥和硫铝酸盐水泥水化产生）。不管何种水泥制备的砂浆，无论在表面还是浸泡液中都存在 $CaCO_3$，显而易见，样品表面的 $CaCO_3$ 是 Ca^{2+} 与来自大气中的 CO_2（经过碳氢化过程）反应或水化产物原位碳化而成，而从浸泡液中获得的 $CaCO_3$ 是 Ca^{2+} 离子与溶解在水中的 CO_2 反应或更多的是在干燥过程中与空气中的 CO_2（亦经过碳氢化过程）反应而成。$Al(OH)_3$ 并不尽然，其取决于所用的水泥种类、水化时间和浸泡时间（另文发表）。

总体来讲，第 1 类的两种矿物是难溶的，一旦生成，会长期沉积在样品表面。而其他三组的盐都有可能仅短期存在，取决于材料本身，也取决于外部环境条件。可以想象，在实际环境中，易溶盐（第 4 类）经过（雨）水冲刷可以脱离砂浆表面，不再参与泛白；微溶的水泥水化产物（第 2 类）在环境湿度很低的条件下很难碳化，这也降低了泛白程度。即使这 4 类矿物能引起砂浆表面泛白，本质上也不是泛碱。另外，即使这些矿物存在于砂浆表面，也不一定出现肉眼可见泛白，还要看这些白色矿物聚集态的发展，如上节所述。

5 结语

（1）泛白现象涉及方方面面，本文仅探讨了泛白的本质。对水泥基砂浆来说，泛白物基本上不是以碱，而是以盐的形式演变。处于砂浆表面的水化产物都有可能以盐的形式直接参与泛白，也可能在碳化后以盐的形式参与泛白。泛白物是否能达到泛白的程度与泛白物的聚集态有关，即泛白物只有聚集到一定程度才能使肉眼观察到泛白，也就是与其干扰颜料聚集度有互补关系，取决于砂浆的服役时间和所处的环境条件，尤其是湿度和是否遭受（雨）水的扰动等。

（2）由于泛白与泛白物的颜色和聚集度（数量及分布）有关，以往仅用 XRD 物相分析和 SEM 形貌分析得到的结果很难判断对泛白有作用的物相，只有联合使用能辨别物相“真实颜色”的手段如光学显微分析，才能得到有意义的信息。又由于泛白物的聚集度与其干扰基底颜料分布的程度是互补的，可辅以 SEM 中的背散射电子成像或颜料元素的面扫描来确定。

（3）根据上述研究可以预期，饰面砂浆泛白与服役环境的关系有三类：

① 一直处于干燥环境中，水化产物和早期碳化产物是主要的潜在泛白物，其反应受限，难以形成大体积物相，就不一定出现泛白现象。即使有由金属碱 K 和 Na 以及碱土金属 Ca 生成的碳酸盐或其他盐，其量也很小，如果分布得当，不足以出现可见泛白。浆体的密实度对泛白也没有什么影响。

② 在潮湿环境中，特别是干湿循环频繁，有利于砂浆表面水泥水化和水化物碳化，水化生成的 $Ca(OH)_2$ 碳化最快，其他水化物也会进度不同地碳化。不过，除了难溶的以外，水化产物对泛白来说是过渡产物，水化物会继续碳化，碳化产物成为最终的泛白物。碳化产物不仅是碳酸钙，因原材料不同可能会有其他含碳化合物或不含碳的化合物。这时提高浆体的密实度，防止溶液离子由内向表面迁移，对抑制泛白显得尤其重要。

③ 如果砂浆表面遭遇水的冲刷，无论是自然的，如雨水，还是人为的，如故意冲

洗，易溶的金属碱的盐或碱土金属的盐会溶于水并被水带走，微溶的水化物在碳化时可能被肢解后也被雨水带走，不再留在砂浆表面上。这都能降低泛白程度，即降低金属碱对泛白的作用。

（4）从引言中所选用的泛白预防途径设计的砂浆体系来说，归结于两大类措施：一类是从材料化学的角度，使砂浆体系内不含碱或少含碱［引言中的（1）～（4）］，以减少表面沉淀泛白物所需的碱金属，或减少溶解度相对高的碱土金属盐；二是砂浆结构密实且稳定［引言中的（3）～（5）］，使溶液离子难以迁移，以减少在表面泛白的离子源。

（5）根据上述三个问题的理解，对于仅从材料化学的角度解决泛白问题还是有一定的局限性，而从砂浆物理的角度解决泛白问题还有待进一步的研究，如精准确定砂浆的结构，特别是全面揭示使离子迁移的贯通孔的演变过程，探明水化和碳化对贯通孔迁移离子能力的变化所起的协同作用。

（6）饰面砂浆的泛白问题是复杂的，无论从材料化学角度还是浆体结构角度，都不能绕开面对的环境条件。以不变应万变，是不可能的，也是不经济的。弄清泛白原理，因地制宜、因时制宜、因材制宜地开发出应对使用环境的无泛白饰面砂浆还有很多工作要做。

参考文献

［1］DOW C，GLASSER F P. Calcium carbonate efflorescence on Portland cement and building materials［J］. Cement and Concrete Research，2003，33（3）：147-154.

［2］AMATHIEU L，LAMBERET S，HU C，et al. Non-efflorescing cementious compositions based on calcium aluminate technologies. edited by Charles Fentiman：Calcium aluminate cements，Proceedings of the centenary conference［M］，IHS BRE Press，2008：373-382.

［3］CONSTANTINOU A G，DOW C，FENTIMAN C，et al. Non-efflorescing cementitious bodies. Patent WO 01/72658 A1，priority date 29. 03. 00.

［4］朱绘美．硅酸盐水泥基饰面砂浆的泛碱机理及抑制［D］．上海：同济大学，2014.

［5］STARK J，WICHT B. Dauerhaftigkeit von Beton［M］. 2. Auflage. Berlin：Springer-Verlag，2013.

［6］LIU X P，WANG P M，GAO H Q，et al. Characterization of the white stuff on the surface of cement mortar by correlative light-electron microscopy［J］. Cement，2002，10：100046.

［7］薛伶俐．铝酸盐水泥-硅酸盐水泥-石膏三元体系饰面砂浆的使用效能及其改善［D］．上海：同济大学，2014.

［8］杜丹．温湿度对水泥基饰面砂浆性能的影响［D］．上海：同济大学，2017.

［9］刘斯妤．富钙矾石胶凝材料泛白机理及抑制方法研究［D］．上海：同济大学，2021.

浅析石膏抹灰砂浆的应用现状与问题

焦嘉伟[1]　廖大龙[1]　李东旭[1]　赵松海[2]
（1 南京工业大学，南京 211800；
2 河南盖森材料科技有限公司，焦作 454147）

摘　要：石膏抹灰砂浆具有绿色环保、黏结性好、便于施工等优点，近年来发展十分迅猛，但在实际工程应用中也出现了开裂、空鼓、流挂等质量问题。本文通过对石膏抹灰砂浆的施工条件和施工方法进行阐述，总结目前石膏抹灰砂浆行业的现状以及砂浆生产方和施工方各自存在的问题，并且对问题进行深入分析，进一步提出对砂浆质量把控措施和方法的相关建议，寄希望于对石膏抹灰砂浆行业发展起到积极的规范和指导作用。最后，展望了石膏抹灰砂浆应用的市场前景。

关键词：无机非金属材料；抹灰石膏；质量问题；施工

Analysis of Application and Problems of Gypsum Plaster

Jiao Jiawei[1]　Liao Dalong[1]　Li Dongxu[1]　Zhao Songhai[2]
（1 Nanjing Tech University，Nanjing 211800；
2 Henan Gaisen Material Technology Co.，Ltd.，Jiaozuo 454147）

Abstract：Gypsum plaster has the advantages of green environmental protection，good adhesion and easy construction. It has developed very rapidly in recent years，but there are also quality problems such as cracking，hollowing and sagging in practical engineering application. This paper expounds the construction conditions and methods of gypsum plaster，summarizes the current situation of its industry and the existing problems，deeply analyzes the problems，and further puts forward suggestions on mortar quality control measures and methods，hoping to play a positive normative and guiding role in the development of gypsum plaster industry. Finally, the market prospect of gypsum plaster is prospected.

Keywords: inorganic nonmetallic materials; gypsum plaster; quality problems; construction

1 引言

抹灰砂浆是工程建设中不可或缺的建筑材料。随着国家“十四五”规划以及相关优惠政策的实施和推进，越来越多的企业积极响应政策，工业固废材料在建筑工程中也将得到更多应用。工业副产石膏制备石膏抹灰砂浆缓解了工业废石膏的堆存问题，使工业废石膏得到了高价值利用，已经取得了较好成果[1-3]。

市场常见的抹灰石膏主要有面层抹灰石膏、普通底层抹灰石膏、轻质底层抹灰石膏、保温层抹灰石膏。轻质抹灰石膏砂浆具有密度小、黏结性强、收缩小、保水性好等优点，便于现场施工和养护，已广泛应用于墙面抹灰工程。通过掺入玻化微珠、膨胀珍珠岩、聚丙烯颗粒等轻骨料及合适的外加剂[1,4-5]，生产出的优质轻质石膏抹灰砂浆，是传统水泥砂浆类抹灰材料的理想替代品。

2 石膏抹灰砂浆行业存在的问题

相比于传统砂浆，石膏抹灰砂浆有着黏结性强、收缩性小、保水性好等优点，但在实际施工过程中仍会偶见开裂、脱粉、空鼓、流挂等质量通病，这与实际施工条件、抹灰石膏质量等因素都有关系。

2.1 施工因素

抹灰石膏的施工流程主要为：基层处理、挂网→浆料拌制→抹灰饼、墙面冲筋→底层抹灰石膏施工→打磨→面层抹灰石膏施工。每一个环节都有严格的施工要求，其中任何一个环节上的疏忽都会导致最终墙面质量出现问题。

2.1.1 基层处理、挂网

墙面抹灰前，应将基层表面清扫干净，并检查墙面基体的垂直度和平整度、室内开间及进深的尺寸、房间阴阳角的方正度，对局部进行填补或剔凿。不同材质的墙体相接处要铺钉耐碱纤维网布并绷紧牢固。

图1 界面剂涂抹不均匀导致起鼓

如果由于施工人员的疏忽，在进行抹灰前基层清理不干净或墙面没有修补平整，则会出现空鼓、开裂等问题，如图1所示；在挂网时，不同基底交界处的抗裂网如果粘贴位置过于靠底或网眼尺寸过大，会导致耐碱纤维网布的抗裂效果大打折扣。抹灰层内无须添加耐碱玻璃纤维网格布及镀锌钢丝网等抗裂材料，而在实际施工中，还会出现施工工人过于依赖挂网、墙面大面积挂网的情况。这既加大了施工成本，也不利于工人抹灰手法的提升。

2.1.2　浆料拌制

先将适量的水倒入搅拌桶，再倒入抹灰石膏粉，用手提搅拌器高速搅拌至均匀，搅拌时间为 2～3min，使抹灰浆料达到施工所需稠度。

使用预拌砂浆虽然解决了施工现场脏乱的情况以及工人现场拌制砂浆的随意性，但工人的熟练度以及主观判断存在差异，对加水量的控制会出现偏差，在预拌浆料时出现上墙后再将已经变稠的砂浆多次加水、加料的现象。由于首次加水后石膏已经开始水化，二次加水搅拌后浆体的胶凝能力有限，导致后抹的墙面强度较低，出现脱落、开裂等问题。此外，施工现场还会出现抹灰石膏粉堆放时间过久的问题。由于石膏随陈化时间品质和性能会发生变化，抹灰石膏装袋后也会继续发生陈化，导致先后施工的墙面品质出现差异。施工现场地面潮湿、抹灰石膏随意堆放也可能导致抹灰石膏袋内受潮，性能发生变化。

2.1.3　抹灰饼、墙面冲筋

首先将抹灰层控制线弹在地面上，将激光投线仪放置在控制线上。然后打开激光投线仪，使光束与控制线重合后进行墙面灰饼施工。将拌好的石膏抹在铝合金冲筋模具一侧，然后将模具的抹灰面竖直粘于两个灰饼上并压紧，最后刮掉模具两侧溢出的石膏浆料，待冲筋料终凝干燥后便可直接取下模具。

实际施工中，由于工人施工的随意性，使得冲筋的垂直度不合格，抹灰表面不平、垂直度不合格等问题随之出现，如图 2 所示。此外，施工现场还会存在极个别工人为了多冲筋，在冲筋料未完全终凝前就取下模具继续冲筋的现象，致使最终墙面抹灰不平整。

图 2　冲筋不合格导致墙面不平

2.1.4　底层抹灰石膏施工

底层抹灰施工时可以分两遍涂抹。一般情况下，抹灰厚度在 8mm 以下时，可以一次抹灰成型；抹灰厚度在 8mm 以上时，则要分两遍抹灰。当抹灰石膏厚度超过 15mm 时，石膏涂抹上墙后将由于自重产生水平向沉陷裂缝[6]。

抹灰石膏在加水搅拌过程中由于轻质骨料搅拌不均而形成球状气泡小粒[6]，这易导致上墙后产生小气泡，应当及时戳破补平，否则会影响石膏成型的外观，甚至造成墙面空鼓、开裂。且抹灰后墙面品质会受天气影响，根据《抹灰砂浆技术规程》（JGJ/T 220—2010）的要求，在高温、多风、空气干燥的季节进行室内抹灰时，宜对门窗进行封闭。冬期抹灰施工应采取保温措施，抹灰时环境温度不宜低于5℃。但在实际施工中，进行抹灰施工的楼房基本都较简陋，未安装门窗，无法采取遮阳、保温、防风等措施，易出现图3所示的开裂问题。

2.1.5 打磨

打磨可以提高底层抹灰石膏凝固后墙面的平整度，缓解墙面起泡、轻微下坠、粗糙度较大等问题。但也因此导致工人过于依赖打磨，忽略施工前期准备以及抹灰的细节处理，仅靠打磨来达到墙面的表观要求，使墙面质量问题仍无法从根本上得到解决。同时过度依赖打磨也容易使工人失去对墙面合格标准的判断能力。不管抹灰后墙面品质如何，都对其进行打磨，无形中又增加了工作量，导致抹灰效率降低。

2.1.6 面层抹灰石膏施工

将面层抹灰石膏粉加入水中充分搅拌均匀后可进行面层抹灰石膏施工。面层抹灰石膏的强度和底层强度相比不宜过高，否则会导致面层空鼓、脱落。实际施工中，为了降低成本可能会使抹灰涂抹厚度过底，导致石膏失水过快，出现如图4所示的墙面发花、掉粉等问题。

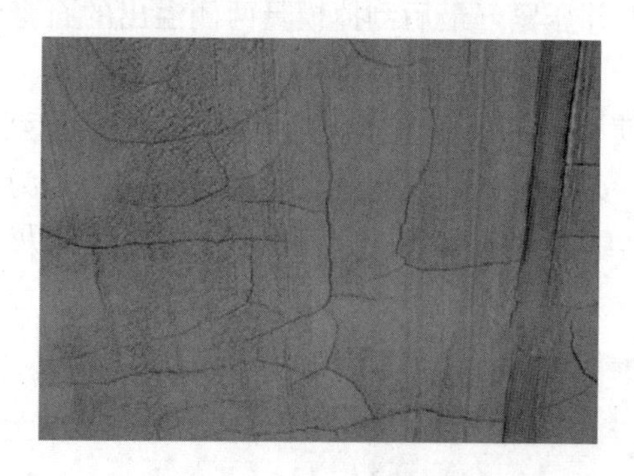

图3 施工环境温度过高、风大导致墙面失水过快而开裂

图4 面层抹灰过薄导致掉粉

2.2 抹灰石膏质量因素

抹灰石膏的质量决定了墙面的施工质量。近年来，石膏砂浆企业数量骤增、发展迅速，但企业间的技术力量参差不齐，缺少砂浆技术人才，生产的抹灰质量也存在较多隐患。为降低成本或提升抹灰手感，往往需在石膏中添加一定比例的骨料来调整其性能，但骨料的掺入也可能带来一些问题。表1列出了部分常见骨料对石膏抹灰砂浆的负面影响。

表1 部分常见骨料对石膏抹灰砂浆的负面影响

作者	添加骨料	负面影响
杨文等[7]	石灰石粉	孔隙率和平均孔径增大；在石灰石粉掺量较大时，晶体团簇现象变明显
林如涛[8]	玻化微珠	玻化微珠的掺量越大，抹灰石膏硬化体的孔隙率越高，大大降低结构强度

续表

作者	添加骨料	负面影响
朱蓬莱[9]	矿粉、粉煤灰	随着矿粉掺量的增加，抹灰石膏的保水率逐步下降，体积吸水率先减少后增加；抹灰石膏的保水率随粉煤灰掺量的增加而降低，软化系数先上升后下降，但软化系数最高也仅为0.45
赵云龙[10]	河砂、机制砂	若砂的细度变细，则用水量增加，浆体密度降低，浆体稳定性变差，也易出现泌水现象
王祖润[11]	滑石粉	滑石粉的不同取代率造成标准扩散度用水量变大，且对强度有一定的削减作用

除了抹灰石膏本身性质的不稳定因素外，抹灰石膏的质量出现问题主要是由研发人员、生产人员、在线检测人员的失误和疏忽造成的。石膏粉存在不均匀的情况、砂浆的凝结时间不好调整、砂浆质量不稳定，都会导致施工出现问题。

石膏在煅烧后需要进行足够时间的陈化降低Ⅲ型无水石膏的含量才能使用[12]，而实际生产中煅烧好的石膏粉多数是存放在密闭的大包和筒仓中，较难得到充分水化，也没有具体指标去判断是否陈化到位。生产完成经检测后将抹灰石膏码垛堆存，但抹灰石膏在袋内是否会继续发生陈化，是否存在发货时石膏性能已和检测时发生较大变化，才导致工地反映强度低、凝结时间异常等问题。此外，在研发和在线检测过程中，技术人员过于依赖实验室仪器，但又没有按时对仪器进行检查维护，仪器出现故障导致检测结果出现偏差却浑然不知。实验室和工地的矛盾也一直存在，技术人员不熟悉抹灰砂浆的质量控制，更不了解施工现场的各种现实问题，因此经常出现实验室配比试验效果良好，但在工地大面积抹灰时出现问题的现象。

3　抹灰石膏的质量控制措施

一方面，在施工前要进行工人培训，保证工人掌握正确的施工技术、施工方法，提高工人素质，加强管理，杜绝工人施工的随意性和懒散性。施工过程中，注重各个环节的细节处理。不同材料基体交接处应采取防止开裂的加强措施。根据实际工作量拌制抹灰石膏，按照产品说明的比例拌制砂浆。进行抹灰时注重多次施工，抹灰层与基层之间、各抹灰层之间必须黏结牢固，杜绝违规操作现象。

另一方面，业内技术人员应努力研究、积累经验，掌握石膏砂浆的内在规律，将实验室技术与实际施工技术有机结合起来，从根源上解决石膏抹灰砂浆的技术难题。在研发时，抹灰石膏的品种和性能以及掺入的骨料都要符合国家规范及标准要求。骨料的使用直接影响抹灰砂浆的质量，要因地制宜选择适合施工工地实际情况的骨料及掺量，除了砂浆本身性能，还需注重砂浆的抹灰手感。在抹灰砂浆配合比试配时，及时测试拌合物的稠度和保水率是否合格。在满足施工的条件下，尽量减少使用缓凝剂，避免凝结时间过长导致施工中强度损失过大的情况出现。外加剂的掺量也要严格把控，如纤维素掺量过多会导致砂浆黏度太大、手感沉而不利于施工，胶粉加量过多则会使内聚力过大，对砂浆产生不良影响等。在上墙试验时，要模拟施工现场环境，设想在实际施工中会出现的问题并设法避免。同时要加强售后技术服务，深入施工现场了解砂浆在实际使用过程中出现的问题。

在线检测则要求相关人员对各检测方法及其注意事项都熟知并能熟练操作，必要时采用多种方法同时检测，如测定石膏三相时烘箱法和水分仪法同时进行，测定脱硫石膏原料氯离子浓度时硝酸银滴定法和氯离子含量快速测定仪同时进行等，避免检测时过度依赖检测仪器。对仪器的维护也需要定期进行，检查仪器的精准度是否出现偏差。此外，可以考虑在发货前再对发货料包进行抽检，判断是否因袋内石膏继续陈化导致抹灰性能发生变化。

4 展望

石膏抹灰砂浆相较于传统抹灰砂浆，具有绿色环保、黏结力强、施工性能好、施工工期短等优点，但在实际施工中由于各种因素存在而仍会出现各类质量问题。由于石膏砂浆企业的迅猛发展，企业研发、生产水平参差不齐，施工队的抹灰水平也存在滥竽充数的现象，导致抹灰的质量存在较大隐患。只有各环节的人员都做到细致认真，才能保证产品质量，推动石膏抹灰砂浆行业的发展进程。通过深入技术研发，提高石膏原料的稳定性和砂浆的各项性能，不断积累实际工程应用经验，未来石膏抹灰砂浆的市场必将有更大发展。

参考文献

[1] 唐江昱．轻质抹灰石膏的制备及性能研究［D］．重庆：重庆大学，2019.

[2] 张帅，杨国良，杨翔，等．脱硫石膏制备底层抹灰石膏砂浆的研究［J］．砖瓦，2019（1）：59-60.

[3] 王兰英，朱伟中，窦正平，等．脱硫石膏在内墙抹灰石膏中的资源综合利用［J］．砖瓦，2017（1）：28-29.

[4] 李志博，田胜力，章银祥，等．轻质抹灰石膏砂浆的研究［J］．新型建筑材料，2019，46（4）：28-30.

[5] 艾冬明，张景伟，张道令．外加剂对磷石膏基抹灰石膏性能的影响［J］．新型建筑材料，2019，46（7）：41-44.

[6] 杨春，殷海瑞．浅析抹灰石膏在住宅工程中的应用前景［J］．施工技术，2017，46（S2）：1437-1439.

[7] 杨文，腊润涛，高育欣，等．石灰石粉对机喷轻质抹灰石膏砂浆性能影响研究［J］．新型建筑材料，2020，47（12）：41-44.

[8] 林如涛．轻质抹灰石膏砂浆的研制及性能研究［J］．福建建材，2018（05）：8-10.

[9] 朱蓬莱．利用烟气脱硫石膏配制底层抹灰石膏的研究［D］．杭州：浙江大学，2018.

[10] 赵云龙．不同骨料在抹灰石膏砂浆中的应用技术［Z］．中国山东淄博：2014.

[11] 王祖润．脱硫粉刷石膏的制备及性能研究［D］．重庆：重庆大学，2010.

[12] 杨福成，朱海霞，魏磊，等．陈化对建筑石膏及抹灰石膏性能的影响［C］//第七届全国商品砂浆学术交流会论文集．北京：中国建材工业出版社，2017：31-37.

高强石膏产品发展分析

滕朝晖[1]　滕　宇[2]　冯秀艳[3]　国爱丽[3]　赵小军[3]　张晓波[4]

（1 山西省建筑材料工业设计研究院有限公司，太原 030013；
2 山西农业大学资源环境学院，太原 030801；
3 北京建筑材料检验研究院有限公司，北京 100041；
4 山西华建建筑工程检测有限公司，太原 030031）

摘　要：高强石膏作为一种建筑原材料，可制造各类石膏建材制品，如高强陶模石膏、石膏基自流平、粉煤灰高强石膏砌块、高强度石膏功能板、现浇墙材等，用途广泛。高强石膏制品性能突出，绿色环保，市场前景广阔，值得从业人员共同关注，引导和保持其健康有序发展。

关键词：高强石膏；石膏基自流平砂浆；建筑石膏；高强度石膏功能板

Development Analysis of High Strength Gypsum Products

Teng Zhaohui[1]　Teng Yu[2]　Feng Xiuyan[3]　Guo Aili[3]
Zhao Xiaojun[3]　Zhang Xiaobo[4]

(1 Shanxi Architectural Industry Design and Research Institute Co., Ltd., Taiyuan 030013;
2 College of Resources and Environment, Shanxi Agricultural University, Taiyuan 030801;
3 Beijing Building Materials Testing Academy Co., Ltd., Beijing 100041,
4 Shanxi Huajian Construction Engineering Testing Co., Ltd., Taiyuan 030031)

Abstract: As a building raw material, high-strength gypsum can manufacture all kinds of gypsum building materials, such as high-strength ceramic mold gypsum, gypsum based self-leveling, fly ash high-strength gypsum block, high-strength gypsum functional board, cast-in-situ wall material, etc. High strength gypsum products have outstanding performance, green environmental protection and broad market prospects, which deserve the common attention of employees to guide and maintain their healthy and orderly development.

Keywords: high strength gypsum plaster; gypsum based self-leveling mortar; calcined gypsum; high strength gypsum functional board

0 引言

目前国内的石膏行业大多以建筑石膏为主要原料，高强石膏在国内的发展时间较短，从业人员及用户对其了解较少，限制了高强石膏进一步的发展应用。高强石膏作为石膏中性能突出的优质产品在各类石膏产品中具有极大的应用潜力，未来必然是石膏建材的发展方向。

石膏是多相体，有五相七种晶型，半水石膏有α-半水石膏与β-半水石膏，高强石膏材料主要是指由α-半水石膏组成的胶凝材料，一般抗压强度达到30～50MPa；大于50MPa即为超高强石膏材料。

α-半水石膏与β-半水石膏二者性能差异的根本原因是晶体形态、晶粒尺寸的不同。α-半水石膏结晶度好，晶体形态完整，晶粒尺寸大，因此其硬化体密度、尺寸变化率、抗折强度、抗压强度等宏观性能均明显高于β-半水石膏。

建筑石膏（即β-半水石膏，或称普通石膏粉）标稠大，物理强度低，主要用于纸面石膏板、石膏砌块和部分装饰材料即石膏砂浆等。高强石膏（即α-半水石膏）的物理强度一般为普通石膏粉的3倍以上，具有更为广泛的用途，如模具石膏、自流平石膏、高强石膏砌块、高掺砂型石膏砂浆等。高强石膏在石膏建材中的应用必将提升石膏建材的品质。以下将对高强石膏的应用领域展开综述[1]。

1 高强模具石膏粉

用作模具的材料通常需要满足以下条件：①体积稳定性好，不变形，膨胀率低；②表面硬度高；③强度高；④面层光滑；⑤与印模材料接触不会发生化学反应。作为无机胶凝材料的高强石膏几乎满足所有条件，因此其在模具中的应用非常广泛。高强石膏粉可用于各种铸造模具，如陶瓷模具、精密铸造模具、各种工艺美术品、义齿修复模具等[2]，其中烘干抗压强度在25～40MPa的高强石膏粉主要用于陶瓷模具和建材产品；烘干抗压强度在60MPa以上的高强石膏粉主要用于各种如牙科、铸造等特殊模具，其中陶瓷行业一般根据不同的成型方法和不同工艺要求选用不同比例的α-半水石膏与β-半水石膏相互混合，并加入所需的外加剂制备。我国作为全球陶瓷的主要产地，仅陶模石膏粉一项一年就可达800万吨，其中仅广东潮汕与福建德化就需要200

万吨，其批发进货价大约为每吨 600 多元，因此发展高强陶模石膏粉具有非常大的经济利益与市场前景。

2　自流平石膏

自流平石膏是石膏基自流平砂浆的简称，它能在自身重力作用下在混凝土楼板垫层上自行流动摊平，形成平整地面，成为较为理想的建筑物地面找平层，可作为铺设地毯、木地板和各种地面装饰材料的基层材料[3]。建筑物室内地面的传统做法是先用水泥砂浆做找平层，然后做面层。这种做法既费工又费时，特别是找平层，需手工抹平。自流平石膏则可直接在垫层上浇灌找平层，待其硬化后，用户可根据自己的意愿在石膏找平层上做饰面层。

自流平石膏的特点如下：①可进行分层施工，且间隔时间短；②养护简单；③可实现快速施工。采用自流平地面找平材料做高标准室内地面省时、省工，减少了抹灰工序。作业时轻松，效率高，可以采用泵送施工，是目前工地最为高效的施工方法，日铺地面可达 800～1000m^2，一次施工厚度可达 50mm 左右，且不会开裂。这种方法可适用于无缝隙大面积地面。

由于 α-高强石膏价格较高，国内市场目前普遍采用 β-建筑石膏粉来制备自流平石膏，β-建筑石膏粉制作的自流平石膏在强度和耐久性方面都有一定的差距，因此目前其主要用于家装中的地面找平。高强石膏与建筑石膏相比，其具有孔隙率低、强度更高等优点，如果以其为主材料去制作石膏基自流平，那么产品强度、耐久性将更加优越，可以将其应用于一些要求较高的场所，如学校、医院、体育场，甚至是地下车库等。目前，自流平石膏在日本和西欧等国家和地区应用比较普遍，有成熟的生产技术及配套的施工机具。随着未来高强石膏生产技术的成熟，其应用场景将更多，市场需求也将更加庞大[4]。

3　高掺砂型石膏砂浆

抹灰石膏近年来在国内快速发展，且以建筑石膏为主，由于建筑石膏的强度相比于高强石膏要低，所以为了保证强度，必须提高石膏用量。以高强石膏为主配制的高掺砂型石膏砂浆除了具备一般石膏砂浆所应具有的优点和施工后相同的质量标准以外，还具有以下优点：

（1）用砂量高，产品成本大大降低。底层抹灰石膏中石膏与砂的配比为 1∶1，即 1t 普通石膏配掺 1t 建筑用砂，而高强石膏与砂的配比为 1∶3，因此用高强石膏配制的砂浆成本低，质量可控。

（2）施工速度可大幅度提高。同样条件下，同一个人，如果用普通石膏砂浆，一天能抹 20m^2（黏性大，不易抹开），用高掺砂型石膏砂浆能抹 30～40m^2，可提高 1 倍左右，缩短了施工周期。由此可见，用高强石膏配制的高掺砂型石膏砂浆值得行业的共同关注。

4 粉煤灰高强石膏砌块

粉煤灰高强石膏砌块是新型绿色墙体材料中的一种，与普通石膏砌块一样，质量轻，可替代黏土砖，在高层建筑物中作为非承重墙使用，能够增大有效使用面积10%左右[5]。粉煤灰主要由二氧化硅和三氧化二铝组成，当有石膏存在时，粉煤灰与石膏会生成水化硫铝酸钙，为水硬性胶凝材料。这样，粉煤灰高强石膏砌块不仅具备普通石膏砌块的全部优点[6]，还有以下4个优点：①强度更高，密度更低；②可消纳固废，在砌块制品中掺入30%以上的粉煤灰等电厂废渣；③干收缩小，克服了普通脱硫石膏砌块的干收缩性；④软化系数比普通脱硫石膏砌块高，提高了石膏砌块的防水性能。

5 高强度石膏功能板

目前普通纸面石膏板在装饰装修工程中已被广泛应用，但普通纸面石膏板的两层面层纸会导致板的切削性能差，也不能在板表面进行雕刻等装饰处理。高强度石膏功能板是以高强石膏为主要胶凝材料制作的板材，不仅节省了两层护面纸，且强度不受影响，并且可进行切削、雕花等一系列操作，增加了装饰性，扩大了使用范围。此外，由于不用两层护面纸，其耐火性能进一步提升，未来可以将其用于一些防火的场所[7]。高强度石膏有望取代木材应用于一些家装以及家具行业。

6 现浇墙材

轻钢龙骨现浇墙体等喷筑墙体在抗震烈度为7度以下地区、非潮湿环境、无化学侵蚀的工业与民用建筑中，作为非承重墙，可以采用高强石膏加EPS防火颗粒进行现浇施工，墙体还具有相应的防火、隔声、保温等功能。目前湖北三迪、江苏文阳科技有限公司、石家庄荣强新型建材有限公司等均在试验。

7 总结

目前，我国石膏行业发展比较缓慢，虽然近年来以建筑石膏制作的纸面石膏板、抹灰石膏、石膏基自流平、石膏砌块、石膏隔墙板逐渐被市场所认可，但是产品的力学性能仍需采用其他手段来提高，如制作石膏基自流平需大量添加减水剂，制作纸面石膏板需要护面纸来提高强度，制作抹灰石膏采用提高石膏含量的方法来保证强度。因此，高强石膏是未来石膏建材行业升级换代的必经之途。随着国家碳达峰、碳中和行动的逐渐推进，高能耗的水泥产量将会逐渐减少。在室内装修装饰方面，石膏砂浆与纸面石膏板的应用必将成为主流趋势，这会促进石膏行业的进一步发展，将会促进石膏行业的技术提升，会更进一步降低高强石膏的生产成本。当前石膏行业的发展空间很大，优化产业结构、提升产品质量、大力发展高强石膏等产品将是石膏行业未来长期的发展方向。

参考文献

[1] 陈锋，李军，陈明．磷石膏制备 α-高强半水石膏及应用研究［J］．磷肥与复肥，2019，34（7）：13-17.
[2] 郑书斗．α-高强模型石膏在模具中的应用［J］．航空工艺技术，1997（3）：26-28.
[3] 赵云龙，徐洛屹．石膏应用技术问答［M］．北京：中国建材工业出版社，2009.
[4] 滕朝晖，王文战，赵云龙．工业副产石膏及应用问题解析［M］．北京：中国建材工业出版社，2019.
[5] 陈燕．石膏建筑材料［M］．北京：中国建材工业出版社，2003.
[6] 刘伟华．无机外加剂对 α-半水石膏性能的影响及其作用机理研究［D］．唐山：河北理工大学，2005.
[7] 孙红芳，冯云，闫芳．高强度石膏功能板及其应用前景［A］．中国建筑材料联合会石膏建材分会第六届年会暨第十届全国石膏技术交流大会论文集［C］．2015：286-289.

作者简介：滕朝晖，男，生于 1974 年 7 月，高级工程师，山西省太原市人。邮编：030006，联系电话：18611076289。

纤维素醚对硫铝酸盐水泥性能和水化影响的研究进展

刘柏君[1]　张国防[2]
(1 先进土木工程材料教育部重点实验室，同济大学，上海 201804；
2 同济大学材料科学与工程学院，上海 201804)

摘　要： 纤维素醚是一种常用的聚合物外加剂，能够显著改善新拌砂浆的工作性能。硫铝酸盐水泥作为低碳环保的新型绿色水泥，受到了国内外水泥行业的广泛关注，纤维素醚在 CSA 水泥基材料中的作用及机理也成为学者们重点研究的对象。为此，本文综述了纤维素醚对 CSA 水泥基材料在性能、孔结构、水化反应及机理方面的研究，并阐述了未来研究的发展方向。

关键词： 纤维素醚；硫铝酸盐水泥；性能；水化

Influence of Cellulose Ether on the Properties and Hydration of Calcium Sulfoaluminate Cement

Liu Baijun[1]　Zhang Guofang[2]
(1 Key Laboratory of Advanced Civil Engineering Materials of Ministry of Education，Tongji University，Shanghai 201804；
2 School of Materials Science and Engineering，Tongji University，Shanghai 201804)

Abstract： As a common polymer additive，cellulose ether-which can significantly improve the workability of cement. Calcium sulfoaluminate cement (CSA cement) is new green cementitious material with low carbon exhaustion，and has received extensive attention from the cement industry at home and abroad. The role and mechanism of cellulose ether in CSA cement based materials have also become one of the research highlights. In this paper，the influence of cellulose ether on the properties，pore structure，hydration process of CSA cement based materials is reviewed，and the potential research hotspots are expounded.

Keywords：cellulose ether；calcium sulfoaluminate cement；properties；hydration

0　引言

纤维素醚是水泥砂浆中常用的一种聚合物外加剂，主要用于提高新拌砂浆的保水率，增大稠度，减少离析、泌水等现象[1-3]。纤维素醚能降低硅酸盐水泥水化放热速率及早期放热量[4]，明显延缓水泥水化进程[5]，影响水化产物及微观结构[6-7]。已有研究表明，纤维素醚主要通过自身吸水、改变水分传输方式、调节孔溶液黏度等实现保水增稠作用[8-10]；通过降低离子迁移速率，并吸附在水泥颗粒及水化产物表面，阻碍水泥的水化反应[11-12]。

硫铝酸盐水泥（CSA）是我国在 20 世纪 70 年代发明的绿色低碳水泥，具有早强、抗渗、耐侵蚀等优点[13-16]。硫铝酸盐水泥的主要矿物相为无水硫铝酸钙和硅酸二钙，主要水化产物为钙矾石和铝胶[17]，其性能和水化过程与硅酸盐水泥明显不同。然而，水化反应快、水化热集中释放、后期强度易倒缩等问题也制约了 CSA 水泥的广泛使用[18]。为此，学者们针对各类外加剂改性 CSA 水泥的性能和水化反应及作用机理方面开展了大量研究[19-23]。其中，纤维素醚已逐渐用于改性 CSA 水泥基材料。为此，本文总结了近年来在纤维素醚改性 CSA 水泥性能、水化反应及其作用机理方面的研究，并展望了进一步研究发展的方向。

1　纤维素醚对 CSA 水泥性能的影响

1.1　物理性能

纤维素醚对水泥砂浆保水性的提升作用已被广泛报道。纤维素醚能提升 CSA 水泥砂浆的保水率，且随其掺量增大，保水率逐渐接近 100%；羟乙基甲基纤维素（HEMC）掺量为 0.1%时，CSA 水泥砂浆保水率已提高至 99.8%[24]。HEMC 取代度变化以及聚丙烯酰胺的掺入对 HEMC 在 CSA 水泥砂浆中的保水效果影响较小[25]。

纤维素醚使得新拌水泥砂浆稠度增大，有利于提高砂浆与基层的黏结能力和可操作时间。李建等[26]研究发现，在固定流动度为（170±5）mm 时，CSA 水泥砂浆的需水量随 HEMC 掺量的增大而增加，HEMC 起到增稠作用。然而，张绍康等人[25]认为纤维素醚降低了 CSA 水泥砂浆的稠度，提高了流动度，这可能是源于纤维素醚低掺量（$<$0.08%）下的引气作用[27]，但该文中纤维素醚 0.3%的掺量远超这一数值，这意味

着纤维素醚对CSA水泥砂浆稠度的影响可能存在不同的情况。

纤维素醚也能延长CSA水泥砂浆的凝结时间，羟乙基纤维素（HEC）的缓凝效果弱于羟丙基甲基纤维素（HPMC）和HEMC，HEC受掺量的影响较大，而HPMC和HEMC受掺量及取代度的影响较小[28]。结合对CSA水泥砂浆内部结构致密程度的超声监测及水化放热分析，猜测纤维素醚的缓凝效果与其溶解速率和掺量有关，粒径较细的HPMC及HEMC溶解较快，在低剂量下表现出了很好的缓凝效果，而粒径较大的HEC溶解较慢，因此随掺量增加，其缓凝效果增强。孙振平等人[29]发现，纤维素醚在CSA-石膏二元胶凝体系中表现出更强的缓凝作用，且高取代度纤维素醚因为具有更强的水分吸附作用而具有更好的缓凝效果。然而，文献[30]研究发现，当纤维素醚掺入无水硫铝酸钙含量较高的CSA水泥时，CSA水泥的初凝和终凝时间反而均提前了约15min。

纤维素醚具有引气作用，能够明显提高新拌砂浆的含气量[31]。纤维素醚使得CSA水泥砂浆含气量提高至一倍以上，掺量从0.1%增至0.3%时其对含气量影响较小[32]，在同样掺量条件下，纤维素醚在硅酸盐水泥砂浆中的作用更加明显。然而，当高取代度HEMC掺入无水硫铝酸钙相含量较高的CSA水泥砂浆时，随着其掺量从0.1%增至0.3%，含气量呈降低趋势[30]。文献[33]研究认为，通过控制含气量可以减弱纤维素醚对水泥力学性能及干燥收缩的不利影响。

1.2 力学性能

纤维素醚对水泥力学性能的影响已有大量研究[34]。在CSA水泥砂浆中，HEMC能提高砂浆的拉伸黏结强度，使得抗压强度及抗折强度均降低，且降幅随HEMC掺量增大而更大，HEMC对抗折强度的影响明显小于抗压强度[25-26]。不同类型的纤维素醚对砂浆抗折强度存在不同的影响，HEC对抗折强度的降低最小，高摩尔取代度的HPMC则显著降低了抗折强度[35]。张绍康等人[25]研究发现，纤维素醚MS或DS值的增大似乎缓和了纤维素醚对抗压强度及抗折强度的不利影响。甲基纤维素似乎提高了7d内的抗折强度，并在其掺量为0.1%时，抗折强度达到最大值[36]。类似的现象也发生在碳纤维增强水泥中，即甲基纤维素能增大碳纤维的分散度，从而提高抗折强度[37-38]。

1.3 干燥收缩

干燥收缩现象主要由水分蒸发所引起，随养护龄期的延长迅速加剧并趋于稳定[39]。当养护龄期达到300d时，0.3%掺量的HEMC将OPC水泥砂浆的干燥收缩率从0.129%提高至0.172%[40]。而HEMC对CSA水泥砂浆的干燥收缩率影响相对较小，养护龄期达到28d时，0.3%掺量的HEMC改性砂浆的干燥收缩率与对照组基本持平[25]。在OPC-CSA复合胶凝体系中，硬化砂浆的干燥收缩率随纤维素醚的加入而降低，且受纤维素醚掺量变化的影响较小[41]。综上，纤维素醚对CSA水泥干燥收缩的影响相对较小，远小于其对硅酸盐水泥砂浆的影响。

2　纤维素醚改性 CSA 水泥水化反应及其作用机理

2.1　孔结构

纤维素醚的引气作用及其稳定气泡的能力导致了硬化砂浆孔隙率的增加。李建等人[26]通过超声法监测了 CSA 水泥砂浆早期内部结构的变化，发现 HEMC 减慢了声波传播速度，降低了硬化砂浆的内部致密度，且随着其掺量增大，影响效果增强。HEMC 增大了 CSA 水泥砂浆的总孔隙率，对于孔径小于 50nm 的孔隙数量影响较小，主要提高了宏观（＞50nm）孔隙数量[25]，这与 HEMC 在硅酸盐水泥砂浆中的作用效果基本一致。在硅酸盐水泥-硫铝酸盐水泥复合胶凝体系中，HEMC 同样减少了中毛细孔（10～50nm），增加了宏观孔的数量，但对总孔隙率的影响较小[41]。甲基纤维素则是降低了 CSA 水泥砂浆的总孔隙率，并使得各尺寸孔隙数量有所降低[36]。

2.2　纤维素醚对水化反应及水化产物的影响

张国防等人[42]研究发现，HEMC 降低了 CSA 水泥砂浆水化反应的总放热量，使得溶解阶段放热量及两个主要放热峰值均降低，并延后了放热峰值的出现时间。同时，纤维素醚加入后未见新的水化产物形成，但阻碍了 12h 内钙矾石（AFt）和铝胶（AH_3）的生成。12h 后 AFt 含量逐渐增加并高于对照组，这可能是通过增强 AFt 的稳定性延迟其向单硫型水化硫铝酸钙 AFm 的转化[43-44]；此外，HEMC 使得 AFt 的长径比明显降低。一些研究得出了类似的钙矾石生成规律，但发现 HEMC 导致 1d 时钙矾石含量略低于对照组[30]。然而，李建等人[28]发现，纤维素醚似乎缩短了 CSA 水泥水化的诱导期，促进了 2～10h 的水化，但对总放热量影响较小。相较于 HEC，HEMC 有更明显的促进效果[45]。Silva[46]通过软 X 射线发现 HPMC 导致 CSA 水泥颗粒仅有轻微的水化反应迹象，这与张国防等人[42]的研究结论相吻合。

2.3　纤维素醚作用机理分析

根据上述分析，纤维素醚在不同水泥中的作用效果略有差异，这样的差异可以归结为纤维素醚对水泥水化的影响不同，而对力学性能及干燥收缩等性能的影响可以根据浆体硬化结构的改变进行分析。

2.3.1　保水作用机理

首先，纤维素醚在 CSA 水泥中依然表现出了优良的保水性能。根据以往研究，纤维素醚的保水作用主要与自身吸水效应及其对早期孔结构演变的影响有关[9]。^1H NMR 研究表明，在 CSA 水泥中，纤维素醚使得 CSA 水泥浆体的横向弛豫时间信号出现了一个代表纤维素醚吸附水的弛豫峰，表明纤维素醚在 CSA 水泥颗粒上表现出了良好的吸附现象。结合孔溶液黏度及表面张力的测定，总结纤维素醚在 CSA 水泥中的保水机制为：纤维素醚掺量小于 0.1％时，主要依赖自身吸水效应；掺量超过 0.1％时，通过在水泥颗粒上的吸附，以及在孔溶液中形成三维聚合物网络结构实现优异的保水作用[24]。

但吴凯等人[33]认为纤维素醚对CSA水泥浆体Zeta电位的影响较小，反映出HEMC在CSA水泥浆体上的吸附作用较弱。通过对比水泥的勃氏比表面积以及纤维素醚在水泥浆过滤液中的含量发现，纤维素醚在CSA水泥中的吸附量明显小于其在硅酸盐水泥中的吸附量[45]。综上所述，纤维素醚在CSA水泥中的保水作用可以按照掺量变化进行总结：低掺量时，纤维素醚主要依靠自身的吸水效应实现保水作用；高掺量时，纤维素醚通过改性砂浆多孔结构的"锁水"效应，结合其在孔溶液中形成的聚合物网络，二者综合作用改变了水分的传输方式进而实现高效保水作用。

2.3.2 水化反应机理

已有研究表明，纤维素醚对CSA水泥水化的影响与在硅酸盐水泥中不同，且在无水硫铝酸钙和钙矾石上的吸附极低[45,47]，因此学者们针对相关作用机理开展了广泛研究。

孙振平等人[29]认为纤维素醚对水分的吸附是其在CSA水泥中相关研究的着力点。通过^1H NMR发现，纤维素醚的取代度及掺量的增加导致吸附水的弛豫峰值增大，此时纤维素醚也表现出了更强的缓凝作用，因此纤维素醚的吸水效应与缓凝作用或许存在一定关联。可能的机理是：絮状结构间的部分水分被纤维素醚吸取，无法充分渗透铝胶包裹层与水泥颗粒进行水化反应，进而导致了缓凝现象。徐玲琳等人[30]认为，被纤维素醚吸附的水分具有更高的自由度，这部分水分会逐渐用于CSA水泥后续的水化反应，并在水化150min时几乎全部转化为结合水。同时，纤维素醚导致新拌水泥浆体的第二弛豫峰峰宽增加，这表明水分受到絮状结构的束缚有所减弱[48]。李建等人[28]提出了一种CSA水泥砂浆在纤维素醚存在时的水化模型，首先将纤维素醚膜视为水分向被包裹的水泥颗粒中迁移的介质，亲水性的纤维素醚膜对水分迁移起调节作用，这种调节作用受到纤维素醚膜浓度及其亲水性的影响，纤维素醚膜浓度也受到填料及砂浆密度的影响，因此具有最高亲水性及最大薄膜浓度的HEC加速了水化反应的进行。其次，纤维素醚对于孔隙率及孔连通性的改变也是影响CSA水泥水化的关键因素，孔隙率更大且孔隙高度连通的材料更容易促进水分迁移，有助于水泥水化反应的进行。

综上所述，纤维素醚对CSA水泥水化反应的影响出现了不同的结论，根据现有研究总结为：CSA水泥水化速率较快，且纤维素醚在CSA水泥颗粒和水化产物上的吸附量有限，所以对水化反应的影响主要依赖于对水分的调节。在水化早期，纤维素醚通过增加液相黏度以及吸水作用阻碍了水化反应的正常进行；在水化中后期，纤维素醚吸水释放的过程以及对孔结构的改变有利于水化反应的进行。纤维素醚对水分的早期吸取和后期释放过程取决于自身的吸水性能、填料和砂浆密度以及水泥自身的水化特性。

3 结论与展望

综上所述，纤维素醚对不同水泥的性能及水化反应的影响略有差异。在CSA水泥中，纤维素醚能够显著提升保水性、增加含气量、降低内部致密度、提高孔隙率、降低硬化砂浆的抗压强度及抗折强度、提高拉伸黏结强度、延缓早期水化进程。但在稠度、流动度、凝结时间、水化热及吸附现象等方面，学者们得出了不同的结论。一些学者提出了纤维素醚在CSA水泥中的保水机制及水化机制，其中纤维素醚对水分的影响至关重要。但相关研究仍有进一步的发展空间，经过总结提出了以下研究方向：

（1）首先，目前研究从纤维素醚的取代度、取代基团及掺量等因素出发，探讨了其对CSA水化的影响，但纤维素醚在不同物相组成的CSA水泥中的影响规律少有研究报道。同时，OPC-CSA复合胶凝体系表现出了优异的综合性能并具有广泛的应用前景[49-51]，且复合胶凝体系成分的变化对其性能有明显影响[52]，因此纤维素醚对不同组成的复合胶凝体系砂浆的影响值得进一步研究。

（2）纤维素醚对CSA水泥的孔隙率及力学性能等方面表现出了不利影响，通过掺入其他常用外加剂或许可以改善这一现象。已有研究证明纤维素醚在OPC水泥中与多种外加剂间存在竞争吸附现象[53-54]，而在硫铝酸盐水泥中的相关研究较少。

（3）硫铝酸盐水泥具有优异的耐久性及抗侵蚀能力[55]，已有研究证明纤维素醚对水泥砂浆的耐久性提升有一定的积极作用[56-58]。同时，养护条件对砂浆力学性能及孔结构有不同程度的影响[59-61]，而有关纤维素醚在CSA水泥中的研究较少涉及这些领域。

参考文献

[1] POURCHEZ J，PESCHARD A，GROSSEAU P，et al. HPMC and HEMC influence on cement hydration [J]. Cement and Concrete Research，2006，36 (2)：288-294.

[2] 张义顺，李艳玲，徐军，等．纤维素醚对砂浆性能的影响 [J]．建筑材料学报，2008 (03)：359-362.

[3] PATURAL L，MARCHAL P，GOVIN A，et al. Cellulose ethers influence on water retention and consistency in cement-based mortars [J]. Cement and Concrete Research，2011，41 (1)：46-55.

[4] BETIOLI A M，GLEIZE P J P，SILVA D A，et al. Effect of HMEC on the consolidation of cement pastes：Isothermal calorimetry versus oscillatory rheometry [J]. Cement and Concrete Research，2009，39 (5)：440-445.

[5] 张国防，王培铭．羟乙基甲基纤维素对水泥水化的影响 [J]．同济大学学报（自然科学版），2009，37 (03)：369-373.

[6] 苏雷．薄层纤维素醚改性水泥浆体水化历程和微观结构研究 [D]．武汉：武汉理工大学，2013.

[7] KNAPEN E，VAN GEMERT D. Cement hydration and microstructure formation in the presence of water-soluble polymers [J]. Cement and Concrete Research，2009，39 (1)：6-13.

[8] 王培铭，赵国荣，张国防．纤维素醚在新拌砂浆中保水增稠作用及其机理 [J]．硅酸盐学报，2017，45 (08)：1190-1196.

[9] POURCHEZ J，RUOT B，DEBAYLE J，et al. Some aspects of cellulose ethers influence on water transport and porous structure of cement-based materials [J]. Cement and Concrete Research，2010，40 (2)：242-252.

[10] PATURAL L，PORION P，VAN DAMME H，et al. A pulsed field gradient and NMR imaging investigations of the water retention mechanism by cellulose ethers in mortars [J]. Cement and Concrete Research，2010，40 (9)：1378-1385.

[11] POURCHEZ J，GROSSEAU P，RUOT B. Changes in C_3S hydration in the presence of cellulose ethers [J]. Cement and Concrete Research，2010，40 (2)：179-188.

［12］ POURCHEZ J，GROSSEAU P，RUOT B. Current understanding of cellulose ethers impact on the hydration of C（3）A and C（3）A-sulphate systems［J］. Cement and Concrete Research，2009，39（8）：664-669.

［13］ 王建军，张自力，万善奎．硫铝酸盐水泥的发展现状与展望［J］．新世纪水泥导报，2011，17（06）：51-53.

［14］ GARTNER E. Industrially interesting approaches to "low-CO_2" cements［J］. Cement and Concrete Research，2004，34（9）：1489-1498.

［15］ JUENGER M C G，WINNEFELD F，PROVIS J L，et al. Advances in alternative cementitious binders［J］. Cement and Concrete Research，2011，41（12）：1232-1243.

［16］ SHI C，JIMéNEZ A F，PALOMO A. New cements for the 21st century：The pursuit of an alternative to Portland cement［J］. Cement and Concrete Research，2011，41（7）：750-763.

［17］ TELESCA A，MARROCCOLI M，PACE M L，et al. A hydration study of various calcium sulfoaluminate cements［J］. Cement and Concrete Composites，2014，53：224-232.

［18］ 何锐，郑欣欣，王渊，等．硫铝酸盐水泥性能特点与改性技术研究现状［J］．应用化工，2022，51（05）：1495-1501.

［19］ SU T，KONG X，TIAN H，et al. Effects of comb-like PCE and linear copolymers on workability and early hydration of a calcium sulfoaluminate belite cement［J］. Cement and Concrete Research，2019，123.

［20］ BELHADI R，GOVIN A，GROSSEAU P. Influence of polycarboxylate superplasticizer，citric acid and their combination on the hydration and workability of calcium sulfoaluminate cement［J］. Cement and Concrete Research，2021，147：106513.

［21］ Effect of retarders on the early hydration of calcium-sulpho-aluminate（CSA）type cements［J］. Cement and Concrete Research，2016，84：62-75.

［22］ MARTIN L H J，WINNEFELD F，TSCHOPP E，et al. Influence of fly ash on the hydration of calcium sulfoaluminate cement［J］. Cement and Concrete Research，2017，95：152-163.

［23］ 马保国，韩磊，朱艳超，等．掺合料对硫铝酸盐水泥性能的影响［J］．新型建筑材料，2014，41（09）：19-21，50.

［24］ WAN Q，WANG Z，HUANG T，et al. Water retention mechanism of cellulose ethers in calcium sulfoaluminate cement-based materials［J］. Construction and Building Materials，2021，301：124118.

［25］ ZHANG S，WANG R，XU L，et al. Properties of calcium sulfoaluminate cement mortar modified by hydroxyethyl methyl celluloses with different degrees of substitution［J］. Molecules，2021，26（8）：2136.

［26］ 李建，王肇嘉，黄天勇，等. HEMC对硫铝酸盐水泥砂浆性能的影响［J］．建筑材料学报，2021，24（01）：199-206.

［27］ PAIVA H，SILVA L M，LABRINCHA J A，et al. Effects of a water-retaining agent on the rheological behaviour of a single-coat render mortar［J］. Cement and Concrete Research，2006，36（7）：1257-1262.

［28］ LI J，WANG R，XU Y. Influence of cellulose ethers chemistry and substitution degree on the setting and early-stage hydration of calcium sulphoaluminate cement［J］. Construction and Building Materials，2022，344：128266.

［29］ 孙振平，穆帆远，康旺，等．纤维素醚改性硫铝酸盐水泥浆体中可蒸发水的1H低场核磁弛豫特

征 [J]．硅酸盐学报，2019，47（08）：1109-1115.

[30] XU L，OU Y，HECKER A，et al. State of water in calcium sulfoaluminate cement paste modified by hydroxyethyl methyl cellulose ether [J]．Journal of Building Engineering，2021，43：102894.

[31] JENNI A，HOLZER L，ZURBRIGGEN R，et al. Influence of polymers on microstructure and adhesive strength of cementitious tile adhesive mortars [J]．Cement and Concrete Research，2005，35（1）：35-50.

[32] WANG S，ZHANG G，WANG Z，et al. Evolutions in the properties and microstructure of cement mortars containing hydroxyethyl methyl cellulose after controlling the air content [J]．Cement and Concrete Composites，2022，129：104487.

[33] 吴凯，康旺，徐玲琳，等．羟乙基甲基纤维素对硫铝酸盐水泥早期水化的影响 [J]．硅酸盐学报，2020，48（05）：615-621.

[34] 王培铭，许绮，李纹纹．羟乙基甲基纤维素对水泥砂浆性能的影响 [J]．建筑材料学报，2000（04）：305-309.

[35] LI J，WANG R，LI L. Influence of cellulose ethers structure on mechanical strength of calcium sulphoaluminate cement mortar [J]．Construction and Building Materials，2021，303：124514.

[36] SHI C，ZOU X，WANG P. Influences of ethylene-vinyl acetate and methylcellulose on the properties of calcium sulfoaluminate cement [J]．Construction and Building Materials，2018，193：474-480.

[37] CHUNG D D L. Dispersion of short fibers in cement [J]．J Mater Civil Eng，2005，17（4）：379-383.

[38] 魏建强．甲基纤维素对碳纤维分散性研究 [J]．水利与建筑工程学报，2015，13（02）：148-151，200.

[39] 鞠丽艳．混凝土裂缝抑制措施的研究进展 [J]．混凝土，2002（05）：11-14.

[40] WANG S，WANG Z，HUANG T，et al. Mechanical strengths，drying shrinkage and pore structure of cement mortars with hydroxyethyl methyl cellulose [J]．Construction and Building Materials，2022，314：125683.

[41] ZHANG G，WANG S，QIU D，et al. Investigation on the performance of hydroxyethyl methyl cellulose modified cement mortars with Portland cement-calcium sulfoaluminate cement binders [J]．Construction and Building Materials，2021，283：122721.

[42] ZHANG G，HE R，LU X，et al. Early hydration of calcium sulfoaluminate cement in the presence of hydroxyethyl methyl cellulose [J]．Journal of Thermal Analysis and Calorimetry，2018，134（3）：1429-1438.

[43] SHI C，ZOU X W，WANG P. Influences of EVA and methylcellulose on mechanical properties of Portland cement-calcium aluminate cement-gypsum ternary repair mortar [J]．Construction and Building Materials，2020，241：118035.

[44] ZHANG G F，WANG P M，XU L L，et al. Formation of calcium aluminate hydrates in Portland cement modified by organic admixtures [J]．Advances in Cement Research，2017，29（4）：147-154.

[45] 王婷，钟世云，徐玲琳，等．纤维素醚在水泥颗粒表面的吸附性能 [J]．硅酸盐学报，2020，48（05）：632-637.

[46] SILVA D A，MONTEIRO P J M. The influence of polymers on the hydration of portland cement phases analyzed by soft X-ray transmission microscopy [J]．Cement and Concrete Research，2006，

36 (8): 1501-1507.

[47] NGUYEN D D, DEVLIN L P, KOSHY P, et al. Impact of water-soluble cellulose ethers on polymer-modified mortars [J]. Journal of Materials Science, 2013, 49 (3): 923-951.

[48] 徐玲琳，杨肯，穆帆远，等. 纤维素醚对硫铝酸盐水泥浆体水组分及水化产物演变的影响 [J]. 材料导报，2022，36 (10)：57-62.

[49] 陈娟，李北星，卢亦焱. 硅酸盐-硫铝酸盐水泥混合体系的试验研究 [J]. 重庆建筑大学学报，2007 (04)：121-124.

[50] TRAUCHESSEC R, MECHLING J M, LECOMTE A, et al. Hydration of ordinary Portland cement and calcium sulfoaluminate cement blends [J]. Cement and Concrete Composites, 2015, 56: 106-114.

[51] YEUNG J S K, YAM M C H, WONG Y L. 1-Year development trend of concrete compressive strength using calcium sulfoaluminate cement blended with OPC, PFA and GGBS [J]. Construction and Building Materials, 2019, 198: 527-536.

[52] ZHANG J, LI G, YE W, et al. Effects of ordinary Portland cement on the early properties and hydration of calcium sulfoaluminate cement [J]. Construction and Building Materials, 2018, 186: 1144-1153.

[53] SCHMIDT W, BROUWERS H J H, KUHNE H C, et al. Interactions of polysaccharide stabilising agents with early cement hydration without and in the presence of superplasticizers [J]. Construction and Building Materials, 2017, 139: 584-593.

[54] MA B, PENG Y, TAN H, et al. Effect of hydroxypropyl-methyl cellulose ether on rheology of cement paste plasticized by polycarboxylate superplasticizer [J]. Construction and Building Materials, 2018, 160: 341-350.

[55] 赵军，蔡高创，高丹盈. 硫铝酸盐水泥混凝土抗氯离子侵蚀机理分析 [J]. 建筑材料学报，2011，14 (03)：357-361.

[56] KHAYAT K H. Viscosity-enhancing admixtures for cement-based materials: An overview [J]. Cement Concrete Comp, 1998, 20 (2-3): 171-188.

[57] METALSSI O O, AIT-MOKHTAR A, TURCRY P, et al. Consequences of carbonation on microstructure and drying shrinkage of a mortar with cellulose ether [J]. Construction and Building Materials, 2012, 34: 218-225.

[58] 张国防，王培铭，吴建国，等. 聚合物干粉对水泥砂浆耐久性能的影响 [J]. 中国水泥，2004 (11)：108-111.

[59] RAMLI M, TABASSI A A. Effects of polymer modification on the permeability of cement mortars under different curing conditions: A correlational study that includes pore distributions, water absorption and compressive strength [J]. Construction and Building Materials, 2012, 28 (1): 561-570.

[60] SILVA D A, JOHN V M, RIBEIRO J L D, et al. Pore size distribution of hydrated cement pastes modified with polymers [J]. Cement and Concrete Research, 2001, 31 (8): 1177-1184.

[61] WANG S, ZHANG G, WANG Z, et al. Long-term performance and hydration of cement mortars with hydroxyethyl methyl cellulose cured at 5℃ low temperature [J]. Construction and Building Materials, 2021, 307: 124963.

基金资助："十三五"国家重点研发计划项目（2018YFD1101003）；上海市住房与城乡建设委员会科研项目（2020-001-009）；固废资源化利用与节能建材国家重点实验室开放基金。

作者简介：

第一作者：刘柏君（1999—），吉林长春人，同济大学硕士研究生。E-mail：a19821240945@163.com。

通信作者：张国防（1977—），河南鹿邑人，工学博士，同济大学副教授，博士生导师。E-mail：zgftj@sina.com。

第二部分
砂浆基本性能和原材料作用

可再分散乳胶粉对瓷砖胶下防水膜桥接裂缝性能的影响

邓　璇　杜金杰　苗琳琳

［塞拉尼斯（中国）投资有限公司，上海 201210］

摘　要： 本文研究了可再分散乳胶粉 Elotex® FX2350 的含量对瓷砖胶下防水膜荷载-位移行为的影响，结果发现防水膜可以桥接的裂缝位移与 Elotex® FX2350 含量成正比例关系。防水膜可承受的最大荷载随着 Elotex® FX2350 含量的增加而增加直到 Elotex® FX2350 成为防水膜占主导地位的相为止，超过这个值，Elotex® FX2350 含量再增加，防水膜的最大荷载保持不变。同时研究了当 Elotex® FX2350 含量不变的情况下，防水膜受到拉伸力后的表面局部应变的演变过程，并将其与荷载-位移行为联系起来。

关键词： 可再分散乳胶粉；桥接裂缝；荷载-位移；应变白化

Influence of Redispersible Polymer Powder on the Load-displacement Behavior of Waterproof Membrane under Ceramic Tile Adhesive

Deng Xuan　Du Jinjie　Miao Linlin

(Celanese (China) Holding Co., Ltd., Shanghai 201210)

Abstract: In this study, the influence of redispersible polymer powder Elotex® FX2350 content on the load-displacement behavior of waterproof membrane under ceramic tile adhesive is studied. The results reveal a positive correlation between the displacement the membrane can bridge and increasing Elotex® FX2350 content. Contrarily, the maximum load only increases with Elotex® FX2350 content until it is the volumetrically dominant phase in the membrane. Beyond this threshold，the maximum load remains constant despite increasing Elotex® FX2350. At the same time，the evolution of the strain localization behavior on the surface of the waterproof membrane for a formulation with constant content is studied and related to the behavior of load-displacement.

Keywords：Redispersible polymer powder；crack bridging；load-displacement；strain whitening

1 引言

聚合物改性可以提高水泥砂浆的内聚力和柔韧性[1]。基于这个特性，市面上出现了可用于潮湿区域（例如：泳池或浴室）瓷砖下的柔性防水膜，可以抵御水渗入到基层结构中。聚合物改性一般是通过添加聚合物乳液（双组分体系）或可再分散乳胶粉（单组分体系）的方法来实现。从经济和环保方面来考虑，单组分体系更有优势[2-4]。由于水泥水化收缩和结构沉降等因素的影响，基层混凝土会发生尺寸变化，从而可能形成裂缝，而具有柔性的防水膜因其弹塑性这一特性通过桥接裂缝的能力在一定程度上阻止了这些基层裂缝的发展。在本研究中，将防水膜的桥接裂缝测试与防水膜表面变形过程的图像记录相结合，以了解防水膜在桥接裂缝过程中的结构演化，以及与其力学性能的关系。

2 试验

2.1 原材料

（1）水泥：P·O 42.5R。

（2）可再分散乳胶粉：Elotex® FX2350，具体技术参数见表 1。

表 1 Elotex® FX2350 的技术参数

外观	自由流动的白色粉末
聚合物类型	乙酸乙烯酯-乙烯共聚物
灰分，950℃	8.0%～12.0%
pH 值，含有 10%分散体的水溶液	7.0～9.0
最低成膜温度	0℃

（3）砂子：0.1～0.3mm 石英砂。

2.2 试验方法

为了测试 Elotex® FX2350 含量对桥接裂缝能力的影响，设计 Elotex® FX2350 不同含量的防水膜配方（表 2）。

表 2　不同 Elotex® FX2350 含量的防水膜配方

配方	1	2	3	4	5	6	7
Elotex® FX2350	5	10	15	20	25	30	35
水泥	19	19	19	19	19	19	19
砂子	76	71	66	61	56	51	46
水	17	16	16	17	19	20	22

表 2 中各个配方使用不同的加水量以保证各个配方具有相同的湿砂浆黏度。根据 EN14891 的方法进行成型，防水膜分两次成型，总厚度为 3mm。桥接裂缝的裂纹拉伸速率恒定为 0.15mm/min，记录每次试验的荷载和位移变化。第一个系列的试验测试了防水膜中 Elotex® FX2350 含量不同对其荷载-位移能力的影响。在测试时发现防水膜样品表面会形成白色区域，称之为应变白化，是局部变形的一种表示[5]。当肉眼观察防水膜表面出现黑色小孔时，视为失效。在第二系列的试验中，选取 Elotex® FX2350 含量为 25％的样品（表 2 中的配方 5）进行测试。记录该配方防水膜的应变白化区域变化过程。为了完整记录这些试验的破坏机理，防水膜完全断裂后试验才会终止。

3　结果与讨论

3.1　Elotex® FX2350 含量对防水膜荷载-位移的影响

从图 1 来看，不管 Elotex® FX2350 含量多少，所有防水膜的变形规律都是一致的，都是先弹性变形然后应力硬化直至破坏。从图 2 可以发现，防水膜能够承受的最大位移会随着 Elotex® FX2350 含量的增加而增加，而能承受的应力会随着 Elotex® FX2350 含量的增加最初是增加的，当 Elotex® FX2350 含量达到 25％时为临界值，而后再增加 Elotex® FX2350 含量，防水膜能承受的最大应力并不会再随之增加。

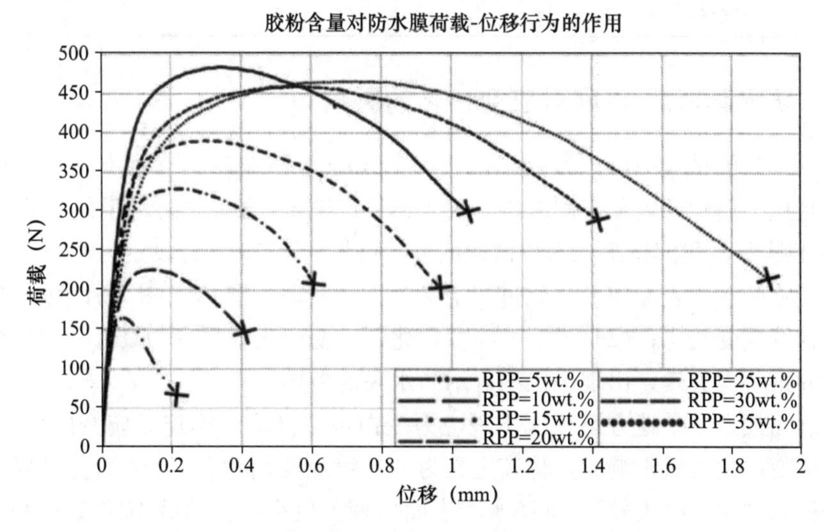

图 1　Elotex® FX2350 对防水膜的荷载-位移的关系

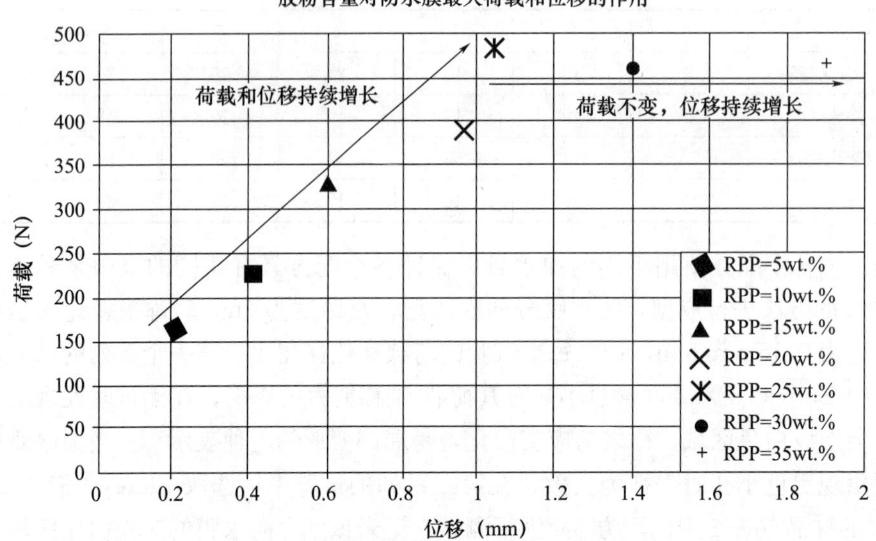

图 2　Elotex® FX2350 与防水膜最大荷载值和最大位移的关系

在表 3 中，我们估算出各个配方的防水膜在固化后各成分所占有的体积占比，结合表 2 中的结果也可以发现，当 Elotex® FX2350 含量为 25%时，Elotex® FX2350 的体积占比在整个防水膜中开始占最主导的地位，也就是说，当 Elotex® FX2350 体积占比开始在整个体系中占主导地位时，防水膜的最大荷载能力不会再增加。

表 3　固化后的防水膜中各成分的体积占比

Elotex® FX2350（wt. %）	5	10	15	20	25	30	35
Elotex® FX2350（vol. %），β=938kg/m³	11	21	28	35	40	45	50
水泥（vol. %），β=3100kg/m³	13	13	12	11	11	10	10
石英砂（vol. %），β=2650kg/m³	63	55	48	42	37	32	28
空隙率（%）	12	12	12	12	12	12	12

3.2　防水膜荷载-位移对应变白化的影响

从第一系列的试验中可以发现，由于当 Elotex® FX2350 含量＜15%时，防水膜表面不会出现应力白化的现象，同时结合 Elotex® FX2350 含量对防水膜最大荷载-位移的关系结果（图 2），我们将第二部分试验的 Elotex® FX2350 含量设定为 25%。在这个试验中，我们将防水膜表面应变白化过程定义为三个阶段（具体见图 3 所示）：（1）试样表面的不连续应变白化；（2）连续的应变白化，应变白化区显现为具有一定宽度的整片区域；（3）第一次失效，出现小黑洞表示防水膜的破坏。

试样表面任意一个地方第一次出现应力变白被定义为“不连续应变白化”。当试样的宽度受应变白化区域影响时，将其定义为“连续应变白化”。这个演变过程中第三个重要时刻称为“第一次失效”，即防水膜表面出现黑色小孔。荷载-位移数据和应变白化宽度在时间图像中是同时获得绘制的图 4。此外，图 4 中还分别标示了不连续应变白化、连续应变白化和第一次失效出现的位移。在不连续应变白化（发生在最大荷载之前）和连续应变白化（发生在最大荷载之后）之后，试样表面出现单独的、小的、局部分散的应变白化斑点（图 3）。这些分散的应变局部化现象可能与应变硬化行为有关，这意味着应变位置硬化并迫使应变在空间上迁移（即形成新的局部应变白斑），以进一步吸收应变。相反，连续应变白化后的应变白化区在达到最大载荷后变宽，因此可以解释为应变软化机制。因此，在这一阶段，系统形成了一个区域，与新核点的形成相比，该区域有利于进一步的应变积累。应变白化区宽度的急剧增加支持了这一观点，这可能与应变白化区内的变形累积有关（图 4）。最后，从应变白化区宽度的急剧加宽到平坦的变化可能与控制应变白化区加宽的机制的变化有关。

(a) 试样表面的不连续应变白化

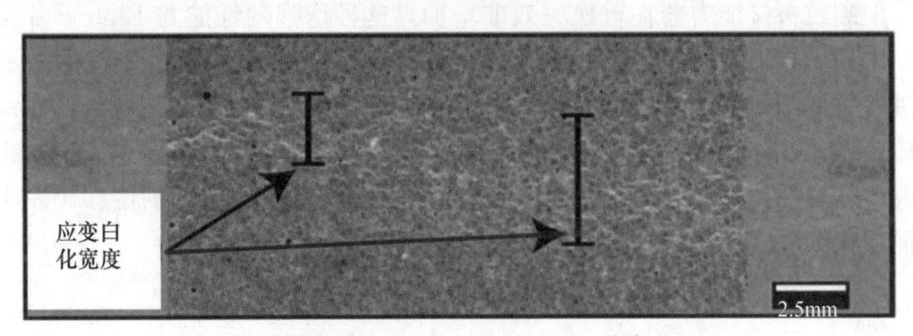

(b) 连续的应变白化，白化区具有一定宽度

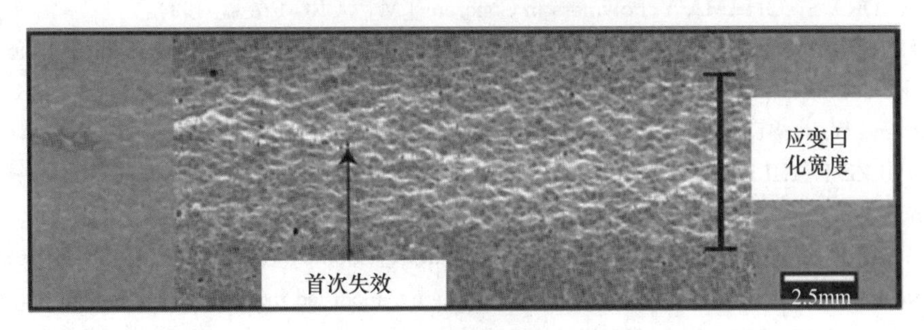

(c) 首次失效

图 3　防水膜表面应变白化演变过程

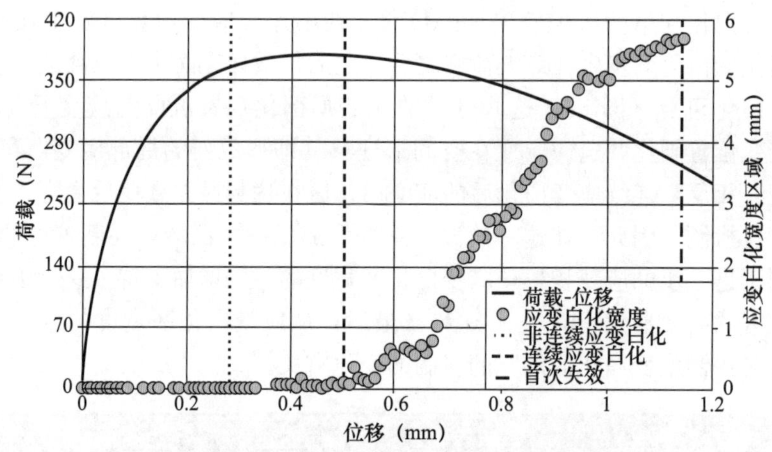

图 4　防水膜表面应变白化演变与荷载-位移行为的关系

4　结论

为了有效地观测单组分水泥基防水膜表面的应变白化与局部变形之间的关系，防水膜中必须至少含有 15%的 Elotex® FX2350。进一步添加高达 25%时，会导致防水膜最大载荷和裂纹桥接能力的增加。从 25%开始再增加 Elotex® FX2350 掺量，最大载荷保持不变，但裂纹桥接能力会在首次失效前增加。这种增强的性能与 Elotex® FX2350 在配方体积中占主导地位情况是相一致的。对 Elotex® FX2350 含量为 25%的防水膜的应变白化进行了详细研究，发现位移与应变白化区域宽度的关系函数是呈 S 形曲线，并将不连续应变白化、连续应变白化和首次失效作为位移过程中的重要标志，不连续应变白化标志着应变局部化的开始。不连续应变白化和连续应变白化之间的位移代表应变硬化阶段，而从连续应变白化到防水失效，应变软化一直存在。

参考文献

[1] CHANDRA S，OHAMA Y. Polymers in Concrete [M]. CRC Press，1994.

[2] SCHNEIDER SI，DEWACKER DR，PALMER JG. Redispersible polymer powders for tough，flexible cement mortars，in Polymer-modified hydraulic-cement mixtures [M]. Kuhlmann，L. A. and Walters D. G. Eds.，American Society for Testing and Materials，1993.

[3] SCHULZE J，KILLERMANN O. Long-term performance of redispersible powders in mortars [J]. Cement and Concrete Research，2001，31 (3)：357-362.

[4] AFRIDI MUK，OHAMA Y，DEMURA K，et al. Development of polymer films by the coalescence of polymer particles in powdered and aqueous polymer-modified mortars [J]. Cement and Concrete Research，2003，33 (11)：1715-1721.

[5] VOLKWEIN A. Oberflächenschutz von Beton mit flexiblen Dichtschlämmen Teil 2：Eigenschaften und Erfahrungen [J]. Betonwerk＋Fertigteil-Technik，1988，9：72-78.

作者简介：邓璇，女，塞拉尼斯（中国）投资有限公司应用开发经理，硕士，高级工程师，主要从事建筑干混砂浆应用研究工作。

不同养护条件下可再分散乳胶粉对聚合物改性水泥砂浆力学性能的影响

杭法付　范树景　叶　勇　胡莹莹
（浙江忠信新型建材股份有限公司杭州研发分公司，杭州 310052）

摘　要：采用不同玻璃转变温度的可再分散乳胶粉分别制备了聚合物改性水泥砂浆，在20℃常温、70℃高温和浸水三种不同条件下，测试了聚合物改性水泥砂浆的力学性能，并通过微观测试反映其形貌差异。结果表明，在三种养护条件下，聚合物改性水泥砂浆抗折强度、抗压强度和压折比有所差异。在70℃时，砂浆的28d抗折强度、抗压强度最高，胶粉高掺量时砂浆的压折比高于其他两种养护条件，且与乳胶粉的掺量和种类有很大关系，掺加EVA胶粉的砂浆压折比略低。在20℃和浸水条件下，丙烯酸胶粉对砂浆抗折强度和抗压强度的提高优于EVA胶粉，低掺量时，掺EVA胶粉的砂浆压折比低。还发现乳胶粉加入聚合物改性水泥砂浆中，引入大量的宏观气泡，气泡尺寸大小不一，与聚合物种类无关，也与聚合物的玻璃转化温度关联不大。

关键词：聚合物改性水泥砂浆；养护条件；力学性能；微观形貌

Influence of Redispersible Powder on Mechanical Properties of Polymer Modified Cement Mortar at Different Curing Conditions

Hang Fafu　Fan Shujing　Ye Yong　Hu Yingying
(Hangzhou R&D Branch，Zhejiang Zhongxin New Building Materials Co. Ltd.，Hangzhou 310052)

Abstract：Polymer modified cement mortar was prepared by using redispersible latex powder with different glass transition temperature. The mechanical properties of polymer modified cement mortar were tested under three different conditions: 20℃ , 70℃ and immersion in water, and the morphological differences were reflected by microscopic test. The results show that the flexural strength, compressive strength and compression folding ratio of polymer modified cement mortar are different under three curing conditions. At 70℃, the 28d flexural and compressive strength of mortar is the highest. When the amount of rubber powder is high, the compression ratio of mortar is higher than that of the other two curing conditions, which is greatly related to the amount and type of latex powder. The compression ratio of mortar mixed with EVA rubber powder is slightly lower. Under the condition of 20℃ and immersion in water, the improvement of flexural strength and compressive strength of acrylic rubber powder is better than that of EVA rubber powder. When the content is low, the compression folding ratio of mortar mixed with EVA rubber powder is low. It is also found that the addition of latex powder into polymer modified cement mortar introduces a large number of macro bubbles with different sizes, which has nothing to do with the type of polymer and the glass transition temperature of the polymer.

Keywords: polymer modified cement mortar; curing condition; mechanical properties; morphology analysis

0 引言

聚合物水泥改性砂浆应用较多，常用于瓷砖胶粘剂、自流平砂浆、灌浆材料和修补材料中，国内外学者对其关注和研究较多[1-4]，主要集中于聚合物种类和掺量对聚合物改性砂浆性能的影响，还分析了可再分散乳胶粉的玻璃转变温度和最低成膜温度对砂浆拉伸黏结性能的作用，通过不同的测试手段来表征其微观形貌和结构。上面这些研究大多侧重于行业标准规定的环境条件下，对聚合物改性水泥砂浆在实际工程中的推广应用提供了大量的理论基础。

但在实际应用中，聚合物改性水泥砂浆的使用不仅限于行业标准规定的环境条件，还会处于较多非标环境下，尤其是在夏季高温和梅雨季节时。尽管王培铭课题组[5-6]研究了高温高湿条件下聚合物改性水泥砂浆的拉伸黏结强度的变化和差异，但对聚合物改性水泥砂浆的抗压强度、抗折强度和压折比的性能发展如何尚未得知。基于此，本文设置了与行业标准不同的养护条件，研究玻璃转变温度和最低成膜温度不同的可再分散乳胶粉对聚合物改性水泥砂浆力学性能的影响，包括抗压强度、抗折强度、压折比，还对比了基础聚合物差异时，由此引起的砂浆力学性能的不同。

1 原材料及试验方法

1.1 原材料

普通硅酸盐水泥，安徽海螺水泥公司生产；粉煤灰，浙江三门电厂；石英砂；黏度为100000mPa·s的羟丙基甲基纤维素，Powder D有机硅憎水剂，均为市售；自来水。

可再分散乳胶粉采用三种，其中基础聚合物分别为醋酸乙烯-乙烯共聚物和丙烯酸酯。性能参数见表1。占胶凝材料质量的0、8%、16%和25%。

表1　可再分散乳胶粉的性能参数

名称	基础聚合物	最低成膜温度（℃）	玻璃转变温度（℃）
5010N	醋酸乙烯-乙烯	4	16
5044N	醋酸乙烯-乙烯	0	-7
6011A	丙烯酸酯	0	11

1.2　试验方法

依据《水泥胶砂强度检验方法（ISO法）》（GB/T 17671—1999）进行砂浆的抗压强度、抗折强度试样的制备，拆模后试样在相应规定的养护条件下进行养护，到龄期后从相应养护条件下取出试样，进行强度性能测试，并计算压折比。

28d龄期时，制备微观测试样品，在环境扫描电镜下进行观测，通过二次电子成像技术得出其微观形貌。

2　试验结果

2.1　抗折强度

表2显示了三种不同养护条件下，三种可再分散乳胶粉掺量不同对聚合物改性水泥砂浆抗折强度的影响。从表2可以看出，不掺可再分散乳胶粉时，在三种养护条件下，空白样品的抗折强度差别不明显，在70℃时砂浆的抗折强度最高，为4.0MPa。

当掺入可再分散乳胶粉后，在70℃的条件下，聚合物改性水泥砂浆的抗折强度要高于在20℃时的抗折强度，而在浸水条件下聚合物改性水泥砂浆的抗折强度表现最差，与可再分散乳胶粉的掺量、基础聚合物的差异和聚合物的最低成膜温度和玻璃转变温度均无关。在20℃、70℃或者浸水养护条件下，与空白样品相比，随着5044N和6011A这两种可再分散乳胶粉掺量的增加，聚合物改性水泥砂浆的抗折强度逐渐增大，而5010N可再分散乳胶粉与其他两种乳胶粉在聚合物改性水泥砂浆的抗折强度中的表现有明显差异，当5010N可再分散乳胶粉的掺量达到胶凝材料质量的25%时，对比空白样品，聚合物改性水泥砂浆的抗折强度才有所提高，当5010N可再分散乳胶粉的掺量小于25%时，聚合物改性水泥砂浆的抗折强度小幅下降。

从表2还可以看出，当可再分散乳胶粉掺量相同时，掺丙烯酸胶粉的聚合物改性水泥砂浆抗折强度高于掺EVA胶粉的，尤其是在20℃和浸水条件下。

表 2　三种不同养护条件下，可再分散乳胶粉对聚合物改性水泥抗折强度的影响　MPa

种类	掺量（%）	20℃	70℃	浸水
空白样品	0	3.5	4.0	3.3
5010N	8	2.1	3.2	2.1
	16	2.8	4.0	2.6
	25	3.8	5.4	3.4
5044N	8	3.6	4.3	3.4
	16	4.0	5.1	3.6
	25	4.9	6.0	3.9
6011A	8	3.6	3.7	3.2
	16	5.5	4.7	3.5
	25	7.7	6.5	4.4

2.2　抗压强度

表 3 显示了三种不同养护条件下，三种可再分散乳胶粉掺量不同对聚合物改性水泥砂浆 28d 抗压强度的影响。当不掺乳胶粉时，砂浆在 20℃、70℃和浸水条件下聚合物改性水泥砂浆的抗压强度略有差异，其中 70℃时，抗压强度最高，为 12.7MPa。与未掺乳胶粉的砂浆相比，在三种不同养护条件下，当掺入乳胶粉后，聚合物改性水泥砂浆的抗压强度明显有差异，其中 70℃表现最好，其次是 20℃，浸水条件下抗压强度均有不同程度的降低，在浸水条件下，掺入胶粉后砂浆 28d 抗压强度普遍降低。随着乳胶粉掺量的增加，聚合物改性水泥砂浆的抗压强度也有所增加，与养护条件无关。

从表 3 还可以看出，在三种养护条件下丙烯酸胶粉对聚合物改性水泥砂浆 28d 的抗压强度都起到提高的作用，且高于 EVA 胶粉制备的聚合物改性水泥砂浆。70℃时，当掺量为 25%时，掺丙烯酸胶粉的聚合物改性水泥砂浆抗压强度可达到 24MPa；对于同一种基础聚合物 EVA 来讲，玻璃转变温度越高，制备的聚合物改性水泥砂浆 28d 的抗压强度反而有所降低，掺量为 8%时，在 20℃和浸水条件下，掺 5010N 的聚合物改性水泥砂浆 28d 抗压强度只有 6.2MPa 和 6.4MPa。

表 3　三种不同养护条件下，可再分散乳胶粉对聚合物改性水泥 28d 抗压强度的影响　MPa

种类	掺量（%）	20℃	70℃	浸水
空白样品	0	11.3	12.7	11.9
5010N	8	6.2	8.6	6.4
	16	7.9	12.3	7.0
	25	9.4	19.2	8.3
5044N	8	11.6	16.0	10.0
	16	11.8	17.5	10.3
	25	12.2	19.5	10.8
6011A	8	13.8	15.6	11.7
	16	15.6	18.3	11.8
	25	18.5	24.1	11.9

2.3　压折比

图1显示了三种不同养护条件下，三种可再分散乳胶粉掺量不同对聚合物改性水泥砂浆压折比的影响。当不掺乳胶粉时，砂浆在20℃、70℃和浸水条件下的压折比略有差异，其中70℃时，压折比最低，为3.20。掺入EVA可再分散乳胶粉后［图1（a）和（b)］，在20℃和浸水条件下，砂浆的压折比会逐渐降低。但在70℃时，玻璃转变温度对砂浆的压折比有明显影响，掺入玻璃转变温度较高的5010N，砂浆压折比先降低后增加，而掺入玻璃转变温度较低的5044N时，则表现相反，呈现先增加后降低的趋势，掺量为8%时为分界点。从图1（c）还可以看出，丙烯酸胶粉对聚合物改性水泥砂浆压折比的影响与养护条件有很大关系，也与掺量有一定的关系，砂浆压折比先增加后降低。

通过图1（d）可以看出，当养护条件为70℃时，乳胶粉种类和掺量不同时，砂浆的压折比差异。显然，掺入EVA胶粉比掺入丙烯酸胶粉时，砂浆的压折比相对较低。当掺量低于16%时，掺入玻璃转变温度较高的5010N时，砂浆的压折比才低于空白样品；掺入玻璃转变温度较低的5044N时，砂浆的压折比都不低于空白样品的。

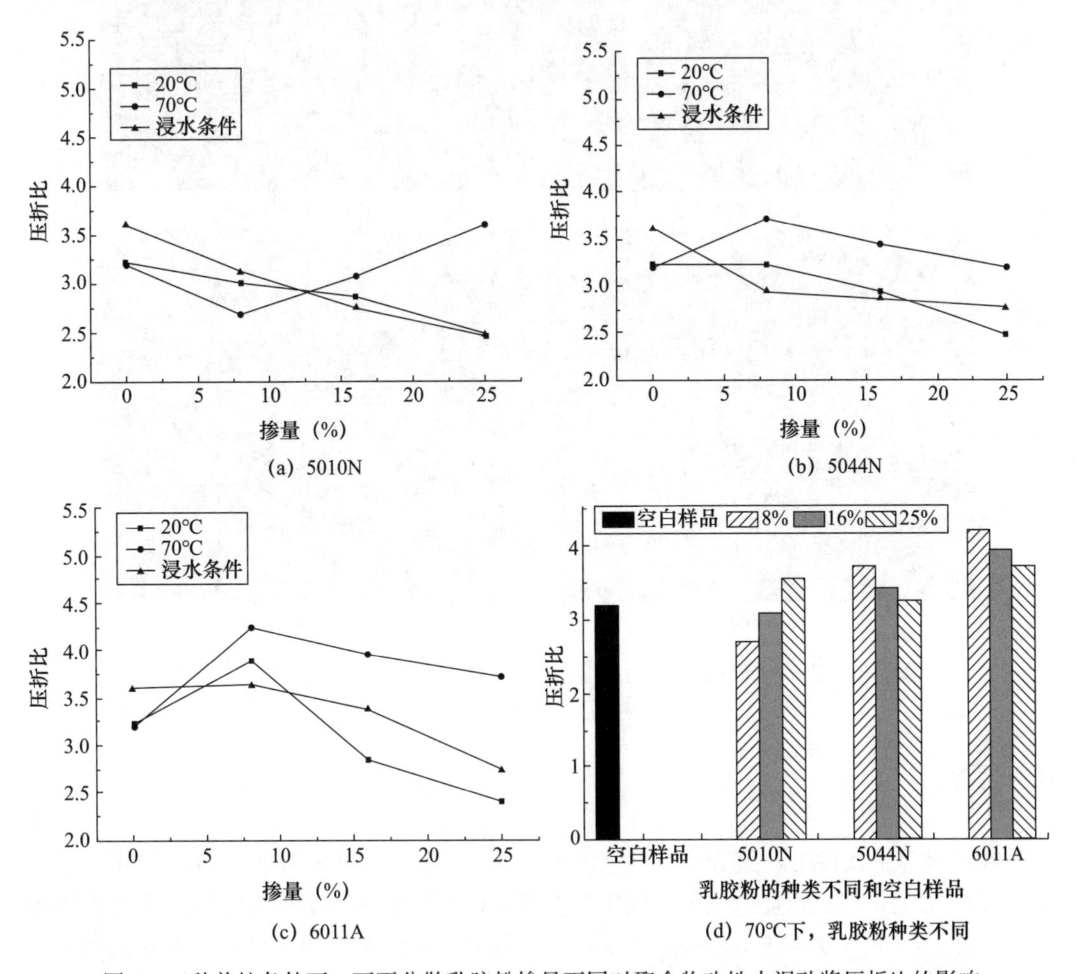

图1　三种养护条件下，可再分散乳胶粉掺量不同对聚合物改性水泥砂浆压折比的影响

3 微观形貌

图 2 显示了在 20℃常温下，聚合物改性水泥砂浆的二次电子成像。从图 2 可以看出，未加可再分散乳胶粉时，砂浆表面有肉眼可见的孔洞和少量气孔，气孔的孔径大小不均一，有效降低了抵御外力的面积，从而造成砂浆的抗压强度不高。当加入乳胶粉后，可向聚合物改性水泥砂浆中引入大量密集的宏观气泡，气泡尺寸不均一，可见其有明显的引气作用，这在一定程度上减少了抵御荷载的能力，对砂浆的抗压强度的提高起到负面作用。丙烯酸胶粉和 EVA 胶粉两者对砂浆引入的宏观气孔并无明显差异，也与胶粉的玻璃转变温度无关。

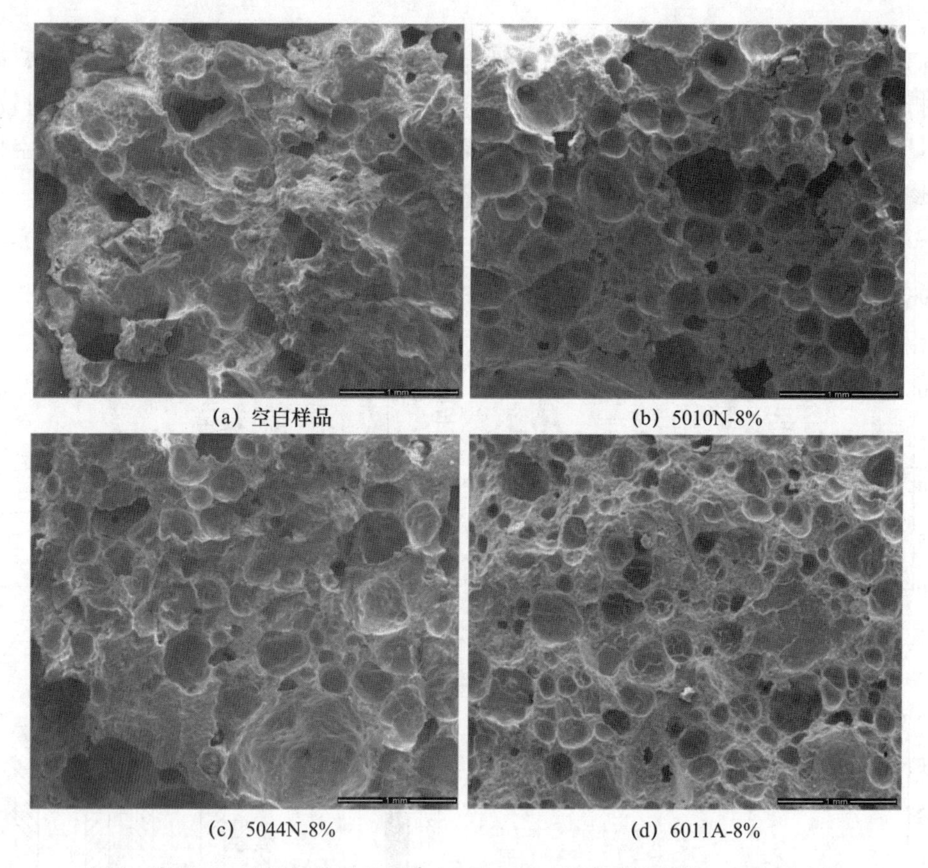

(a) 空白样品　(b) 5010N-8%

(c) 5044N-8%　(d) 6011A-8%

图 2　常温下，乳胶粉掺量为 8%时，聚合物改性水泥砂浆的二次电子成像

4 结论

在三种养护条件下，聚合物改性水泥砂浆抗折、抗压强度和压折比有所差异。

在 70℃时，28d 砂浆的抗折、抗压强度最高，而浸水条件下聚合物改性水泥砂浆的抗折强度、抗压强度最低，胶粉高掺量时聚合物改性水泥砂浆的压折比高于其他两种养护条件，且与乳胶粉的掺量和种类有很大关系，掺加 EVA 胶粉的聚合物改性水泥砂浆压折比略低。

在 20℃和浸水条件下，丙烯酸胶粉对聚合物改性水泥砂浆抗折强度和抗压强度的提高优于 EVA 胶粉，低掺量时，掺 EVA 胶粉的聚合物改性水泥砂浆压折比低。

乳胶粉加入聚合物改性水泥砂浆中引入大量的宏观气泡，气泡尺寸大小不一，与玻璃转化温度无关，也与聚合物关系不大。

参考文献

[1] 张国防．羟乙基甲基纤维素和乙烯基可再分散聚合物改性水泥的水化进程［D］．上海：同济大学，2009.

[2] Roger Zurbriggen，Thomas Aberle，徐龙贵，等．聚合物性能对砂浆变形性的影响——玻璃化转变温度（T_g）和最低成膜温度（MFFT）的重要性［C］．第八届全国商品砂浆学术交流会论文集，北京：中国建材工业出版社，2020：30-39.

[3] JENNI A，ZURBRIGGEN R，HERWEGH M，et al. Changes in microstructures and physical properties of polymer-modified mortars during wet storage［J］. Cement and Concrete Research，2006，36（1）：79-90.

[4] AFRIDI MUK，OHAMA Y，DEMURA K，et al. Development of polymer films by the coalescence of polymer particles in powdered and aqueous polymer-modified mortars［J］. Cement and Concrete Research，2003，33（11）：1715-1721.

[5] 王培铭，寿梦婕．高温条件下不同养护湿度对聚合物改性水泥砂浆拉伸黏结强度的影响［J］．新型建筑材料，2018，45（1）：54-58.

[6] 寿梦婕，王培铭．温湿度对聚合物改性水泥砂浆与不同基底黏结强度的影响［C］．第七届全国商品砂浆学术交流会论文集，北京：中国建材工业出版社，2017，59-66.

温度对丁苯乳液改性砂浆力学性能影响的研究

陈楚欣　杨思禹　魏　阔　刘斯凤*
（同济大学材料科学与工程学院，先进土木工程材料教育部
重点实验室，上海 201804）

摘　要：本文研究三种不同养护温度（5℃、20℃、40℃）下对丁苯乳液改性砂浆力学性能的影响。结果表明：砂浆的抗折强度、抗压强度随养护温度的升高而增大。掺入钙镁复合膨胀剂后，可以提升砂浆在 60d 内的抗折强度与抗压强度，但在 90d 以后会降低；养护温度与丁苯乳液掺量越高，钙镁复合膨胀剂对改性砂浆的抗折强度与抗压强度的提升幅度越大；随着养护龄期的延长，钙镁复合膨胀剂对丁苯乳液改性水泥砂浆抗折强度与抗压强度的提升幅度逐渐降低；6%～10%掺量的复合膨胀剂会降低砂浆在 28d 后的抗折强度与抗压强度，强度随着膨胀剂掺量的增加逐渐降低。

关键词：丁苯乳液；养护温度；力学性能；钙镁复合膨胀剂

Influence of Curing Temperature on the Mechanical Properties of SBR Latex Modified Cement Mortar

Chen Chuxin　Yang Siyu　Wei Kuo　Liu Sifeng*
（School of Materials Science and Engineering，Key Laboratory of Advanced Civil Engineering Materials of Ministry of Education，Tongji University，Shanghai 201804）

Abstract：The influence of different curing temperatures（5，20，and 40℃）on the mechanical properties of styrene-butadiene rubber latex（SBR latex）modified cement mortar was studied. The results show that the flexural strength and compressive strength of cement mortar increases with the increase of curing temperature. After adding calcium magnesium compound expansion agent (CMCEA), the flexural strength and compressive strength can be improved within 60 days, but it will be decreased after 90 days. At higher curing temperature and higher SBR latex content, the increase of CMCEA on the flexural strength and compressive strength of modified mortar is much higher. With the extension of curing age, the increase degree of CMCEA on the flexural strength and compressive strength gradually decreased. The flexural strength and compressive strength after 28 days will be decreased with the addition of 6% to 10% CMCEA, and will gradually decrease with the content increase of CMCEA.

Keywords: SBR latex; curing temperature; mechanical properties; calcium magnesium composite expansive agent

0　引言

丁苯改性水泥砂浆是近年来兴起的新型聚合物改性砂浆，具有良好的保水性、韧性、抗渗透性和抗冻性[1]，适用于老化混凝土建筑物的修补工程，在防腐、防渗等方面有广泛的应用。

LIU 等[2]研究发现丁苯乳液对砂浆的力学性能有一定的负面作用，即降低砂浆的抗压强度。丁苯乳液对水泥熟料矿物的水化有着明显的影响，并且随着养护龄期的增长，丁苯乳液自身产生的物理化学变化也会逐渐改变水泥砂浆的内部结构，从而影响水泥砂浆的抗折强度、抗压强度与收缩等宏观性能。根据膨胀理论，水泥基材料中的膨胀行为与其自身强度有着强烈的相互作用。赵顺增[3]的研究表明，砂浆强度发展过于迅速会导致其弹性模量增长过快，此时膨胀剂膨胀的水化产物主要起搭建晶体骨架和填充微小孔隙的作用，增加内部密实度，并对砂浆的强度起作用。因此，本文探究丁苯乳液掺量与膨胀剂掺量对水泥砂浆力学性能的影响，并探究养护温度对丁苯乳液改性水泥砂浆力学性能的影响规律。

1　试验

1.1　原材料

本试验中选用 P・Ⅰ42.5 硅酸盐水泥；细骨料为石英砂，细度模数 2.6；本试验中的丁苯乳液为巴斯夫（中国）有限公司生产的 Styrofan® ECO 7623 苯乙烯-丁二烯共聚物（英文简称 SBR）乳液，其基本性质见表 1；钙镁复合膨胀剂选用江苏苏博特新材料股份有限公司生产的混凝土高效钙镁复合膨胀剂，该产品性能满足《混凝土膨胀剂》（GB/T 23439—2017）标准要求，基本物理性质见表 2；减水剂为江苏苏博特新材料有限公司生产的 PCA-Ⅰ聚羧酸高性能减水剂，固含量 49%；消泡剂为巴斯夫（中国）有限公司生产的 Foamaster® MO NXZ 基于矿物油的液体消泡剂。

表 1　SBR 乳液基本性能

固含量（%）	pH	23℃表观黏度（mPa·s）	密度（g/cm^3）	玻璃化转变温度（℃）
50～52	7.0～9.0	50～300	1.04	14

表 2　膨胀剂基本性能

性能	细度	碱含量（%）	Cl^-含量（%）	28d 限制膨胀率（%）	抗压强度（MPa）	
					7d	28d
Expand agents	1.18mm≤0.5%	≤0.5	≤0.05	≥−0.005	≥22.5	≥42.5

1.2　配合比设计

本次试验中水灰比为 0.4，灰砂比为 1∶3，丁苯乳液掺量（L）为水泥质量的 0%、10%及 20%，膨胀剂（S）等量替代水泥质量的 0%、6%、8%与 10%，消泡剂含量为乳液质量的 0.2%，减水剂掺量为水泥质量的 0.3%。

1.3　养护条件

为探究不同养护条件下复合膨胀剂对丁苯改性水泥砂浆的作用效果，本次试验中设置了三种养护条件，以探究在低温、常温与高温环境下丁苯改性水泥砂浆的性能变化。由于本试验中选用的丁苯乳液最低成膜温度为 5℃，因此低温中选用 5℃，常温选用室温 20℃，高温选用 40℃，分别用以模拟春季、夏季及秋季的施工条件，湿度统一保持为 60%。同时为模拟现实施工中的前期人工养护过程，保证复合膨胀剂前期充分发挥膨胀效能，设置预养护阶段，将试件先在（20±2）℃、RH90%±5%的养护条件下养护 7d。

2　结果与分析

丁苯乳液改性砂浆在不同养护温度下的抗折强度与抗压强度如图 1 所示。由图 1 可知，三个养护温度下掺有丁苯乳液的砂浆各龄期时的抗折强度与抗压强度均低于空白组，表明该养护条件下，丁苯乳液的掺入会对砂浆的强度产生不利影响。掺有 10%丁苯乳液砂浆的强度的降低幅度要大于掺有 20%丁苯乳液砂浆强度的降幅，表明随着丁苯乳液掺量的增加，砂浆的抗折强度及抗压强度均呈先降低后增大的趋势。此外还可看出，在三个养护温度下，掺有丁苯乳液砂浆强度的增长速率要远低于不掺乳液的对照组。Peng[4] 的研究表明，丁苯乳液可形成聚合物膜，这种膜主要聚集在水泥颗粒表面，可以抑制硅酸盐和铝酸盐矿物的溶解，阻止水的渗透，从而减少水化硅酸钙（C-S-H）凝胶的成核和生长。同时，由于聚合物膜的存在，水泥水化过程中离子交换速度下降，Ca^{2+}需通过丁苯分子形成的聚合物膜才能扩散到溶液中，使水化产物层中保留的 Ca^{2+} 增多，导致 $Ca(OH)_2$ 晶体的生成量减少。此外，丁苯分子中的阴离子基团本身也会与 Ca^{2+} 形成化学键，同样也会导致 $Ca(OH)_2$ 含量降低。Wang[5] 的研究表明，在水化初期（12h 内），丁苯乳液的加入会降低水泥中石膏和熟石灰的缓凝作用，且缓凝程度受丁苯乳液掺量的影响。当掺量低于 10%

时，增大剂量会导致 $C_4(AF)H_{13}$ 含量降低，同时会显著减少未水化 C_4AF 的含量；当丁苯乳液的掺量超过 10%时，C_4AF 含量随丁苯乳液掺量的增加而增加；当丁苯乳液掺量为 20%时，可有效阻止 $C_4(AF)H_{13}$ 的形成，并有利于 AFt 的形成。

从图 1 中可以看出，不同的养护温度与不同丁苯乳液掺量下，砂浆抗折强度与抗压强度随龄期变化的趋势不同。对于不掺丁苯乳液的砂浆而言，温度越高，砂浆的抗折强度发展得越快，趋于稳定的龄期也越早；对于掺有 10%丁苯乳液的改性砂浆，低温（5℃）对砂浆抗折强度发展的抑制效果较为明显，室温（20℃）与高温（40℃）下抗折强度的发展趋势相近；对于掺 20%丁苯乳液的改性砂浆，低温（5℃）对砂浆抗折强度强度发展的抑制效果更为严重，室温（20℃）与高温（40℃）下改性砂浆抗折强度的发展规律与空白组相似，温度越高，砂浆的抗折强度发展得越快，趋于稳定的龄期也越早。此外还可以看出，温度越高，丁苯乳液对砂浆抗折强度与抗压强度的降低幅度越小。丁苯乳液掺量为 20%时，在 5℃、20℃、40℃条件下养护至 14d，试件 L20 的抗折强度相较空白组分别降低了 19.4%、6.8%、3.9%。这是因为低温时丁苯乳液无法形成面积较大的聚合物膜[6]，进而无法有效提升砂浆的抗折强度，从而造成更大的强度损失，也导致高温时砂浆的抗折强度对丁苯掺量更为敏感。

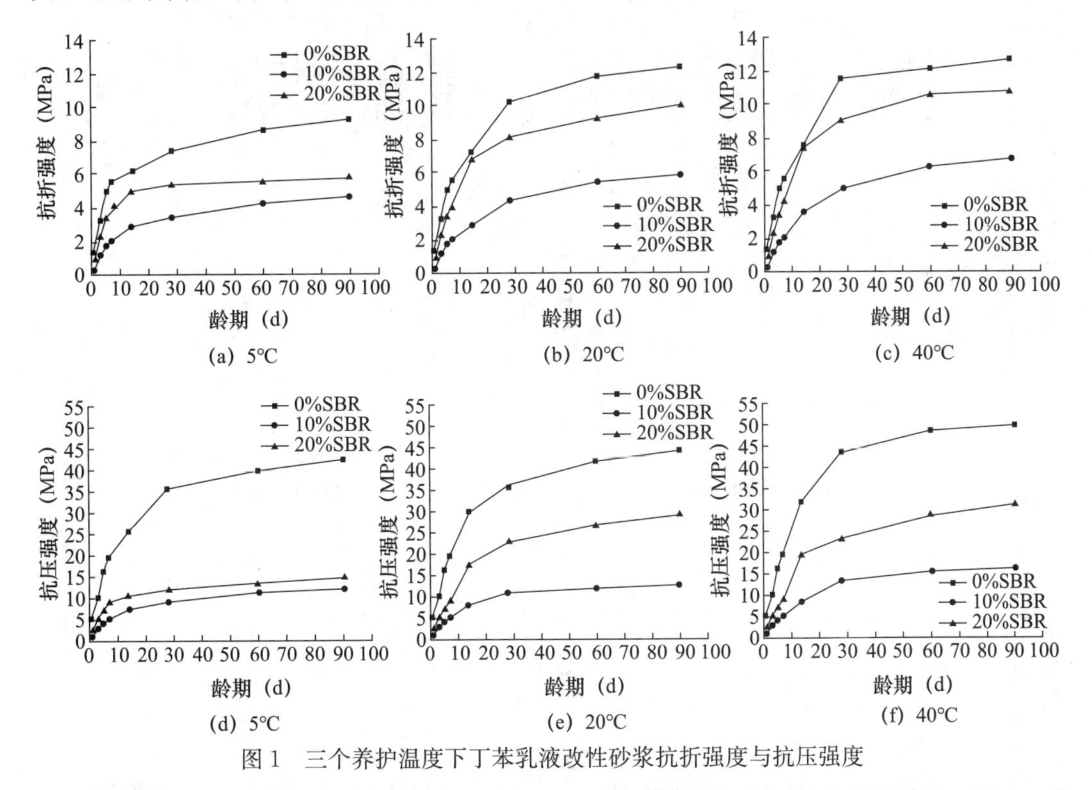

图 1　三个养护温度下丁苯乳液改性砂浆抗折强度与抗压强度

三种养护温度下掺入膨胀剂的丁苯乳液改性砂浆的抗折强度与抗压强度如图 2 所示。可以看出，在三种丁苯乳液掺量下，养护温度越高，砂浆的抗折强度与抗压强度越大，同时复合膨胀剂对砂浆抗折强度与抗压强度的提升幅度也越大。对于不掺丁苯乳液的砂浆，养护温度从 5℃提升至 40℃时，掺 6%～10%复合膨胀剂对砂浆抗折强度与抗压强度的提升幅度分别增大了与 5.5%～8.7%与 8.2%～11.7%；对于掺 10%丁苯乳液的改性砂浆，养护温度从

5℃提升至40℃时，掺6%～10%复合膨胀剂对砂浆抗折强度与抗压强度的提升幅度分别增大了7.8%～18.2%与3.9%～15.5%；对于掺20%丁苯乳液的改性砂浆，养护温度从5℃提升至40℃时，养护温度从5℃提升至40℃时，掺6%～10%复合膨胀剂对砂浆抗折强度与抗压强度的提升幅度分别增大了8.3%～9.5%与6.5%～10.5%。

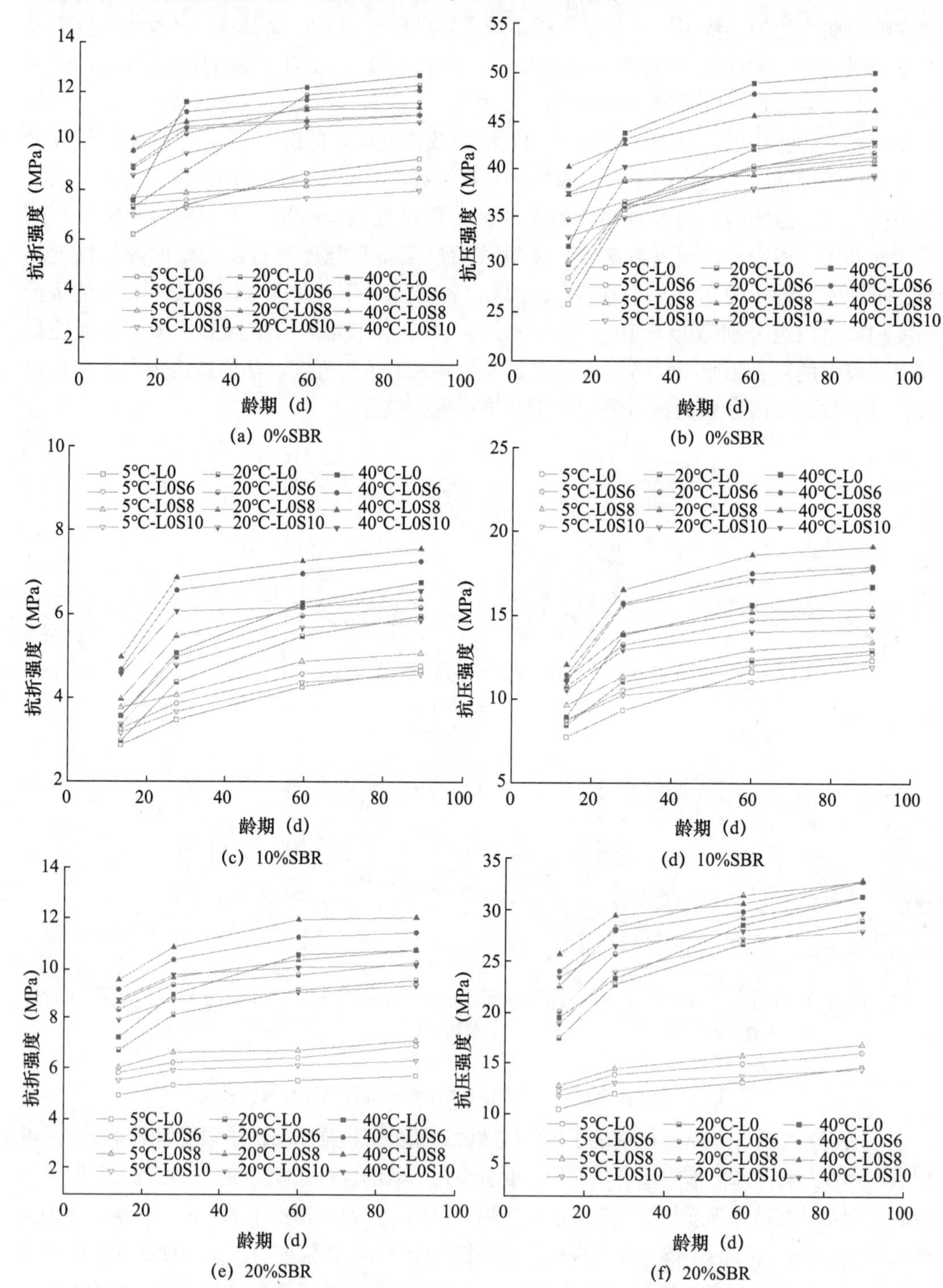

图2　三种养护温度下养护90d内砂浆抗折强度与抗压强度的变化规律

还可以看出，三个养护温度下，掺入复合膨胀剂后会降低砂浆抗折强度与抗压强度的增长速度，这是由于钙镁复合膨胀剂的水化活性较高，相同情况下比水泥颗粒水化的速度更快，导致砂浆抗折强度与抗压强度的增长速度降低[7]。同时，早期的膨胀剂的快速水化速率可能导致不均匀和多孔的微观结构，从而从根本上降低胶凝材料的极限强度，导致强度发展变慢。此外，复合膨胀剂的水化反应速度比膨胀产物的扩散速度快得多，导致大多数膨胀产物仍留在未水化的水泥颗粒附近，这些密集积聚的膨胀产物将形成障碍，阻碍离子扩散，抑制水泥矿物的水化速率，从而影响强度的增长速率[8]。

3　结论

（1）在三种养护温度下，掺入丁苯乳液都会降低砂浆 90d 龄期内的抗折强度与抗压强度，且砂浆抗折强度与抗压强度都随着丁苯乳液掺量的增加先减小后增大。养护温度越大，砂浆抗折、抗压强度越大；在 20℃与 40℃条件下养护时，养护龄期增大，丁苯乳液对砂浆抗折强度的降低幅度逐渐减小；5℃养护时，养护龄期越大，丁苯乳液对砂浆抗折强度的降低幅度越大。养护温度越高，丁苯乳液对砂浆抗折强度与抗压强度的降低幅度越小。5℃条件下养护时，丁苯掺量越高，砂浆整体抗折强度与抗压强度发展越慢，20℃与 40℃条件下养护时，掺量越高，前期强度发展速度越慢，后期发展速度越快。

（2）在三种养护温度下，对于不掺丁苯乳液的砂浆而言，掺入膨胀剂可以在前期提升砂浆抗折强度与抗压强度，但会降低砂浆后期强度。养护温度越高、丁苯乳液掺量越高，复合膨胀剂对改性砂浆抗折强度与抗压强度的增长幅度越大。温度升高可以促进改性砂浆 28d 前抗压强度的增长速率，但会降低后期增长速率；随着养护龄期的增加，复合膨胀剂对丁苯乳液改性水泥砂浆抗折与抗压强度的提升幅度逐渐降低；同时，掺入复合膨胀剂后会降低砂浆抗折与抗压强度的增长速度。

参考文献

[1] LEE N K，KIM E M，LEE H K. Mechanical properties and setting characteristics of geopolymer mortar using styrene-butadiene（SB）latex［J］. Construction and Building Materials，2016，113：264-272.

[2] LIU J，XU C W，ZHU X Y，et al. Modification of high performances of polymer cement concrete［J］. Journal of Wuhan University of Technology-Materials Science Edition，2003，18（1）：61-64.

[3] 赵顺增，郑万廪，刘立．环境湿度和矿物组成对膨胀剂变形性能的影响［J］．膨胀剂与膨胀混凝土，2010（3）：5-8.

[4] PENG Y，ZENG Q，XU S L. BSE - IA reveals retardation mechanisms of polymer powders on cement hydration［J］. Journal of the American Ceramic Society，2020，103（5）.

[5] WANG R. Influence of carboxylated styrene-butadiene copolymer on tetracalcium aluminoferrite hydration in the presence of gypsum［J］. Advances in Cement Research，2018，32（1）.

[6] 王培铭，张国防，张永明．聚合物干粉对水泥砂浆力学性能的影响［J］．新型建筑材料，2005

(01)：32-36.

［7］XIA Q. Impact of elevated curing temperature on mechanical properties and microstructure of Mgo-based expansive additive cement mortars［J］. Journal of Technology，2019.

［8］ZHAO H T. Effects of CaO-based and MgO-based expand agent，curing temperature and restraint degree on pore structure of early-age mortar［J］. Construction and Building Materials，2020，257 (C).

基金资助：国家自然科学基金重点项目（U2040222）资助。

作者简介：

第一作者：陈楚欣，女，硕士研究生，主要从事水泥基材料的研究。E-mail：1029066313@qq. com。

通信作者：刘斯凤，女，博士，同济大学副教授。E-mail：lsf@tongji. edu. cn。

乳胶粉与纤维素醚协同作用对修补砂浆性能的影响

何广朋　杭法付　范树景　张　庆
（浙江忠信新型建材股份有限公司杭州研发分公司，杭州 310052）

摘　要：分别选用了乙烯-醋酸乙烯共聚物（EVA）、聚醋酸乙烯酯（PVAc）及苯乙烯-丙烯酸共聚物（SAE）胶粉，辅以羟丙基甲基纤维素醚（HPMC）、羟乙基甲基纤维素醚（HEMC）为保水增稠剂，研究了乳胶粉与纤维素醚的协同作用对修补砂浆物理力学性能和吸水量的影响。结果表明，在试验掺量范围内，随着乳胶粉掺量的增加，修补砂浆抗折强度先增大后减小，抗压强度逐渐减小，压折比先减小后增大，拉伸黏结强度及抗吸水性不断提高。PVAc 乳胶粉协同 HPMC 修补砂浆抗折强度、抗压强度最高，EVA 乳胶粉协同 HPMC 修补砂浆拉伸黏结强度增加明显，SAE 乳胶粉协同 HPMC 修补砂浆抗吸水性最强。HEMC 协同 EVA 乳胶粉修补砂浆抗压强度、抗折强度及抗吸水性高于同掺 HPMC，同掺 HPMC 对修补砂浆压折比及拉伸黏结强度整体趋势高于同掺 HEMC。

关键词：有机高分子材料；修补砂浆；乳胶粉；纤维素醚

Synergistic Effect of Latex Powder and Cellulose Ether on the Properties of Repair Mortar

He Guangpeng　Hang Fafu　Fan Shujing　Zhang Qing
（Zhejiang zhongxin new building materials Co.，
Ltd. Hangzhou R & D branch，Hangzhou 310052 ）

Abstract：Respectively selected ethylene-vinyl acetate copolymer（EVA），polyvinyl acetate（PVAc）and styrene-acrylic copolymer（SAE）as redispersible latex powders，supplemented with hydroxypropyl methyl cellulose ether (HPMC) or hydroxyethyl methyl cellulose ether (HEMC) as water-retaining thickener. The synergistic effect of different types of latex powder and cellulose ether on the physical and mechanical properties and water absorption of the repair mortar was studied. The results show that within the test dosage range, with the increase of the latex powder dosage, the flexural strength of the repair mortar first increases and then decreases, the compressive strength gradually decreases, and the compression folding ratio first decreases and then increases, and the tensile bond strength and water absorption resistance have been continuously improved. Repair mortar with PVAc and HPMC has the highest flexural and compressive strength, the tensile bond strength increases significantly, and water absorption resistance is the strongest. For repair mortar with HEMC and EVA, compressive and flexural strength and water absorption resistance are higher than the same blend of HPMC , and the overall trend of the same blend of HPMC to the repair mortar's compression ratio and tensile bond strength are higher than that of the same blended HEMC.

Keywords: Organic polymer materials; repair mortar; polymer powder; cellulose ether

0 引言

一般来说，乳胶粉和纤维素醚可以作为修补砂浆常用的聚合物，充当改性剂[1]，改变或改善水泥砂浆性能[2]。可再分散乳胶粉降低砂浆的抗压强度[3]，对砂浆的耐久性起到负面影响[4]，但提高砂浆的抗折强度以及砂浆与不同基材的黏结强度[5-7]。同样作为外加剂使用的纤维素醚，能够延缓水泥水化过程和产物的形成，改变其内部孔结构，降低其毛细吸水率[8-12]。此外，纤维素醚具有明显的引气作用[13]，使硬化砂浆的体积密度、抗压强度、抗折强度降低，在高水灰比时这种效果更显著。

上述文献基本为单掺乳胶粉或者纤维素醚时砂浆性能表现行为，鲜有文献对比不同类型乳胶粉和纤维素醚协同作用的影响，尤其对修补砂浆性能研究。基于此，本文分别选用了三种类型可再分散乳胶粉，辅以羟丙基甲基纤维素醚、羟乙基甲基纤维素醚为保水增稠剂，研究二者协同作用下对修补砂浆性能的影响，包括抗压强度、抗折强度、拉伸黏结强度及吸水量等，从而为制备修补砂浆提供一个理论和技术指导。

1 试验

1.1 原材料

水泥：安徽海螺水泥厂生产的 P·O 42.5 水泥；淡化砂，过 1.25 筛，具体颗粒级配见表 1；乳胶粉：乙烯-醋酸乙烯共聚物（EVA，德国 Wacker），聚醋酸乙烯酯（PVAc，德国 Wacker），苯乙烯-丙烯酸共聚物（SAE，江苏易来泰）；纤维素醚：羟丙基甲基纤维素（HPMC，黏度为 10W，河南天盛）和羟乙基甲基纤维素醚（HEMC，黏度为3W，广东龙湖)；消泡剂：AGITAN P803（德国 MUNZING-CHEMIE)；聚羧酸减水剂：2651F（德国 BASF)；憎水剂：Seal 80（江苏易来泰)；自来水。

表1　淡化砂颗粒级配

筛孔尺寸（mm)	1.18	0.6	0.3	0.15	<0.15
累计筛余（%)	4.2	47.7	42.6	4.6	0.9

1.2　配合比

试验中采用1：2的灰砂比，乳胶粉掺量为水泥用量的1.5%、2%、2.5%及3%，纤维素醚、消泡剂及减水剂掺量均为水泥用量的0.2%，憎水剂掺量为水泥用量的0.6%，水灰比为0.43，具体配合比见表2。

表2　修补砂浆试验配方　g

水泥	砂	消泡剂	减水剂	憎水剂	EVA	PVAc	SAE	HPMC	HEMC
600	1200	1.2	1.2	3.6	9	0	0	1.2	0
600	1200	1.2	1.2	3.6	12	0	0	1.2	0
600	1200	1.2	1.2	3.6	15	0	0	1.2	0
600	1200	1.2	1.2	3.6	18	0	0	1.2	0
600	1200	1.2	1.2	3.6	0	9	0	1.2	0
600	1200	1.2	1.2	3.6	0	12	0	1.2	0
600	1200	1.2	1.2	3.6	0	15	0	1.2	0
600	1200	1.2	1.2	3.6	0	18	0	1.2	0
600	1200	1.2	1.2	3.6	0	0	9	1.2	0
600	1200	1.2	1.2	3.6	0	0	12	1.2	0
600	1200	1.2	1.2	3.6	0	0	15	1.2	0
600	1200	1.2	1.2	3.6	0	0	18	1.2	0
600	1200	1.2	1.2	3.6	9	0	0	0	1.2
600	1200	1.2	1.2	3.6	12	0	0	0	1.2
600	1200	1.2	1.2	3.6	15	0	0	0	1.2
600	1200	1.2	1.2	3.6	18	0	0	0	1.2

1.3　试验方法

1.3.1　抗折强度、抗压强度及压折比

按《水泥胶砂强度检验方法（ISO法)》（GB/T 17671—1999）成型，成型后置于(20±2)℃、相对湿度（90±5)%的标准养护条件下养护28d，然后测试抗折强度、抗压强度，通过计算抗压强度与抗折强度的比值，得到压折比。

1.3.2　拉伸黏结强度

按《建筑砂浆基本性能试验方法标准》（JGJ/T 70—2009）的规定方法，在基底水泥砂浆块上成型厚度为 10mm 的受检砂浆，成型后放在（23±2）℃、相对湿度（50±5）%的环境中养护至 14d，然后测试拉伸黏结强度。

1.3.3 吸水量测试

按《修补砂浆》（JC/T 2381—2016）制备 6 个尺寸为 40mm×40mm×80mm 的修补砂浆试块，其中一个 40mm×40mm 的面为试验面，脱模后放入同 1.3.2 的环境中养护 28d，然后置于 70℃鼓风箱中烘干至恒重，冷却至室温后用石蜡密封除试验面外其他五个面，称取每个待测试件的质量（m_a），精确到 0.1g。然后将未密封的试验面垂直放在吸满水的饱和聚氨酯海绵上。72h 时，从水中取出试件，用挤干的湿布迅速擦去表面的水分，称量并记录（m_b）。

$$W_{ab}=\frac{m_b-m_a}{1.6}$$

式中 W_{ab}——72h 吸水量，单位为千克每平方米（kg/m²）；

m_a——浸水前试件的质量，单位为克（g）；

m_b——浸水后试件的质量，单位为克（g）。

2 结果与分析

2.1 抗折强度

图 1 所示为乳胶粉与纤维素醚对修补砂浆 28d 抗折强度的影响，其中图 1（a）反映了掺加 HPMC 时不同种类乳胶粉随掺量对其的影响，图 1（b）则反映了不同种类纤维素醚随 EVA 乳胶粉掺量对其的影响。从图 1（a）可以看出，修补砂浆抗折强度随着乳胶粉掺量的增加先增大后减小，并在掺量为 2%时抗折强度达到最高，从图中还可以看出，对比掺三种乳胶粉后发现掺加 PVAc 乳胶粉修补砂浆的抗折强度最大，且与掺量无关。可再分散乳胶粉通过均匀分散后形成聚合物膜，聚合物膜会在水泥浆体中形成网络状结构，桥接骨料[14]，可见在一定掺量范围内乳胶粉提高了修补砂浆的抗折强度，但掺量过大时，反而由于其引气作用使砂浆产生大量气孔[15-18]，使砂浆密实度下降，造成抗折强度降低。

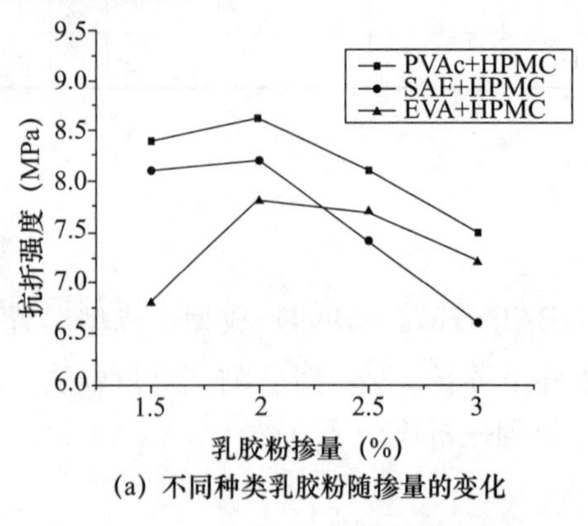

（a）不同种类乳胶粉随掺量的变化

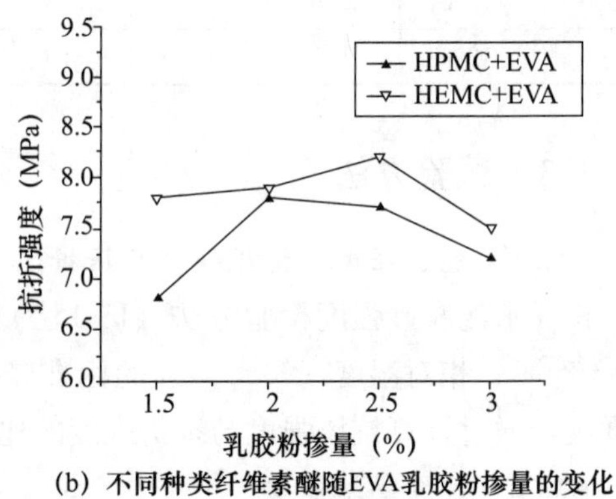

（b）不同种类纤维素醚随EVA乳胶粉掺量的变化

图 1 乳胶粉和纤维素醚对修补砂浆 28d 抗折强度的影响

图 1（b）显示掺不同种类纤维素醚随 EVA 乳胶粉掺量的增加，修补砂浆抗折强度也呈现先增大后减小现象，但 HEMC 在 EVA 乳胶粉掺量为 2.5%时达到最高，而 HPMC 在 EVA 乳胶粉掺量为 2%时达到最高，HEMC 协同 EVA 乳胶粉的修补砂浆抗折强度整体高于同掺 HPMC。

2.2　抗压强度

图 2 所示为乳胶粉与纤维素醚对修补砂浆抗压强度的影响，其中图 2（a）反映了掺加 HPMC 时不同种类乳胶粉随掺量对其的影响，图 2（b）则反映了不同种类纤维素醚随 EVA 乳胶粉掺量对其的影响。从图 2 可以看出，修补砂浆的抗压强度随着乳胶粉掺量的增加而逐渐下降，从图 2（a）可以发现对于三种乳胶粉协同 HPMC，掺加 PVAc 乳胶粉的修补砂浆抗压强度高于掺加 SAE 乳胶粉抗压强度，而掺加 EVA 乳胶粉修补砂浆抗压强度最低。从图 2（b）可以发现同掺 HEMC 的修补砂浆抗压强度高于同掺 HPMC 的修补砂浆抗压强度，这是因为 HEMC 与 HPMC 的分子量不同，在本文中，所采用的 HPMC 分子量高于 HEMC，一般来说，高分子量醚提高了保水性，而纤维素醚的保水作用会使得水分保留在硬化砂浆内部，砂浆成型后孔隙率增大[19-21]。

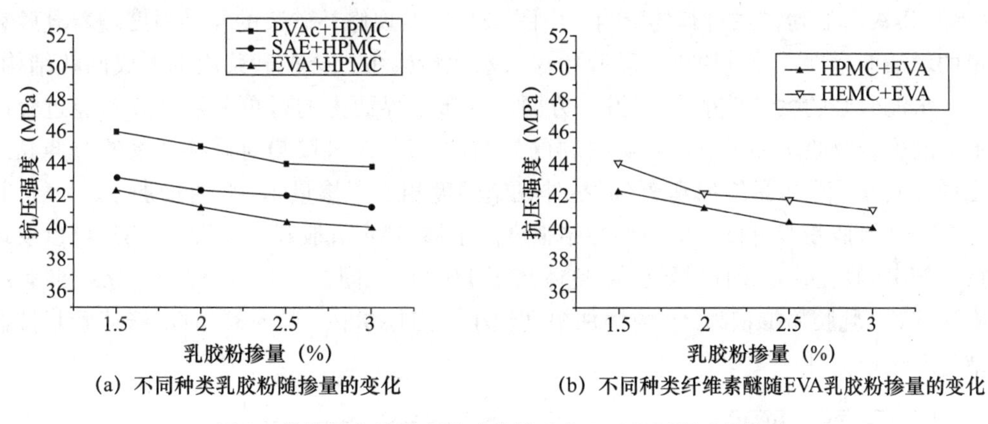

(a) 不同种类乳胶粉随掺量的变化　　(b) 不同种类纤维素醚随EVA乳胶粉掺量的变化

图 2　乳胶粉和纤维素醚对修补砂浆 28d 抗压强度的影响

2.3　压折比

图 3 所示为乳胶粉与纤维素醚对修补砂浆压折比的影响，其中图 3（a）反映了掺加 HPMC 时不同种类乳胶粉随掺量对其的影响，图 3（b）则反映了不同种类纤维素醚随 EVA 乳胶粉掺量对其的影响。从图 3 可以看出修补砂浆压折比总体呈现先下降后上升的趋势，从图 3（a）可以发现当 SAE 与 PVAc 乳胶粉掺量为 2%时，修补砂浆的压折比最低，砂浆柔韧性最好，小于 2%时掺 SAE 乳胶粉的修补砂浆要比掺其他两种乳胶粉优势明显，当掺量大于 2%时，这种优势显然消失，EVA 乳胶粉的作用明显显现出来。图 3（b）显示 HPMC 协同 EVA 乳胶粉对修补砂浆压折比影响最大，整体趋势高于同掺 HEMC，并且均在 EVA 乳胶粉掺量为 2.5%时达到最低，另一方面，同掺 HEMC 在 EVA 乳胶粉掺量为 1.5%时修补砂浆压折比明显低于同掺 HPMC，随着掺量的增加，二者压折比差别明显减小。

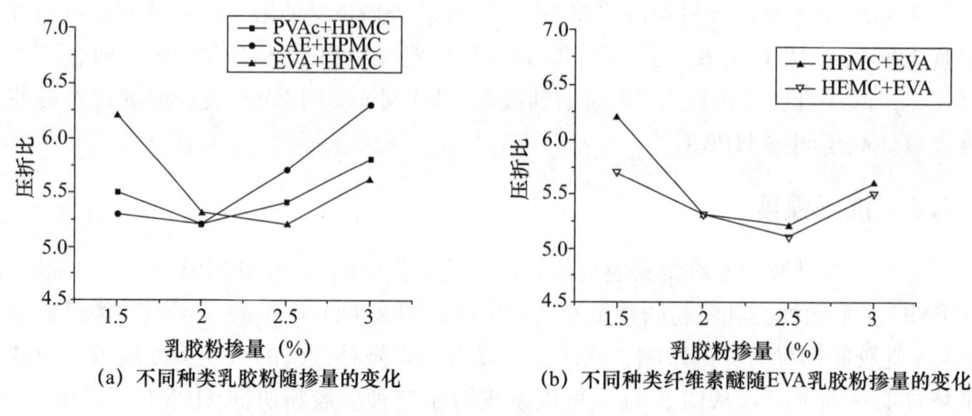

(a) 不同种类乳胶粉随掺量的变化　　(b) 不同种类纤维素醚随EVA乳胶粉掺量的变化

图 3　乳胶粉和纤维素醚对修补砂浆压折比的影响

2.4　拉伸黏结强度

图 4 所示为乳胶粉与纤维素醚对修补砂浆拉伸黏结强度的影响，其中图 4（a）反映了掺加 HPMC 时不同种类乳胶粉随掺量对其的影响，图 4（b）则反映了不同种类纤维素醚随 EVA 乳胶粉掺量对其的影响。由图 4（a）发现修补砂浆的黏结强度随着乳胶粉掺量的增加而增大，究其原因，乳胶粉掺入水泥砂浆中，会在砂浆内部形成网状结构，提高了水泥砂浆的黏结性能[16]，另一方面，分布于界面上的可再分散乳胶粉经过分散后形成的聚合物膜增加了对所接触材料的黏结性。EVA 乳胶粉对修补砂浆的拉伸黏结强度增加明显，当掺量增加到 3%时拉伸黏结强度相比于掺量 1.5%时增加了 80%，其次掺 PVAc 乳胶粉修补砂浆的拉伸黏结强度高于掺 SAE 乳胶粉。从图 4（b）可以发现同掺 HPMC 修补砂浆拉伸黏结强度整体高于 HEMC，同掺 HEMC 修补砂浆拉伸黏结强度在 EVA 乳胶粉掺量为 2%时增加幅度较小，当掺量在 2%～3%时，修补砂浆拉伸黏结强度快速上升。

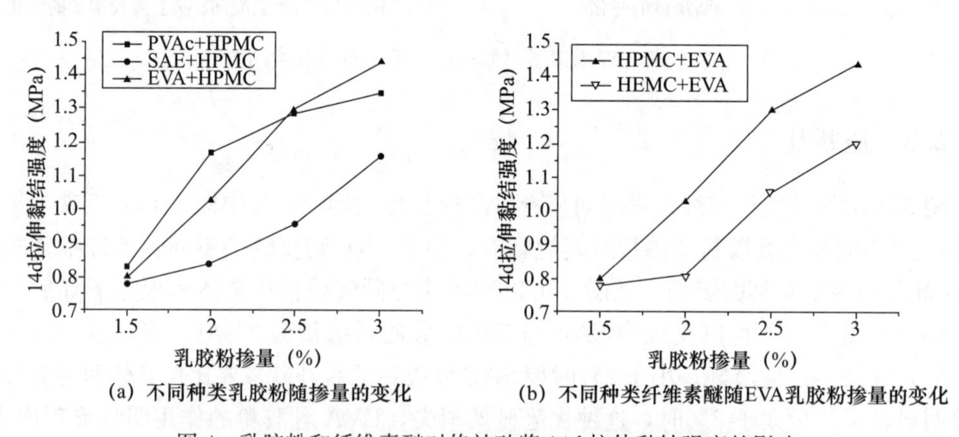

(a) 不同种类乳胶粉随掺量的变化　　(b) 不同种类纤维素醚随EVA乳胶粉掺量的变化

图 4　乳胶粉和纤维素醚对修补砂浆 14d 拉伸黏结强度的影响

2.5　吸水量测试

图 5 所示为乳胶粉与纤维素醚对修补砂浆 72h 吸水量的影响，其中图 5（a）反映了

掺加 HPMC 时不同种类乳胶粉随掺量对其的影响，图 5（b）则反映了不同种类纤维素醚随 EVA 乳胶粉掺量对其的影响。由图 5（a）发现修补砂浆吸水量随着乳胶粉掺量的增加而降低，总体而言，掺加 SAE 乳胶粉的修补砂浆抗吸水性明显强于掺加 PVAc 及 EVA 乳胶粉，当 PVAc 掺量达到 3%时，才能与 SAE 掺量为 1.5%时砂浆的单位面积吸水量持平，从趋势上看，只在当 EVA 掺量高于 3%时，才可能进一步降低吸水量。SAE 乳胶粉在掺量为 1.5%时，吸水量分别比掺 PVAc 乳胶粉及 EVA 乳胶粉的修补砂浆低了 22.3%、25.1%，随着掺量增加到 3%时，相比于 1.5%的掺量吸水量降低了 24.8%。由图 5（b）可以发现 HEMC 对修补砂浆 72h 抗吸水效果总体优于 HPMC，但是二者相差并不多，并且抗吸水效果随着 EVA 乳胶粉掺量的增加基本呈线性下降。

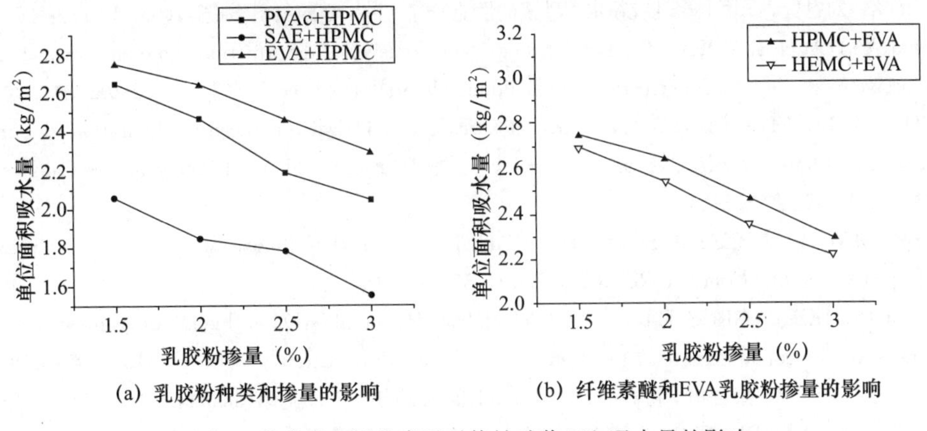

图 5　乳胶粉和纤维素醚对修补砂浆 72h 吸水量的影响

3　结论

同掺 PVAc 乳胶粉的修补砂浆抗折强度整体最高，修补砂浆抗压强度增强效果依次为：PVAc＞SAE＞EVA。

修补砂浆压折比呈现出先下降后上升的趋势，乳胶粉掺量在 2%以内时，掺加 SAE 乳胶粉修补砂浆柔韧性最好，掺量超过 2%时，则相反；HEMC 协同 EVA 乳胶粉比 HPMC 协同 EVA 时，砂浆柔韧性好。

修补砂浆的拉伸黏结强度随着乳胶粉掺量的增加而增大，掺加 EVA 乳胶粉对砂浆的拉伸黏结强度增加效果明显，优于 PVAc 和 SAE 乳胶粉；同掺 HPMC 修补砂浆拉伸黏结强度高于同掺 HEMC。

PVAc、EVA、SAE 等 3 种可再分散乳胶粉对修补砂浆的抗吸水性增强效果依次为 SAE＞PVAc＞EVA；相比于同掺 HPMC 而言，同掺 HEMC 修补砂浆抗吸水性较好。

参考文献

［1］YANG J，WANG R，ZHANG Y. Influence of dually mixing with latex powder and polypropylene fiber on toughness and shrinkage performance of overlay repair mortar［J］. Construction and Building Materials, 2020, 261 (5): 120521.

[2] OHAMA Y. Polymer-based admixtures [J]. Cement and Concrete Composites, 1998, 20 (2-3): 189-212.

[3] AMICK H, MONTEIRO PJM. Temperature and frequency effects on properties of polymer-modified concrete [J]. ACI Materials Journal, 2013, 110 (2): 187-196.

[4] WETZEL A, ZURBRIGGEN R, HERWEGH M, et al. Long-term study on failure mechanisms of exterior applied tilings [J]. Construction and Building Materials, 2012, 37: 335-348.

[5] 张国防，王培铭，吴建国，等．聚合物干粉对水泥砂浆耐久性能的影响 [J]．中国水泥，2004 (11): 111-114.

[6] BRIEN JV, MAHBOUB KC. Influence of polymer type on adhesion performance of a blended cement mortar [J]. International Journal of Adhesion and Adhesives, 2013, 43: 7-13.

[7] 王培铭，刘恩贵．苯丙共聚乳胶粉水泥砂浆的性能研究 [J]．建筑材料学报，2009，12 (3): 253-258.

[8] MARANHAO FL, JOHN VM. Bond strength and transversal deformation aging on cement-polymer adhesive mortar [J]. Construction and Building Materials, 2009, 23 (2): 1022-1027.

[9] ZHANG GF, ZHAO JB, WANG PM, et al. Effect of HEMC on the early hydration of Portland cement highlighted by isothermal calorimetry [J]. Journal of Thermal Analysis and Calorimetry, 2014, 119 (3): 1833-1843.

[10] BRUMAUD C, BESSAIES-BEY H, MOHLER C, et al. Cellulose ethers and water retention [J]. Cement and Concrete Research, 2013, 53: 176-184.

[11] POURCHEZ J, GROSSEAU P, GUYONNET R, et al. HEC influence on cement hydration measured by conductometry [J]. Cement and Concrete Research, 2006, 36 (9): 1777-1780.

[12] 王晓明，王培铭．聚合物干粉对水泥砂浆凝结时间的影响 [J]．新型建筑材料，2005 (3): 51-53.

[13] POURCHEZ J, RUOT B, DEBAYLE J, et al. Some aspects of cellulose ethers influence on water transport and porous structure of cement-based materials [J]. Cement and Concrete Research, 2010, 40 (2): 242-252.

[14] 王培铭，张国防，吴建国．聚合物干粉对水泥砂浆的减水和保水作用 [J]．新型建筑材料，2003 (3): 25-28.

[15] 王培铭，许绮，李纹纹．羟乙基甲基纤维素对水泥砂浆性能的影响 [J]．建筑材料学报，2000，3 (4): 305-309.

[16] ZHAO GR, WANG PM, ZHANG GF. Effect of latex film distributions on flexibility of redispersible polymer powders modified cement mortar evaluated by SEM [J]. Advanced Materials Research, 2015, 1129: 331-338.

[17] 周美茹，张文会．外加剂对干混砂浆性能的影响 [J]．混凝土，2007 (6): 71-73.

[18] 刘志航．材料组成和工艺方法对聚合物修补砂浆性能影响的研究 [D]．西安：长安大学，2019.

[19] BÜLICHEN D, KAINZ J, PLANK J. Working mechanism of methyl hydroxyethyl cellulose (MHEC) as water retention agent [J]. Cement and Concrete Research, 2012, 42 (7): 953-959.

[20] ZHANG YS, LI YL, XU J, et al. Influence of cellulose ether on mortar performance [J]. Journal of Building Materials, 2008 (3): 359-362.

[21] CI XH, FALCONIO RR. Acrylic powder modified Portland cement [J]. Cement Concrete and Aggregates, 1995, 17 (2): 218-226.

作者简介：何广朋，男，工学硕士，忠信研究所研究员，从事特种砂浆的研发；E-mail：2453867150@qq.com。

VAE 改性铝酸盐水泥基饰面砂浆泛白的研究

马红恩[1]　王　茹[1*]　席子岩[1]　高汉青[2]　王培铭[1]

（1 先进土木工程材料教育部重点实验室，同济大学材料科学与工程学院，上海 201804；2 益瑞石技术中心，天津 300457）

摘　要：铝酸盐水泥因其水化产物中不含氢氧化钙，在饰面砂浆领域相对硅酸盐水泥有着先天的抗泛白优势，然而实际应用中，铝酸盐水泥基饰面砂浆仍然存在一定的泛白现象。本文对 VAE 乳胶粉改性铝酸盐水泥基饰面砂浆的抗泛白性、密度、毛细孔吸水率、水化产物，以及泛白物质等进行了研究。结果显示，随着 VAE 掺量的增加，饰面砂浆的二次泛白逐渐减弱、毛细孔吸水率减小；当 VAE 掺量为胶凝材料的 9%及以上时，饰面砂浆的综合性能较好；泛白物质主要为水化铝酸钙的碳化产物，VAE 的加入减弱了水化铝酸钙被碳化的程度。

关键词：铝酸盐水泥；饰面砂浆；VAE；泛白

Study on Whitening of VAE Modified Aluminate Cement based Decorative Mortar

Hongen Ma[1]　Ru Wang[1*]　Ziyan Xi[1]　Hanqing Gao[2]　Peiming Wang[1]

（1 Key Laboratory of Advanced Civil Engineering Materials (Tongji University)，Ministry of Education；School of Materials Science and Engineering，Tongji University，Shanghai 201804；2 Imerys Technology Center，Tianjin 300457）

Abstract：Calcium aluminate cement (CAC) has inherent advantages over ordinary Portland cement regarding anti-efflorescence performance in decorative mortar application thanks to the fact that its hydrates don't contain any calcium hydroxide. However，CAC based decorative mortar still has a certain degree of efflorescence in some practical applications. In this paper，the whitening phenomenon，density，capillary water absorption，hydration products and whitening substances of VAE modified aluminate cement based decorative mortar were studied. The results show，with the increase of VAE content，the secondary whitening of decorative mortar was gradually weakened and capillary water absorption was decreased. The decorative mortar shows the best performance when VAE dosage is above 9% of the binder；And the main whitening substance are the carbonized products of calcium aluminate hydrate，the addition of VAE weakened the degree of carbonization of calcium aluminate hydrate.

Keywords：calcium aluminate cement；decorative mortar；VAE；whitening

1 引言

泛白也称泛碱或泛霜，是砂浆表面形成白色的盐霜结晶所致，且泛白会随着环境条件的变化反复出现而难以根治，严重影响建筑墙面的美观和安全[1-3]。饰面砂浆泛白主要是由于材料内部可溶性组分被水溶解后随砂浆内部水分的蒸发向砂浆表面迁移，并在砂浆表面析出或碳化而成[4-7]。探究影响饰面砂浆泛白的因素和抑制措施是解决泛白的根本[4,8-10]。饰面砂浆的组成材料对泛白有直接的影响[11-13]。铝酸盐水泥相比于硅酸盐水泥，水化时不产生 $Ca(OH)_2$，同时，铝酸盐水泥在水化过程中生成的铝胶具有填充作用，使砂浆内部空间结构更密实，降低饰面砂浆空隙，减少液相迁移的途径[14-17]。基于上述两点，铝酸盐水泥体系的饰面砂浆理论上具有良好的耐久性和抗泛白性[18-21]。但前人研究发现饰面砂浆胶凝材料全部使用铝酸盐水泥时，饰面砂浆表面依旧存在泛白现象[22]。

综上所述，铝酸盐水泥替代硅酸盐水泥用作饰面砂浆的胶凝材料，从某种意义上来说可以降低泛白程度，但并没有完全解决饰面砂浆泛白的问题。可再分散胶粉是水泥基材料中常用的聚合物添加剂[18,23-24]，其可在水化产物表面成膜，填充砂浆中的毛细孔，乳胶粉还能与游离 Ca^{2+} 络合，从而提高砂浆的抗渗性、黏结强度、韧性、抗裂性等[24-25]。但乳胶粉能否抑制饰面砂浆泛白，至今尚无定论。有研究认为，乳胶粉掺量低于4%时，对抑制泛白不起作用；改变掺量，乳胶粉虽然能降低孔隙率，但也降低了水化速率，同样不能有效抑制泛白[26]。本文主要研究不同掺量的 VAE 对铝酸盐水泥基饰面砂浆水化和内部结构变化规律的影响，并分析其与饰面砂浆初次泛白和二次泛白的联系，为铝酸盐水泥基饰面砂浆的应用提供理论和技术参考。

2 试验材料与试验方法

2.1 试验材料

水泥：铝酸盐水泥（简称 CAC），化学组成和粒径分布如表 1 和图 1 所示；砂：粒径为10～100目的石英砂；醋酸乙烯酯-乙烯可再分散乳胶粉：简称VAE，外观为乳白色粉末，固含量（99±1）%，最低成膜温度0℃；颜料：氧化铁粉；水：自来水。

表1　CAC化学组成

Al_2O_3	CaO	MgO	Na_2O	SiO_2	Fe_2O_3	烧失量
61.35%	37.56%	0.38%	0.23%	0.22%	0.17%	0.09%

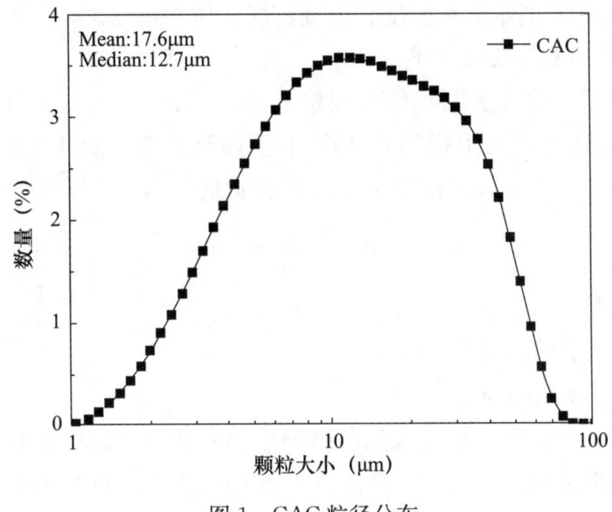

图1　CAC粒径分布

2.2　试验配合比

胶砂比固定为1∶3，水胶比固定为0.6，颜料掺量固定为胶凝材料质量的3%，VAE掺量为胶凝材料质量的0%、3%、6%、9%和12%（折合配方掺量的0%、0.75%、1.5%、2.25%和3%）。

2.3　测试方法

2.3.1　泛白

按《水泥胶砂强度检验方法（ISO法）》（GB/T 17671—1999）进行搅拌，将搅拌好的浆体倒入直径为9cm高度5mm的培养皿内，手持在实验台上振动使之充满培养皿，并将其表面用刮刀刮平，放入标准养护室内养护。

初次泛白：将试样从搅拌开始计时，养护24h后观察表面情况并拍照片。

二次泛白：将养护24h后的样品进行浸水（去离子水），水没过试样表面3～5mm，浸泡一定时间后取出，然后在标准养护条件下再养护24h，观察表面情况并拍照片。

2.3.2　光学显微分析

采用三锵泰达TD-3800HV型号光学显微镜观察砂浆表面的泛白物质并拍照。

2.3.3　扫描电镜分析

采用azeiss Sigma 300vp扫描电子显微镜（SEM）在10kV的束流电压和大约8.5mm的工作距离下观察并分析砂浆表面的泛白物质。

2.3.4　X射线衍射分析

对养护一定龄期的净浆试样用无水乙醇终止水化，并将其研磨成粉末，然后在(40±2)℃的真空干燥箱中烘干后进行X射线衍射（XRD）测试，扫描范围为5°～75°，扫描速度为2°/min。

2.3.5　密度

按《天然石材试验方法 第3部分：吸水率、体积密度、真密度、真气孔率试验》（GB/T 9966.3—2020）测定其真密度、表观密度、体积密度。

2.3.6　吸水率和毛细孔吸水率

（1）吸水率测试：按《水泥胶砂强度检验方法（ISO法）》（GB/T 17671—1999）成型，将养护1d的试块放入干燥箱中40℃下干燥至恒重，将干燥后的试块浸入到水中，浸没大约3mm，放置24h，测试浸水前后的质量变化，计算其吸水率。

计算公式为

$$W=\frac{G_t-G_0}{G_0}$$

式中　W——吸水率，%；

G_0——试块烘干后的质量，g；

G_t——试块浸水后的质量，g。

（2）毛细孔吸水率测试：按《水泥胶砂强度检验方法（ISO法）》（GB/T 17671—1999）成型，并按德国标准DIN 52617测试毛细孔吸水率。试样养护到1d龄期后，在40℃烘箱内烘至恒重。取出后除上下表面之外，其余面用石蜡密封，然后将成型面浸入水中5mm，开始测试。初始阶段每隔6min测量1次试样质量；1h后，每隔10min测量1次；2h后，每隔15min测量1次；4h后，分别测量24h和48h的试块质量。最后，根据所测得的质量计算试块的单位面积吸水量。

3　结果与讨论

3.1　初次泛白与二次泛白

在相同拍照条件下，对不同VAE掺量的样品进行初次泛白和二次泛白测试，结果见表2。初次泛白照片反映的是饰面砂浆成型后在标准养护条件下养护24h的表面泛白情况，而二次泛白反映的是在标准养护条件下养护24h后的样品浸水1d、3d和7d，然后再于标准养护条件下晾干后的表面泛白情况。初次泛白测试表明所有试样的表面基本没有出现泛白现象，而二次泛白测试试样的表面均不同程度地有泛白物质出现。VAE对初次泛白影响较小，主要是影响二次泛白。

由表2可见，随着浸水时间的增加，饰面砂浆表面的白色物质逐渐增多，这说明与水直接接触的时间越长，砂浆里有越多的可溶性物质迁移到表面；在浸水时间相同时，对比不同VAE掺量的试样可以发现，掺加3%VAE时，试样二次泛白最为严重，这可能与VAE具有引气作用有关。砂浆中气孔的增多会导致开口孔隙率增加，使砂浆中的可溶性离子更容易随着自由水的蒸发迁移到表面析出，随着VAE掺量的增加，引气作用更强，但较多的VAE会在砂浆中形成连续坚固的疏水膜层，更好地阻断可溶性离子向砂浆表面迁移。故当VAE掺量从3%增加到12%时，随着VAE掺量的增加，砂浆二次泛白的泛白面积和程度逐渐减少，由此可见，VAE在一定程度上可以抑制铝酸盐水泥基饰面砂浆泛白；还可以发现，在相同的浸泡时间，VAE掺量为9%和12%时，两者的表面二次泛白情况差别并不大。推测产生这一效果的原因是：在砂浆硬化过程中，VAE掺量足够时将在浆体中形成连续的薄膜，一方面可以阻止水分进入到砂浆内部以及砂浆内部可溶性离子向表面的迁移；另一方面较多的聚合物膜会填充砂浆的孔隙，减少砂浆内部的毛细孔和微裂纹。通过以上观察可知，VAE掺量在9%及以上时对于铝酸盐水泥基饰面砂浆表面泛白现象有较好的改善作用。

表2　不同VAE掺量的饰面砂浆初次泛白与二次泛白照片

VAE掺量（%）	0	3	6	9	12
初次泛白					
二次泛白（浸水1d）					
二次泛白（浸水3d）					
二次泛白（浸水7d）					

3.2　泛白物质形貌

为了更直观地观测泛白物质及其尺寸大小，采用光学显微镜对其进行观察并拍照分析。图2为空白样与掺加3%、6%、9%和12%VAE的饰面砂浆浸泡1d后二次泛白表面的光学显微镜照片。可见，掺加3%VEA时，白色物质最多，由3.1节可知此时砂浆表面肉眼可见泛白也最严重；随着VEA掺量的增加，饰面砂浆二次泛白表面的白色物质逐渐减少；当掺量为 9%和 12%时，砂浆表面仍有少许白色物质，但由 3.1 节可知，此时肉眼已经不能明显观察到饰面砂浆表面泛白了。人类肉眼可观察到的物体最小尺寸为 100μm 左右，在图 2 中，空白样和 3%VAE 改性砂浆表面泛白物质尺寸相对较大，尤其是 3%VAE 改性砂浆，较小泛白物质聚集体尺寸达到 36μm 以上，并且泛白物质聚集严重，较大泛白物质聚集态尺寸远远大于 100μm，所以观察到掺加 3%VEA 饰面砂浆浸泡 1d 时，泛白较严重。而空白样和 6%VAE 改性砂浆泛白物质聚集程度均小于 3%VAE 改性砂浆，故观察到二次泛白不严重，仅轻微泛白。9%和 12%VAE 改性砂浆的泛白物质聚集态尺寸更小，并且位置相对分散，聚集尺寸均小于 100μm，所以肉眼很难看到二次泛白现象。

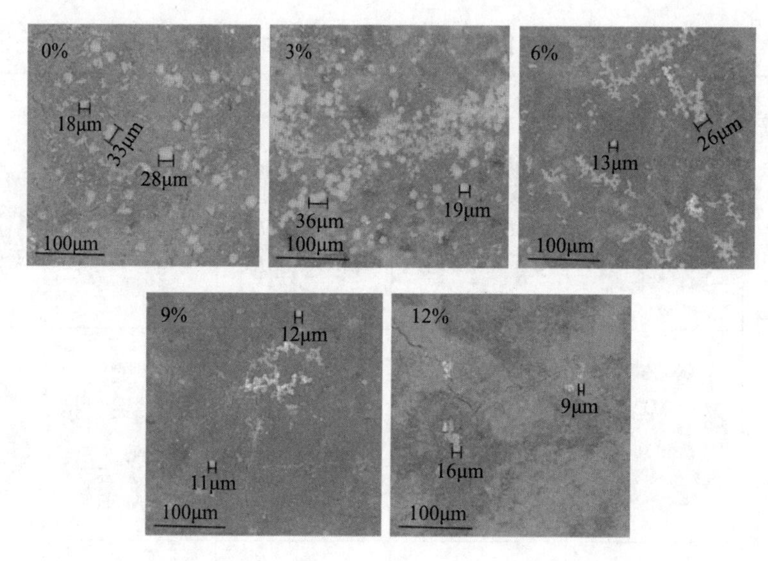

图 2　铝酸盐水泥基饰面砂浆二次泛白表面光学显微镜照片

根据采用光学显微镜对饰面砂浆二次泛白的观察可以发现，空白样和低掺量 VAE 改性砂浆，泛白物质多呈现片状，随 VAE 掺量增加，片状泛白物质逐渐减少，当掺量增加到 12%时，已观察不到片状泛白物质，取而代之的是极少量的圆形泛白物质。为了进一步确定泛白物质的种类及形貌，用扫描电子显微镜（SEM）分别对空白样和掺加 3%、9%的 VAE 改性饰面砂浆浸泡 1d 时的二次泛白表面进行观察，依据光学显微镜对二次泛白物质的观察结果，以及对泛白物质形态的判断，用 SEM 锁定二次泛白物质，其 SEM 照片如图 3 所示。不难发现，空白样和掺加 3%、9%的 VAE 改性饰面砂浆的二次泛白物质均为结晶性物质，且晶体形貌略有不同，掺加 VAE 的泛白物质的晶体尺寸明显小于空白样，并且片状晶体数量随 VAE 掺量增加而减少。对饰面砂浆表面二次泛白物质进行化学元素分析可知，空白样和掺加 3%、9%的 VAE 饰面砂浆表面的二次泛白物质种类基本相同，均为立方状或球状的 $CaCO_3$ 和片状的单碳型水化碳铝酸钙（$Ca_4Al_2O_6CO_3 \cdot 11H_2O$）。这主要是因为饰面砂浆中未完全水化的铝酸钙在遇水时会继续水化，水化过程中液相的 Ca^{2+} 随着砂浆内部自由水的蒸发迁移到表面与空气中的 CO_2 反应生成 $CaCO_3$ 白色沉淀物[21]，如反应式（1）。随着砂浆内部自由水的蒸发，迁移到砂浆表面的可溶性物质以及表面的水化铝酸钙，在外界充足的 CO_2 作用下，生成

$Ca_4Al_2O_6CO_3 \cdot 11H_2O$ 和铝胶，如反应式（2）。并且，在 CO_2 长时间作用下 $Ca_4Al_2O_6CO_3 \cdot 11H_2O$ 也会被逐渐碳化形成碳酸钙[27-29]，如反应式（3）。

$$2CO_2 + 2H_2O + Ca^{2+} \longrightarrow CaCO_3 + HCO_3^- + 3H^+ \tag{1}$$

$$CO_2 + 4CaAl_2O_4 \cdot 10H_2O \xrightarrow{H_2O} Ca_4Al_2O_6CO_3 \cdot 11H_2O + 6Al(OH)_3 + 20H_2O \tag{2}$$

$$Ca_4Al_2O_6CO_3 \cdot 11H_2O + 3CO_2 \xrightarrow{H_2O} 4CaCO_3 + 2Al(OH)_3 + 8H_2O \tag{3}$$

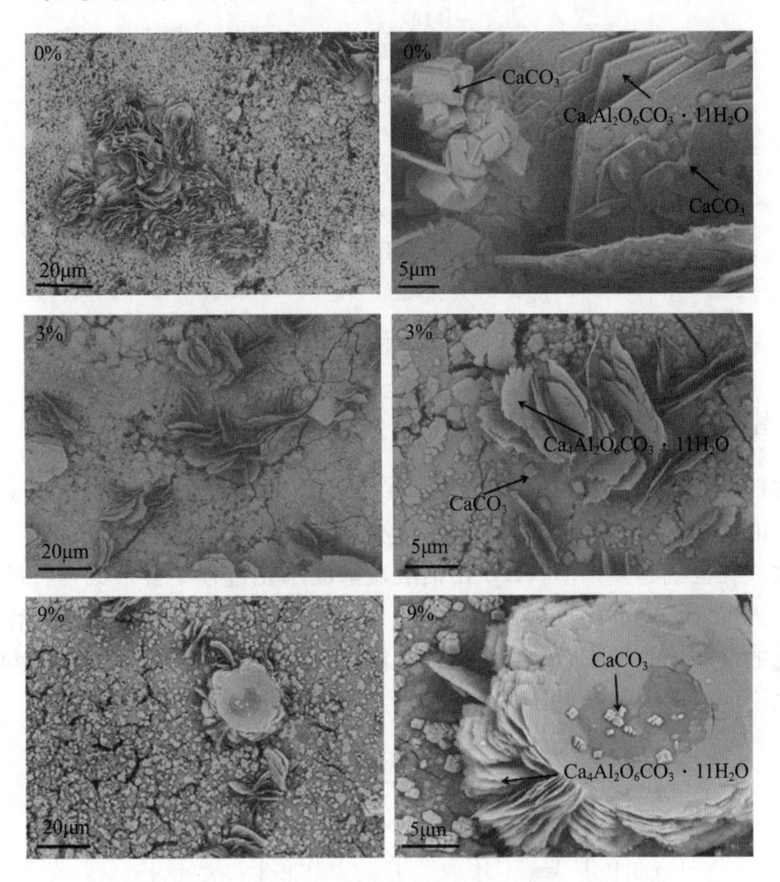

图 3　铝酸盐水泥基饰面砂浆二次泛白表面 SEM 照片

3.3 水化产物

为了解掺加乳胶粉的铝酸盐水泥内部水化产物及组成与泛白之间的联系，对不同掺量的 VAE 改性铝酸盐水泥水化 1d 时做了 XRD 测试，结果如图 4 所示。由图可见，随着 VAE 掺量的增加，铝酸盐水泥水化后物相组成的种类没有改变，主要物相由水化产物 CAH_{10}、AH_3、$Ca_4Al_2O_6CO_3 \cdot 11H_2O$ 和未水化的 CA_2 和 CA 组成。唯一区别是，不同掺量 VAE 对铝酸盐水泥的水化程度有不同的影响，随着 VAE 掺量增加，水化产物的峰逐渐减弱，而 CA_2 和 CA 的衍射峰逐渐增强，说明 VAE 会延缓铝酸盐水泥水化。由图 4 可知，在铝酸盐水泥 1d 水化过程中内部并没有出现 $CaCO_3$，仅有少量的 $Ca_4Al_2O_6CO_3 \cdot 11H_2O$，但是从图 3 知，饰面砂浆表面的泛白物质主要为 $CaCO_3$ 和 $Ca_4Al_2O_6CO_3 \cdot 11H_2O$，这可能是因为在铝酸盐水泥内部 CO_2 浓度很低，水化铝酸钙在

少量 CO_2 环境下仅仅被碳化生成 $Ca_4Al_2O_6CO_3 \cdot 11H_2O$，而在砂浆表面随着 CO_2 浓度的提升，进一步碳化生成碳酸钙。相关内容将另文继续探讨。

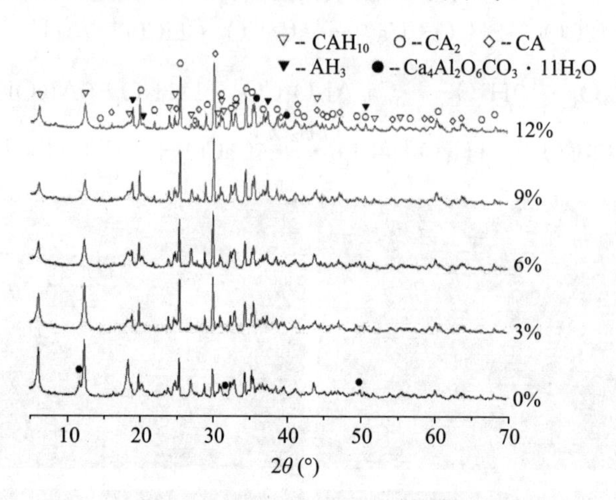

图 4　VAE 改性铝酸盐水泥水化 1d 的 XRD 图谱

3.4　密度

图 5 为掺加 VAE 的铝酸盐水泥基饰面砂浆的密度图。从图中可以看出，掺加 VAE 后饰面砂浆的体积密度、表观密度在逐渐减小，这应与 VAE 具有引气作用有关，VAE 的掺量越大气孔也就越多。但 VAE 在铝酸盐水泥水化过程中会形成一种疏水性膜层，具有阻断外界水分与内部物质接触的作用，随着 VAE 掺量的增加，这一作用愈明显。故认为气孔的增加并非是饰面砂浆泛白的决定因素，在组成物质和外界环境相同的情况下，砂浆内部的通道和外界水分的自由进出共同作用才能引起二次泛白。

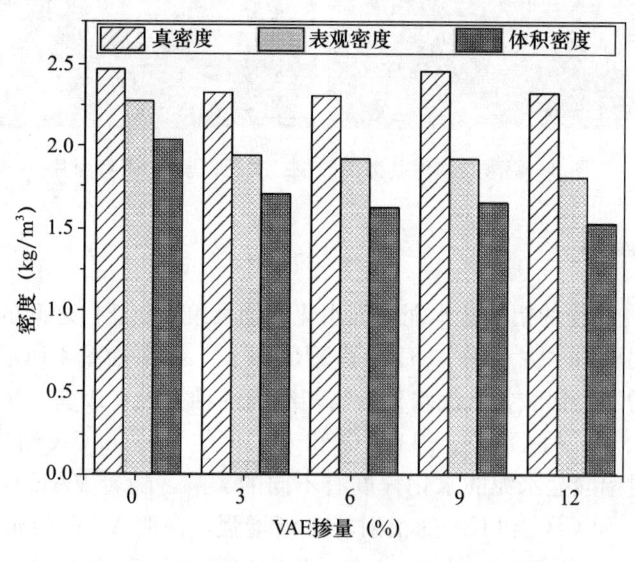

图 5　VAE 改性铝酸盐水泥基饰面砂浆的密度

3.5　吸水率与毛细孔吸水率

多数聚合物在饰面砂浆中具有憎水作用，而吸水率和毛细孔吸水率是评定憎水性的两个指标，吸水率和毛细孔吸水率越低，憎水性越好。图6为掺加VAE铝酸盐水泥基饰面砂浆的吸水率图。由图可知，饰面砂浆的吸水率随VAE掺量增加逐渐下降，当VAE掺量为12%时，吸水率降至2.7%。但此结果并不能解释低VAE掺量下饰面砂浆二次泛白比空白样严重的现象。毛细孔吸水率（图7）测试结果表明，虽然掺加VAE可以显著降低48h毛细孔吸水率，但在浸水初期，低掺量VAE的影响却不同，即掺加3%和6%VAE的饰面砂浆的毛细孔吸水率在浸水初期大于空白样，直到浸水一定时间后才开始低于空白样，这可能是低掺量改性砂浆二次泛白程度大于空白样的原因。一方面，VAE具有引气作用，增加饰面砂浆的孔隙率，有利于砂浆内部可溶性离子向外迁移；另一方面，VAE会形成一种疏水性薄膜吸附在饰面砂浆内部结构的表界面，起到憎水和阻隔作用，可以减少外界水分进入砂浆内部以阻断内部可溶性物质与水的接触，同时阻碍内部可溶性离子向外迁移。当VAE对砂浆产生的憎水作用大于引气作用时，会降低砂浆的毛细孔吸水率，从而减少砂浆内部可溶性离子向外迁移，否则相反。VAE掺量较低时，在浸水初期毛细孔吸水率高于空白样，可溶性离子向外迁移的数量也会高于空白样，故二次泛白的程度大于空白样，而VAE掺量较高时则相反。

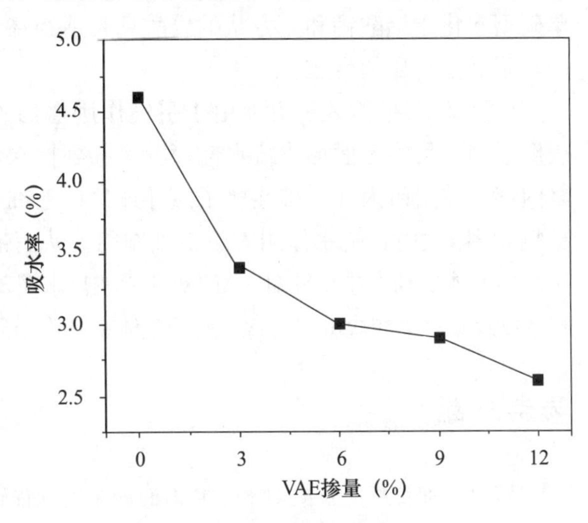

图6　VAE改性铝酸盐水泥基饰面砂浆的吸水率

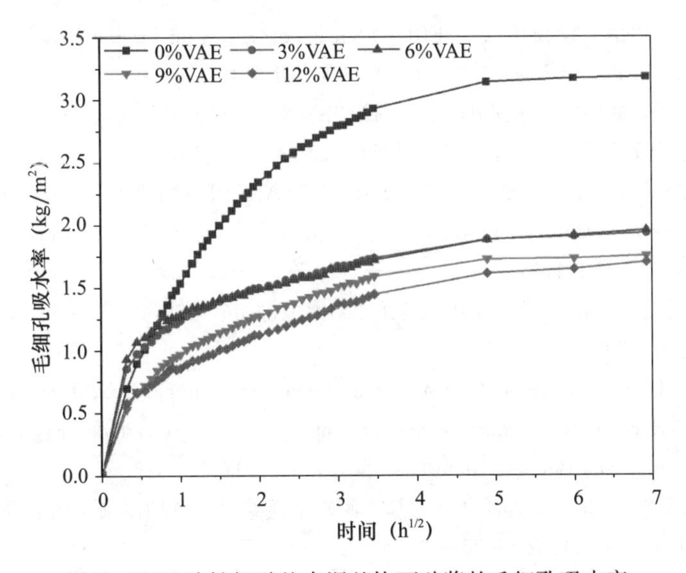

图7　VAE改性铝酸盐水泥基饰面砂浆的毛细孔吸水率

4 结论

（1）当 VAE 掺量为铝酸盐水泥的 9%（折合配方掺量 2.25%）及以上时，抑制泛白效果很好，无肉眼可见泛白现象。

（2）铝酸盐水泥基饰面砂浆的二次泛白物质主要为水化铝酸钙的碳化产物：片状的单碳型水化碳铝酸钙和立方状的碳酸钙，适当掺量 VAE 的加入可降低铝酸盐水泥基饰面砂浆泛白物质的生成。

（3）VAE 的掺入一方面由于引气作用增加砂浆孔隙率，有利于可溶性离子向砂浆表层迁移，另一方面形成疏水性薄膜，起到憎水和阻隔作用，可以减少外界水分进入砂浆内部，并阻碍内部可溶性离子向外迁移；毛细孔吸水率结果显示当 VAE 掺量为胶凝材料 9%以上时，疏水作用大于引气作用，从而带来了较好的二次泛白抑制效果。

（4）本文研究主要针对 VAE 对纯铝酸盐水泥基饰面砂浆的影响，其他聚合物种类的影响，以及其对铝酸盐水泥石膏二元胶凝体系基饰面砂浆泛白的影响机理还有待进一步研究。

参考文献

[1] 吴开胜，张传顺．快凝型水泥基饰面砂浆的性能研究［J］．新型建筑材料，2019，46（4）：31-33.

[2] 徐瑞锋．水泥基彩色装饰砂浆的制备及泛碱抑制技术研究［D］．南昌大学，2018.

[3] PARUTA V，GNYP O，LAVRENYUK L，et al. The Influence of the Structure on the Destruction Mechanism of Polymer-Cement Plaster Coating［J］. Key Engineering Materials，2020，864：93-100.

[4] 刘祥，帅祺．浅析外墙面砖泛碱的产生及其预防［J］．建设科技，2012（17）：93-94.

[5] WANG R，WANG L，WANG P M，et al. Influence of White Cement Content on the Performance of Decorative Mortar in the Presence of Microemulsion［J］. Advanced Materials Research，2013，687：249-254.

[6] SGHAIER N，PRAT M. Effect of Efflorescence Formation on Drying Kinetics of Porous Media［J］. Transport in Porous Media，2009，80（3）：441-454.

[7] 王培铭，朱绘美，张国防．水泥砂浆表面碱浸出率表征泛白程度的研究［C］．第五届全国商品砂浆学术交流会论文集．北京：化学工业出版社，2013：148-153.

[8] LERTWATTANARUK P，MAKUL N，SIRIPATTARAPRAVAT C. Utilization of ground waste seashells in cement mortars for masonry and plastering［J］. Journal of Environmental Management，2012，111（30）：133-141.

[9] 朱绘美，王培铭，张国防．羟乙基甲基纤维素对水泥饰面砂浆沾污与泛白的影响［C］．中国硅酸盐学会水泥分会，2011：300-307.

[10] RASHID K，UEDA T，ZHANG D W，et al. Experimental and analytical investigations on the behavior of interface between concrete and polymer cement mortar under hygrothermal conditions［J］. Construction and Building Materials，2015，94（9）：414-425.

[11] 朱绘美，王培铭，张国防．硅酸盐水泥基饰面砂浆泛碱机理及抑制措施的研究进展［J］．硅酸盐通报，2013，32（12）：2508-2513.

[12] 石齐. 水泥基饰面砂浆泛碱性能及抑制措施研究 [D]. 重庆：重庆大学，2014.
[13] BROCKEN H，NIJLAND T G. White efflorescence on brick masonry and concrete masonry blocks，with special emphasis on sulfate efflorescence on concrete blocks [J]. Construction and Building Materials，2004，18 (5)：315-323.
[14] 周文君，李军娟，李朋远. 天然石材泛碱防治措施研究 [J]. 广东建材，2019，35 (11)：35-37.
[15] ZHANG Z H，PROVIS J L，MENG X，et al. Efflorescence and subflorescence induced microstructural and mechanical evolution in fly ash-based geopolymers [J]. Cement and Concrete Composites，2018，92：165-177.
[16] LAZHAR R，NAJJARI M，PRAT M. Combined wicking and evaporation of NaCl solution with efflorescence formation：The efflorescence exclusion zone [J]. Physics of Fluids，2020，32 (6)：1-12.
[17] NGUYEN D D，DEVLIN L P，KOSHY P，et al. Effects of acetic acid on early hydration of Portland cement [J]. Journal of Thermal Analysis and Calorimetry，2016，123 (1)：489-499.
[18] 薛伶俐，黎红兵，梁爽，等. 两种乳胶粉对三元胶凝体系饰面砂浆性能的影响 [J]. 材料导报，2014，28 (18)：108-112.
[19] ZHANG X，LI G X，SONG Z P. Influence of styrene-acrylic copolymer latex on the mechanical properties and microstructure of Portland cement/Calcium aluminate cement/Gypsum cementitious mortar [J]. Construction and Building Materials，2019，227 (12)：1-9.
[20] 赵文杰. PB-g-PS 胶乳改性水泥砂浆的性能及微观结构 [D]. 沈阳：东北大学，2010.
[21] 王培铭，张灵，朱绘美，等. 胶凝材料影响水泥基饰面砂浆泛碱的研究进展 [J]. 材料导报，2011，000 (001)：464-466.
[22] 胡冲，段鹏选，苗元超. 铝酸盐水泥基复合胶凝材料在装饰砂浆中应用的研究 [A]. 2008 第三届中国国际建筑干混砂浆生产应用技术研讨会论文集 [C]，2008，125-131.
[23] CHEN Y F，WANG R X，WANG H C，et al. Study on PVA-siloxane mixed emulsion coatings for hydrophobic cement mortar [J]. Progress in Organic Coatings，2020，147 (105775)：1-11.
[24] 何兆晶，徐响. 胶粉掺量对水泥砂浆性能影响研究 [J]. 科学技术创新，2020 (21)：132-133.
[25] WANG R，WANG P M，YAO L J. Effect of redispersible vinyl acetate and versatate copolymer powder on flexibility of cement mortar [J]. Construction and Building Materials，2011，27 (1)：259-262.
[26] AMATHIEU L，LAMBERET S，HU C，et al. Non-efflorescing cementitious compositions based on calcium aluminate technologies. Proceedings of the centenary-conference 2008 [M]. HIS-BRE Press，2008，94：373-382.
[27] 常钧，熊苍. 碱环境下单碳型水化碳铝酸钙加速碳酸化机理 [J]. 大连理工大学学报，2019，59 (05)：536-542.
[28] 胡曙光. 聚丙烯酰胺-铝酸一钙水化过程的一些特性分析 [J]. 武汉工业大学学报，1994，16 (03)：69-73.
[29] HARGIS C W，LOTHENBACH B，MÜLLER C J，et al. Carbonation of calcium sulfoaluminate mortars [J]. Cement and Concrete Composites，2017，80：123-134.

基金项目：国家自然科学基金（51872203）；同济大学大型仪器设备开放测试基金（2021GX019）。

通信作者：王茹，女，博士，教授，博士生导师。主要研究方向为聚合物水泥基复合材料，E-mail：ruwang@tongji. edu. cn。

干湿循环条件下半水石膏对铝酸盐水泥砂浆泛白的影响

刘贤萍[1]　周晓延[1]　高汉青[2]　Herve Fryda[3]　王培铭[1]

（1 同济大学材料科学与工程学院，上海 201804；2 益瑞石技术中心，天津 300457；3 Imerys Technology Center Lyon，1 rue Le Chatelier，38090 Vaulx-Milieu，France）

摘　要：本文主要研究了干湿循环条件下铝酸盐水泥砂浆的泛白性能，尤其是掺入30%半水石膏后形成的高硫型水化硫铝酸钙（AFt）对泛白性能的影响，揭示了其泛白机理。结果表明：干湿循环条件对砂浆泛白的影响在早期是加剧，在后期又有缓解；掺加30%半水石膏后缓解的程度更大。聚集生长的水化产物AFt和碳化产物方解石都是有可能引起泛白的物质；干湿循环条件有利于水化产物AFt发生碳化反应，碳化分解后的AFt不再参与泛白，而难溶的方解石引起的泛白不易消除且持续性较长，碳化产物AH_3对泛白的影响小于方解石。掺加30%的半水石膏足以使铝酸盐水泥生成大量的AFt，其对应的砂浆抗泛白性能优于纯铝酸盐水泥砂浆。

关键词：无机非金属材料；砂浆；铝酸盐水泥；泛白

Effect of Hemihydrate Addition on the Whitening Performance of Calcium Aluminate Cement Mortar under Wet/dry Cycles

Xianping Liu[1]　Xiaoyan Zhou[1]　Hanqing Gao[2]　Herve Fryda[3]　Peiming Wang[1]

（1 School of Materials Science and Engineering，Tongji University，Shanghai 201804；2 Imerys Technology Center Tianjin，Tianjin 300457；3 Imerys Technology Center Lyon，1 rue Le Chatelier，38090 Vaulx-Milieu，France）

Abstract：The whitening performance of aluminate cement mortar under wet/dry cycles was investigated, especially the effect of AFt formed after the incorporation of 30% hemihydrate on the whitening performance, and the whitening mechanism was revealed hereby. Results show that the whitening will firstly be exacerbated in early wet/dry cycles and then reduced in later cycles. The reduction effect will be further strengthened after adding 30% hemihydrate. AFt (hydrate) and calcite (carbonate) in aggregation are both potential origins to cause surface whitening. The carbonation of AFt is easier to occur under wet/dry cycles and the carbonated AFt does not contribute to whitening, however the whitening caused by insoluble calcite is not easy to eliminate and lasts for a long time, and the effect of AH_3 (carbonate) on whitening is less than that of calcite. The addition of 30% hemihydrate is sufficient to produce a large amount of AFt in the aluminate cement, hence the anti-whitening performance of cement mortar made with this type of binding materials is better than that of pure calcium aluminate cement mortar.

Keywords: inorganic nonmetallic material; mortar; calcium aluminate cement; whitening

0 引言

在水泥基饰面砂浆泛白形成机理和诸多泛白预防途径中，Amathieu L 等提出的都与铝酸盐水泥的应用相关[1]。其中两个措施尤为引人注目。一个是由高纯无可溶碱和白度严格可控的白色铝酸盐水泥形成的无碱-快硬体系，另一个是由白色铝酸盐水泥-硅酸盐水泥-石膏三元胶凝材料体系形成的高硫型水化硫铝酸钙（AFt）-单硫型水化硫铝酸钙（AFm）-铝胶（AH_3）体系。这两个体系都是使水泥浆体形成特有的浆体结构，而且所有的钙全部分别结合在水化铝酸钙（C_xAH_y）、AFt 和 AFm 中，也就是这两种体系都不含 $Ca(OH)_2$ 这一硅酸盐水泥中常见的水化产物。

既然没有 $Ca(OH)_2$，则可以消除传统硅酸盐水泥饰面砂浆由于 $Ca(OH)_2$ 碳化引起的泛白。然而，翁开茂等和薛伶俐先后证明，纯铝酸盐水泥其水化产物 CxAHy 也会碳化分解并生成 $CaCO_3$[2-3]，实际应用中的泛白现象仍不可避免。

另外，将铝酸盐水泥中的胶凝体系配合比设计为水化产物以 AFt、AFm 和 AH_3 为主，可抑制泛白产生的设想[1]，可能源自 AFt 具有抗碳化能力较高且被足够的 AH_3 包裹保护使其不被碳化的理论[3]。然而尽管此时 C_xAH_y 的数量大为减少，取而代之的是 AFt 和 AFm 或其固溶体，但也只有在组分比例适当时（如半水石膏掺量不高于 30%），才能减少或避免泛白[3]，水化产物在以 AFt 为主的水泥砂浆的泛白中起到的作用及其机理仍未明确。

本研究使用 30%半水石膏掺量配制水化产物以 AFt 为主的铝酸盐水泥-石膏二元胶凝体系砂浆，并采用较大的水胶比以促使泛白的产生，观察砂浆表面 AFt 在干湿循环过程中的演变，揭示其在泛白中起到的作用及其机理。

1 试验

1.1 原材料

水泥：铝酸盐水泥，简写为CAC，密度为2.96g/cm^3，其化学组成和矿物组成见表1。

石膏：α-半水石膏，纯度92.1%，简写为HH，密度为2.76g/cm^3。

骨料：10～100目的石英砂。

着色剂：Lanxess 4130型红色氧化铁颜料。

拌和水：蒸馏水，pH值为6.4。

表1 铝酸盐水泥的主要化学组成和矿物组成 wt%

Na_2O	MgO	Al_2O_3	SiO_2	SO_3	K_2O	CaO	Fe_2O_3
0.32	0.20	68.43	0.25	0.08	0.01	30.52	0.14
CA			CA_2		$C_{12}A_7$		
61.2			35.6		0.3		

1.2 砂浆配合比及新拌性能

采用两种胶凝材料体系（纯铝酸盐水泥一元体系、铝酸盐水泥-半水石膏二元体系）制备了两种铝酸盐水泥砂浆，二元体系中铝酸盐水泥和半水石膏的质量比为7∶3。制备砂浆时，胶砂比为1∶4，水胶比为0.92，着色剂掺量为胶凝材料总量的3%，所配制的一元体系砂浆标记为A100，二元体系砂浆标记为A70。A100和A70的流动度分别为132mm和172mm，凝结时间分别为185min和41min。

1.3 试验方法

泛白性能的测试方法如下：

将新拌砂浆成型于直径90mm、高度7mm的圆形培养皿中，表面刮平后放置于(20±2)℃、相对湿度为（60±5）%的养护室中养护至24h，观察其表面泛白情况，并用数码相机拍照记录，检测其初始泛白等级。随后对硬化砂浆进行6次干湿循环（前4次为干湿循环A，后2次为干湿循环B，每次干湿循环均更换新的蒸馏水），在分别完成1次干湿循环、2次干湿循环和6次干湿循环后，观察砂浆表面泛白情况的变化，用数码相机拍照记录，并根据表2对砂浆表面的泛白等级进行判定，每组以三块试块的检测结果作为最终判定结果，同时用pH计（WTW pH3310型）测试相应浸泡液的pH值。

表2 泛白等级的判定

泛白等级	0	+	++	+++
含义	无泛白	轻度泛白	中度泛白	重度泛白

干湿循环 A：将硬化砂浆水平放置于蒸馏水中浸泡，水面高出砂浆表面 2mm，浸泡 1d 后取出，然后将砂浆放置于养护室中晾干 1d。

干湿循环 B：将硬化砂浆水平放置于蒸馏水中浸泡，水面高出砂浆表面 2mm，浸泡 7d 后取出，然后将砂浆放置于养护室中晾干 7d。

对完成 2 次干湿循环和 6 次干湿循环的砂浆表面取样，用扫描电子显微镜（SEM）进行泛白物质的形貌和元素组成分析。

2　结果与讨论

2.1　泛白

表 3 所示为硬化砂浆表面在浸水前（O）和干湿循环过程中（OA、OAA、OAAAABB）的泛白情况和根据表 2 判定的泛白等级。

表 3　硬化砂浆的泛白情况和浸泡液 pH 值

配比	测试项目	O	OA	OAA	OAAAABB
A100	泛白现象				
	泛白等级	+	++	+++	++
	浸泡液 pH 值	—	11.7	11.2	10.5
A70	泛白现象				
	泛白等级	0	+	+++	+
	浸泡液 pH 值	—	9.9	11.5	8.7

注：表中，O—养护 1d；OA—养护 1d 后进行 1 次干湿循环 A；OAA—养护 1d 后进行 2 次干湿循环 A；OAAAABB—养护 1d 后进行 4 次干湿循环 A 和 2 次干湿循环 B。

由表 3 可见，浸水前 A100 轻度泛白，A70 无泛白；经过 1 次干湿循环（OA）以后，两者的泛白等级均有所增加，分别增加到中度泛白和轻度泛白；经过 2 次干湿循环（OAA）以后，都达到了最严重的重度泛白；在第 6 次干湿循环（OAAAABB）后，A100 的泛白等级降低为中度泛白，A70 的泛白等级降低为轻度泛白。干湿循环过程中，A100 和 A70 的泛白经历了由弱到强、再减弱的变化过程，A70 的变化幅度更大。

由表 3 中的图片可见，A100 表面粗糙，孔隙率较高，出现大范围片状或斑状严重而持续的泛白区域；A70 表面光滑致密，泛白呈雾状且较为细密，在经过多次浸水后，泛白现象明显减弱。砂浆的表面粗糙程度和致密程度与其流动度和凝结时间相关，A70 较高的流动度和较短的凝结时间（如 1.2 节内容），使其具备更好的施工性且凝结硬化快，更易在初始阶段就形成致密而均匀的硬化体，对抑制初始泛白有利。

2.2 浸泡液 pH 值

表 3 中列出了对应于各干湿循环阶段砂浆浸泡液的 pH 值测试结果。A100 经过第 1 次干湿循环后的浸泡液 pH 值为 11.7，随干湿循环次数的增加，pH 值逐渐降低，至第 6 次干湿循环后降低至 10.5。A70 经过第 1 次干湿循环后的浸泡液 pH 值为 9.9，随着干湿循环次数的增加，浸泡液的 pH 值先升高后降低，至第 6 次干湿循环后降至 8.7，显著低于 A100 浸泡液的 pH 值。

较低的 pH 值对应了较低的泛白等级，这一点在 A70 体系尤为明显，A70 的 OA 干湿循环阶段和 OAAAABB 干湿循环阶段，浸泡液的 pH 值分别低于 10 和 9，泛白等级均为轻度泛白。由于浸泡液的 pH 值可以在一定程度上反映硬化浆体孔溶液的 pH 值，随着干湿循环次数的增加导致孔溶液的 pH 值降低，有利于 AH_3 的稳定存在，但却会导致 AFt 的稳定性下降，使其更易被碳化分解，对泛白产生影响。

2.3 泛白物质形貌及元素组成

图 1～图 4 分别为 A100 和 A70 经过 2 次干湿循环和 6 次干湿循环后在表面泛白区域取样由 SEM 测得的泛白物质形貌像和能谱。

由图 1 可见，导致 A100 在干湿循环过程中泛白的物质主要是聚集生长、无着色剂覆盖的等大多面体，由能谱元素组成确定为碳化产物 $CaCO_3$，再结合形貌可确定为方解石，这些方解石来源于 C_xAH_y 的碳化反应。硬化浆体表面较为疏松，孔隙率较高，由图 2 可见，方解石与砂浆表面黏结力较强，并未因干湿循环中水的作用而大幅脱落，因而 A100 泛白严重且持久。

由图 3 可见，经过 2 次干湿循环的 A70，表面除方解石外，还有棒状的 AFt [其由图 3 (b) 元素组成确认]。AFt 在低洼处富集成簇，其表面同样无着色剂覆盖且聚集体尺寸远大于方解石聚集体的尺寸，由此可见，AFt 聚集体同样可以引起泛白。然而，随着干湿循环次数的增加，孔溶液 pH 值降低（表 3），AFt 稳定性降低，易发生碳化分解。

AFt 的碳化方程式如下式所示，其碳化产物主要为 $CaCO_3$、二水石膏和 AH_3。

$$AFt+CO_2+H_2O\longrightarrow CaCO_3+CaSO_4\cdot 2H_2O+AH_3+H_2O$$

由图 4（a）和（b）可见，经过 6 次干湿循环后，浆体中方解石的尺寸和分布密集程度有所增加，但较为独立和分散，其或为由 AFt 的碳化而产生。由图 4（c）的形貌像来看，AFt 碳化后在基体中仅留下了数微米长度的残根，其元素组成主要为 Ca 和 Al [图 4（d）]，意味着 AFt 中的 SO_4^{2-} 或已在干湿循环过程中随碳化分解逐渐流失，因此泛白程度有所减弱。

由于 A100 中的 C_xAH_y 和 A70 中的 AFt 碳化后都会生成 AH_3，碳化产物 AH_3 与铝酸盐水泥矿物的水化产物 AH_3 有所不同，其间并无着色剂分布，因而也是潜在的泛白物质。但与方解石相比，AH_3的致密程度较低［图 4（c）］，碳化产物 AH_3对泛白的影响小于方解石。

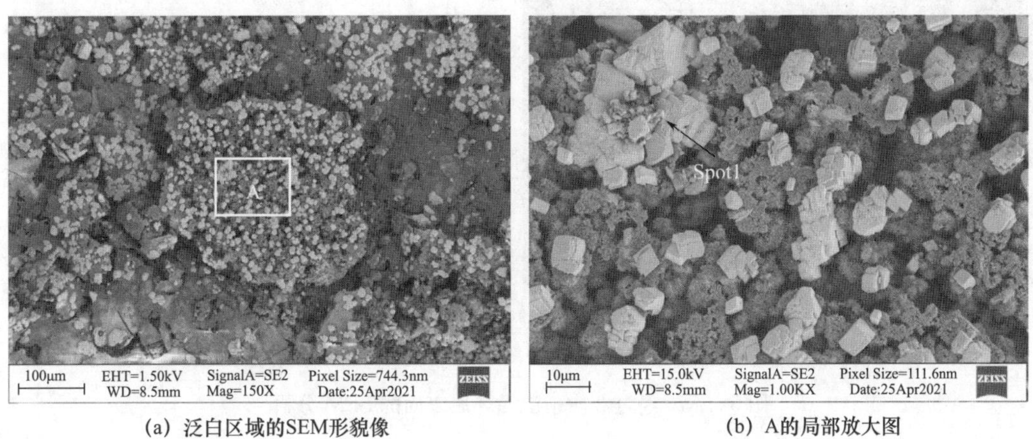

(a) 泛白区域的SEM形貌像

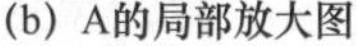

(b) A的局部放大图

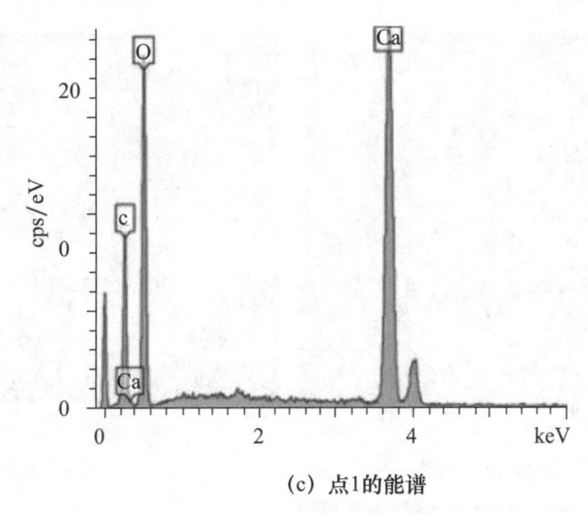

(c) 点1的能谱

图 1　A100 经过 2 次干湿循环后表面的 SEM 分析

(a) 泛白区域的SEM形貌像　　(b) A的局部放大图

图 2　A100 经过 6 次干湿循环后表面的 SEM 分析

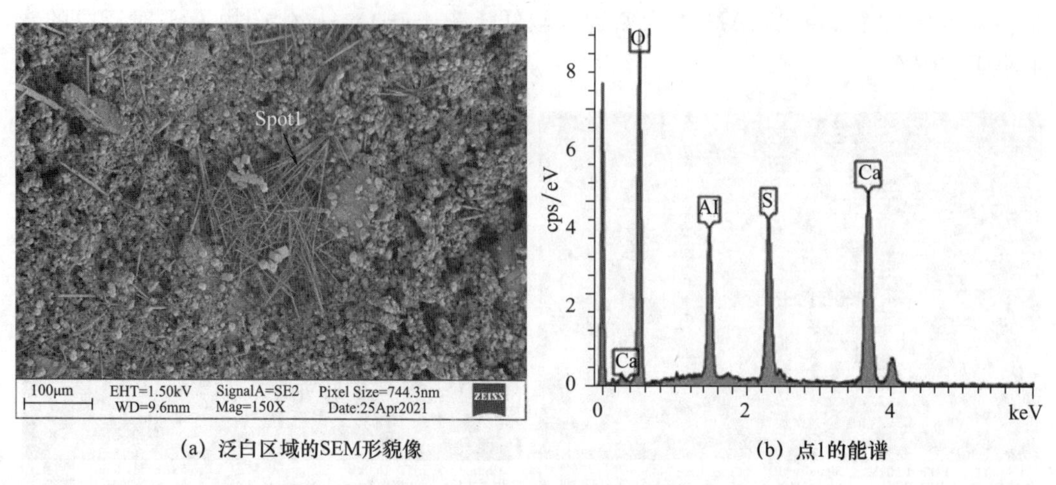

(a) 泛白区域的SEM形貌像　　(b) 点1的能谱

图 3　A70 经过 2 次干湿循环后表面的 SEM 分析

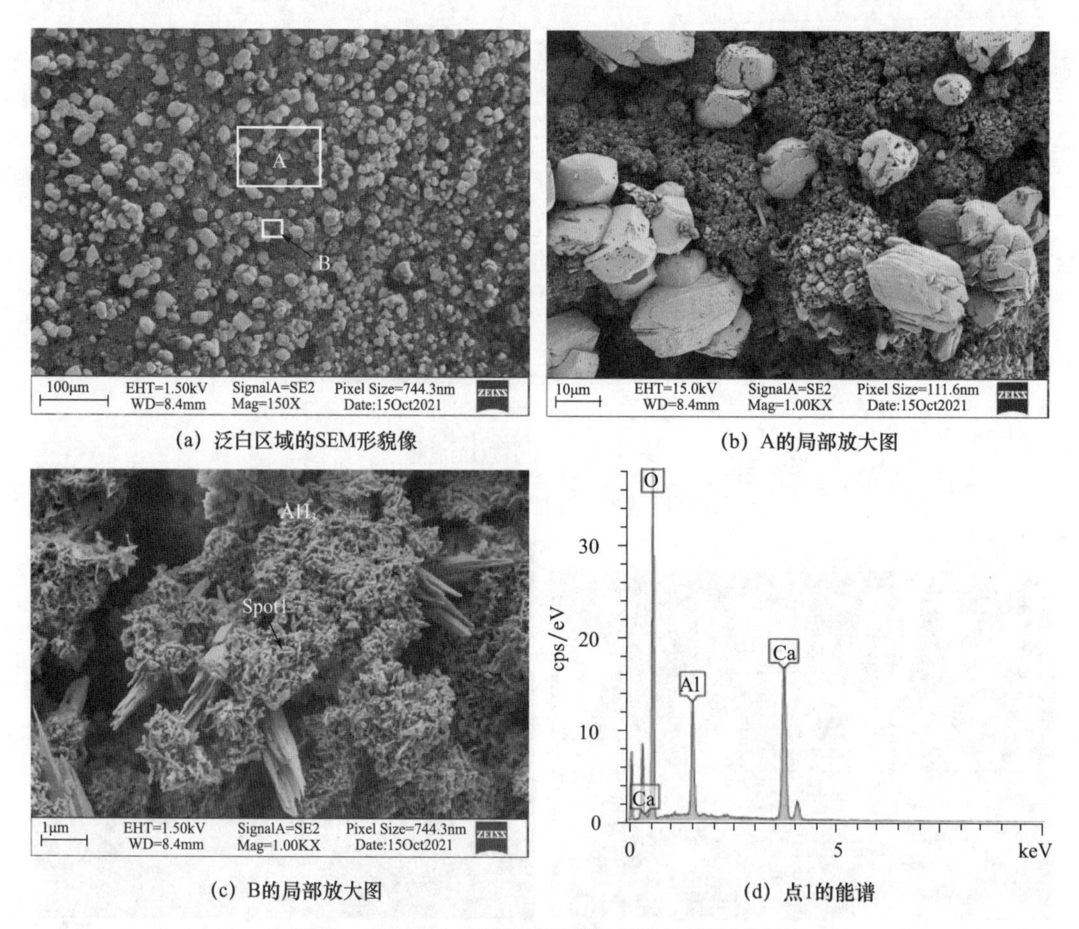

(a) 泛白区域的SEM形貌像　　(b) A的局部放大图

(c) B的局部放大图　　(d) 点1的能谱

图 4　A70 经过 6 次干湿循环后表面的 SEM 分析

3　结论

（1）干湿循环条件对铝酸盐水泥砂浆的泛白有不利影响，在一定时期内会使泛白程度增加，但石膏的掺加有利于其长期泛白性能的改善。

（2）聚集生长的水化产物 AFt 和碳化产物方解石都是有可能引起泛白的物质，其尺寸大小决定了泛白程度的大小，其稳定性决定了泛白是否可以持续存在。AFt 引起的泛白会因其碳化而减弱，方解石引起的泛白更为持久。

（3）无论是否掺入半水石膏，铝酸盐水泥在干湿循环过程中都会生成碳化产物 AH_3，其对泛白的影响小于方解石。

参考文献

［1］AMATHIEU L，LAMBERET S，HU C，ROESKY R. Non-efflorescing cementitious compositions based on calcium aluminate technologies. Calcium Aluminate Cements，Proceedings of the Centenary Conference 2008. Bracknell，UK：IHS BRE Press，2008：373-382.

［2］翁开茂，闵盘荣，王国宾．铝酸盐水泥碳化性能的研究［J］．硅酸盐学报，1989，17（2）：173-180.

［3］薛伶俐．铝酸盐水泥-硅酸盐水泥-半水石膏三元体系饰面砂浆的使用性能及其改善［D］．上海：同济大学，2014.

作者简介　刘贤萍，女，工学博士，副研究员，从事水泥化学及材料微观结构表征的研究；上海市硅酸盐学会会员；邮箱：lxp@tongji. edu. cn；电话：021-65981597。

减缩剂对普通硅酸盐水泥-铝酸盐水泥-硬石膏三元体系性能的影响

范树景[1]　彭　宇[2]　李　超[1]

（1 浙江忠信新型建材股份有限公司杭州研发分公司，杭州 310052；

2 浙江大学建筑工程学院，杭州 310058）

摘　要：通过制备普通硅酸盐水泥-硬铝酸盐水泥-硬石膏三元体系，用环境扫描电镜观察了三元体系的微观结构，并用 CT 得到了孔隙率的大小，分析减缩剂对三元体系流动度、力学性能和体积稳定性的影响。结果表明，减缩剂使三元体系的流动度略有提高，显著降低了抗压强度、抗折强度，掺量为 1.0%时，拉伸黏结强度最大。减缩剂能显著降低三元体系的干燥收缩率，在常温下补偿了收缩，在 70℃高温状态下大幅度降低收缩率。此外，随着减缩剂掺量的增大，三元体系的结构疏松，孔隙率增大，当掺量为 2.5%时，孔隙率可超过未掺减缩剂时的三元体系的二倍以上。

关键词：减缩剂；三元体系；干燥收缩；孔隙率

Influence of Shrinkage Reducing Admixture on Performances of Portland Cement-Aluminate Cement-Anhydrite Ternary System

Fan Shujing[1]　Peng Yu[2]　Li Chao[1]

(1 Hangzhou R&D Branch, Zhejiang Zhongxin New Building Materials Co. Ltd., Hangzhou 310052;

2 School of civil engineering, Zhejiang University, Hangzhou 310058)

Abstract: Portland cement-Aluminate cement-Gypsum Ternary System was prepared, the microinstruction and pore porosity were obtained by ESEM and CT, the effect of shrinkage reducing admixture on fluidity and Mechanics Performance and volume stability of ternary system. The results show that shrinkage reducing admixture can promote the fluidity of the ternary system, with a significant reduction in compressive strength and flexural strength, tensile adhesive strength reached the Maximum value with the dosage of 1.0% shrinkage reducing admixture. The drying shrinkage reduced with the shrinkage reducing admixture increment, which compensated shrinkage at normal temperature, but the drying shrinkage cut down drastically at 70℃. Furthermore, the pore porosity increased with shrinkage reducing admixture. When the dosage of shrinkage reducing admixture was 2.5%, the pore porosity reached the more than twice than that without shrinkage reducing admixture.

Keywords：shrinkage reducing admixture；ternary system；drying shrinkage；pore porosity

0　引言

目前对减缩剂的研究主要集中在减缩剂对普通硅酸盐水泥基材料的力学性能、收缩、抗裂性能、水化进程和孔结构特征等方面。减缩剂应用于水泥基材料中可以降低其收缩，减缩剂的主要作用机理是降低水泥基材料的孔隙溶液的表面张力，减小毛细孔失水时产生的收缩应力。按照毛细管张力学说，收缩是由于存在于水泥毛细孔和凝胶孔隙中的水分散失而产生的毛细管张力造成的，而毛细管张力又与溶液表面张力成正比关系，因此减缩剂也可以减少收缩应力。也有学者[1]指出减缩剂的掺入在降低溶液表面张力的同时也减小了溶液的蒸发速率，减缩剂的作用机理不仅仅是降低孔隙溶液的表面张力，还能通过减小孔隙溶液的蒸发来降低水泥基材料的收缩。Bentz[2]验证了减缩剂使水泥基材料水分蒸发速率变慢从而减少了收缩，也有学者[3]持不同意见，认为减缩剂添加到砂浆中引入了一些气孔，而增加了水分散失通道，并降低了开裂风险。

综上所述，减缩剂应用主要侧重于硅酸盐水泥基材料，如砂浆和普通混凝土中的应用，然而，减缩剂在普通硅酸盐水泥-铝酸盐水泥-硬石膏三元体系中的应用研究比较少，基于此，本文研究了减缩剂对三元体系的流动度、力学性能和体积稳定性能的影响，探讨了减缩剂在三元体系中的孔隙率的变化。

1　原材料及试验方法

1.1　原材料

普通硅酸盐水泥，安徽海螺水泥公司生产；铝酸盐水泥，凯诺斯生产；硬石膏，宁波友基工贸有限公司生产；重钙；精选级配石英砂；缓凝剂、早强剂、减缩剂、消泡剂、纤维素醚、减水剂和可再分散乳胶粉均为市售；自来水。

减缩剂用量分别为水泥质量的0%、0.5%、1.0%、1.5%、2.0%和2.5%。

用水量为粉料质量的22%。

1.2 试验方法

1.2.1 流动度

依据《自流平砂浆》(JC/T 985—2017)中的规定方法进行流动度测试。

1.2.2 抗压强度、抗折强度

依据《水泥胶砂强度检验方法(ISO法)》(GB/T 17671—1999)进行砂浆的抗压强度、抗折强度性能测试。

1.2.3 拉伸黏结强度

依据《自流平砂浆》(JC/T 985—2017)中的规定方法进行拉伸黏结强度测试。

1.2.4 干燥收缩率

按《自流平砂浆》(JC/T 985—2017)中规定的方法进行制备试件,在标准试验条件下,达到终凝时间后即可拆模,拆模后立即测量试件长度,作为初始长度 L_0,然后将试件分别放置在20℃,50%RH环境下和70℃,50%RH环境下,在0d、3d、10d、14d、21d和28d龄期时分别测试其试件长度 L,根据相应公式计算收缩率的数值。

1.2.5 微观测试样品制备

将养护到龄期的样品直接切片,不经处理,立即放入样品室进行观察,采用场发射环境扫描电子显微镜(environmental scanning electron microscope,ESEM)对三元体系微观结构进行观察。

利用XCT扫描柱状的样品,得到该样品的所有空隙,通过计算得到孔隙率,为体积百分比。

2 试验结果

2.1 流动度

表1显示了减缩剂掺量不同时,三元体系的初始流动度和20min流动度。从表1可以看出,不掺减缩剂时,三元体系初始流动度为140mm,20min后未见有流动度损失。随着减缩剂掺量的增加,三元体系的初始流动度略有升高,达到2.0%掺量时,基本攀升至峰值,为142mm。掺入减缩剂后,20min流动度与初始流动度变化基本相同,可见减缩剂的掺加,对20min流动度损失影响不大,基本上可以忽略不计。

表1 减缩剂掺量不同时,三元体系的流动度

减缩剂掺量(%)	初始流动度(mm)	20min流动度(mm)
0	140	140
0.5	140	140
1	140	140
1.5	141	140
2	142	142
2.5	141	140

2.2　抗压强度和抗折强度

图 1 显示了减缩剂掺量不同时，对 1d 和 28d 龄期三元体系的抗折强度和抗压强度的影响。从图 1（a）可以看出，当不加减缩剂时，三元体系的 1d、28d 抗压强度均较高，分别超过了 12MPa、25MPa，而随着减缩剂的掺入，三元体系的抗压强度会逐渐降低，1d 龄期时，降低幅度为 10%～15%，且随着掺量的增加，降低幅度差别不大。在 28d 龄期时，抗压强度同样降低了，降低幅度为 15%～25%，且随着掺量的增加，降低幅度有所增大。说明减缩剂对三元体系的 28d 强度影响程度要高于对 1d 强度的影响程度，即减缩剂对 28d 强度影响较为明显。

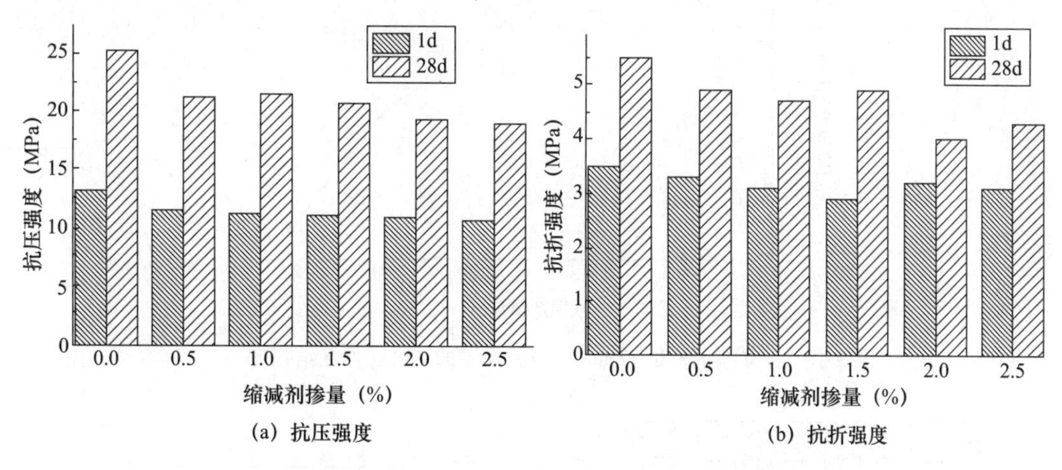

图 1　减缩剂掺量不同时，1d 和 28d 龄期三元体系的抗压强度和抗折强度

从图 1（b）可以看出，抗折强度的变化趋势与抗压强度相同，但是减缩剂对抗折强度的降低幅度有所变缓，其中，1d 龄期时三元体系的抗折强度降低幅度为 3%～15% 之间，28d 时抗折强度的降低幅度有所增加，为 10%～27%。

2.3　拉伸黏结强度

图 2 为减缩剂掺量不同时，三元体系的 28d 时拉伸黏结强度。从图 2 可以看出，随着减缩剂掺量的增加，三元体系的拉伸黏结强度先增加后减小，当减缩剂掺量为 1.0% 时，28d 拉伸黏结强度达到了 1.6MPa；当减缩剂掺量超过 1.5%时，低于未掺时三元体系的拉伸黏结强度；当掺量为 2.5%时，28d 拉伸黏结强度为 1.1MPa 左右。

2.4　干燥收缩率

图 3 显示了在常温和 70℃高温时，随龄期变化时，减缩剂掺量对三元体系的干燥收缩率的影响。从图 3（a）可以看出在常温下，未掺减缩剂的三元体系干燥收缩值在 0～10d 内发展比较快，过了 10d 后虽发展速率放缓，但仍能看到有收缩产生，28d 时不大于 0.1%，未达到平衡状态。与未掺减缩剂时相比，掺了减缩剂的几组试件的干燥收缩率有明显不同，在 28d 龄期内都呈现膨胀状态，说明减缩剂的引入限制了收缩的发展，且随着减缩剂掺量的增加，限制收缩的程度有所增大。从图 3（b）可以看出在 70℃高温下，不掺减缩剂的三元体系的干燥收缩率随着龄期的延长而增大，且在 3d 内

迅速增大，达到0.15%左右，且在28d龄期时超过0.2%。加入减缩剂后，明显降低了各个龄期的收缩值，且随着减缩剂掺量增加，干燥收缩率的降低越多，28d龄期时，减缩剂掺量为2.5%时的三元体系干燥收缩率在0.15～0.2%之间。

通过对比图3（a）和（b）曲线的发展规律，发现三元体系的干燥收缩率在常温下和高温下的表现有明显不同，尤其是掺加减缩剂后，差异尤显突出。常温下的干燥收缩率发展较高温下发展缓慢，且掺加减缩剂后，收缩行为明显减小，甚至出现膨胀状态。

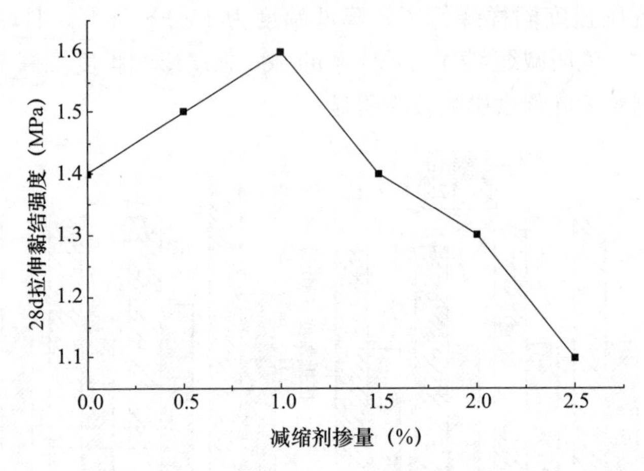

图2　减缩剂掺量不同时，三元体系的28d拉伸黏结强度

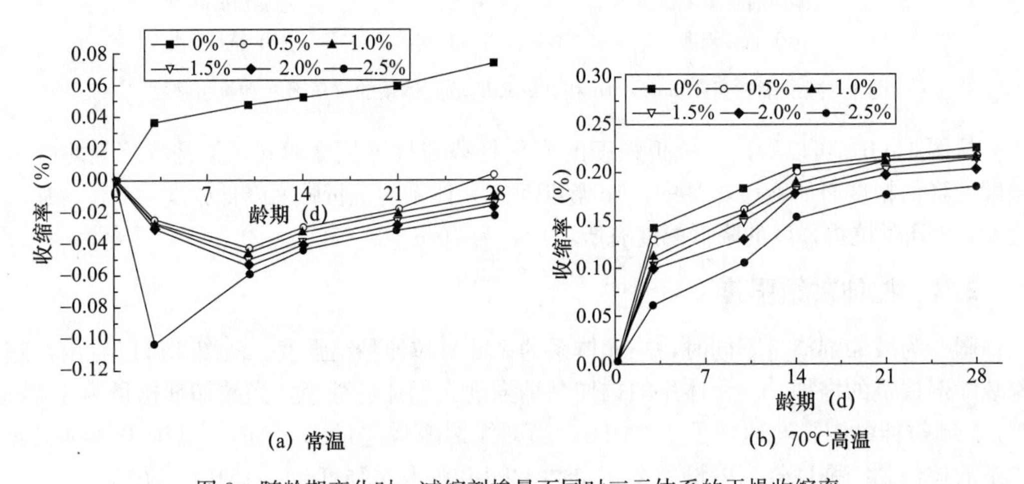

图3　随龄期变化时，减缩剂掺量不同时三元体系的干燥收缩率

3　讨论

图4显示了1d龄期时，减缩剂掺量不同时三元体系的ESEM二次电子像。从图4可以看出：未掺加减缩剂的三元体系水化1d时，已有明显的大量纤维状和少量簇状C-S-H凝胶生成，孔隙趋于细化，结构比较致密，而掺加减缩剂的三元体系致密性较差，且结构参差不齐，可以看到大量的六方板状的CH晶体结构，AFT钙矾石晶体呈短棒状结构，纤维状的CSH凝胶穿插在其中，有明显的大空隙，结构相对疏松。

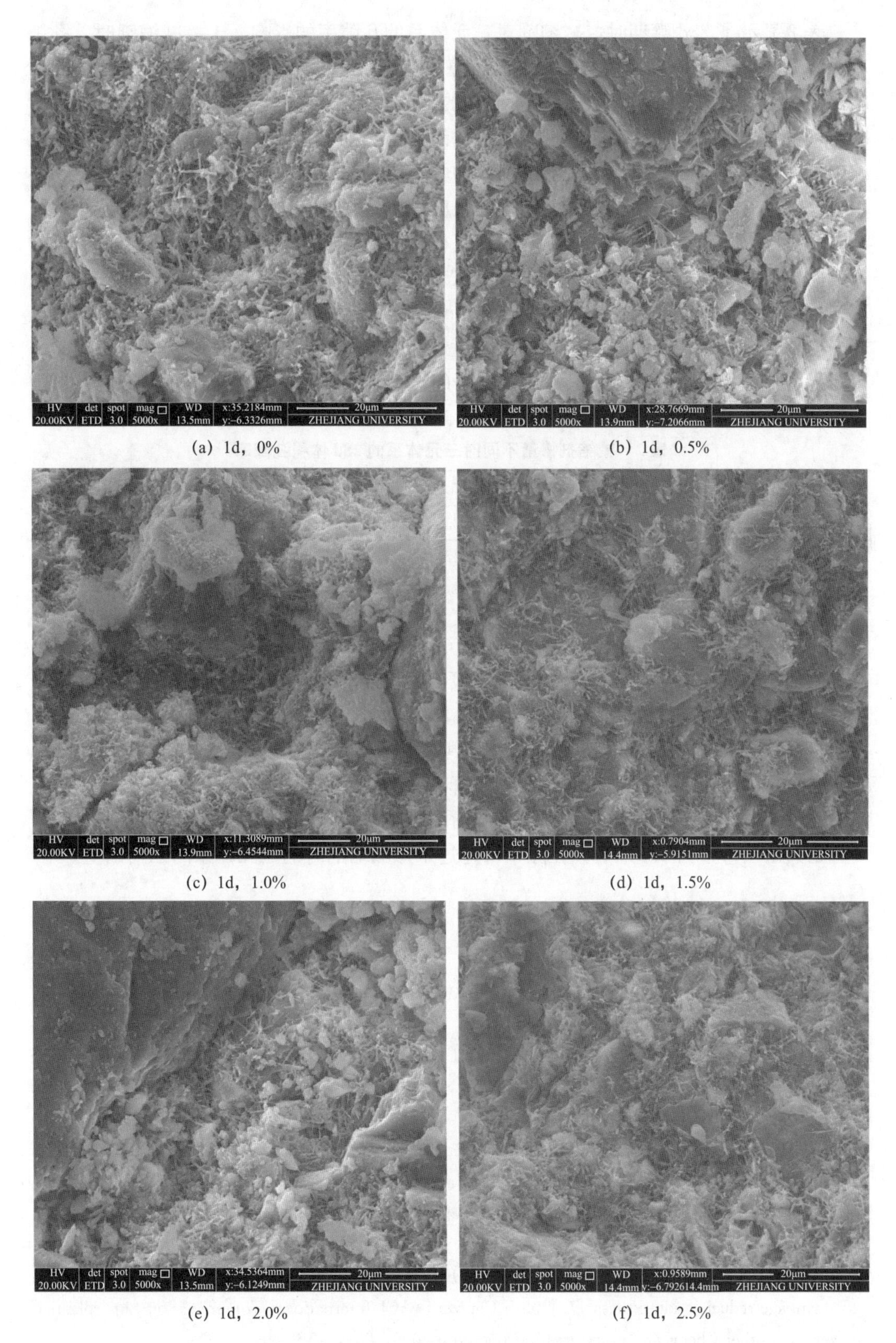

(a) 1d，0%　(b) 1d，0.5%

(c) 1d，1.0%　(d) 1d，1.5%

(e) 1d，2.0%　(f) 1d，2.5%

图 4　1d 龄期时，减缩剂掺量不同时三元体系的 ESEM 二次电子像

表2显示了28d龄期时，减缩剂对三元体系的孔隙率的影响。未掺减缩剂时，孔隙率为2.58%，随着减缩剂掺量的增加，孔隙率呈现先减小后增大的趋势。在0.5%掺量时，孔隙率仅为1.02%，不足未掺减缩剂的三元体系的二分之一，可见减缩剂少掺量时，可大大降低砂浆的孔隙率，但当掺量达到2.5%时，孔隙率为5.66%，高于不掺减缩剂的三元体系的2倍之多，说明减缩剂的引气效果非常明显，尤其是大掺量时更为突出。这也进一步验证了前文中砂浆的抗压强度、抗折强度有所降低这一宏观性能，现有许多研究结果显示，减缩剂的掺入对水泥基材料早期力学性能有较大的影响，造成这种影响的主要原因是减缩剂的掺入阻碍了水泥浆体孔溶液中碱度的提高[4]，张志宾[5]也发现减缩剂导致了水泥水化3d时，50～200nm的孔明显减少，28d时，10～50nm的孔显著增加。也有学者[6]研究表明，减缩剂掺量从1%提高到4%时，减缩剂掺量的提高并不能显著降低混凝土的收缩，其原因是较高的减缩剂用量下，试件失水速率加速，抵消了部分减缩剂的作用，与本文结果有出入，这可能是体系不同造成的结果。

表2　减缩剂掺量不同时三元体系的28d体积孔隙率

减缩剂掺量（%）	0	0.5	1.0	1.5	2.0	2.5
孔隙率（%）	2.58	1.02	2.80	3.71	3.99	5.66

4　结论

（1）随着减缩剂掺加，三元体系流动度略有提高，显著降低了抗压强度、抗折强度，拉伸黏结强度先增大后降低，在掺量为1.0%时，拉伸黏结强度最大。

（2）减缩剂能显著降低三元体系的干燥收缩率，在常温下补偿了收缩，28d时未见明显收缩行为，在70℃高温状态下大幅度降低收缩率。

（3）随着减缩剂掺量的增大，三元体系的结构疏松，28d龄期时体系的孔隙率增大，尤其是当掺量为2.5%时，孔隙率可超过未掺减缩剂时的三元体系的二倍以上。

参考文献

[1] 王智，郭清春，江楠，等．减缩剂在水泥基材料中的作用历程与机理研究［J］．建筑材料学报，2012，15（5）：601-607.

[2] BENTZ DP. A review of early-age properties of cement-based materials［J］. Cement and Concrete Research，2008，38（2）：196-204.

[3] 钱春香，耿飞，李丽．减缩剂的作用及其机理［J］．功能材料，2006，37（2）：287-291.

[4] RAJABIPOUR F，SANT G，WEISS J. Interactions between shrinkage reducing admixtures（SRA）and cement paste's pore solution［J］. Cement and Concrete Research，2008，38（5）：606-615.

[5] 张志宾，徐玲玲，唐明述．减缩剂对水泥基材料水化和孔结构的影响［J］．硅酸盐学报，2009，37（7）：1244-1248.

[6] RIBEIRO AB，CARRAJOLA A，GONCALVES A. Behavior of mortars with different dosages of shrinkage reducing admixtures［C］. 8th CanMET/ACI International Conference on Superplasticizers and other Chemical Admixtures in Concrete，2006，239：77-99.

膨胀剂对普通硅酸盐水泥-铝酸盐水泥-硬石膏三元体系性能的影响

张 林[1] 范树景[2] 彭 宇[3]
(1 浙江天地环保科技股份有限公司，杭州 310054；
2 浙江忠信新型建材股份有限公司杭州研发分公司，杭州 310052；
3 浙江大学建筑工程学院，杭州 310058)

摘 要：通过制备普通硅酸盐水泥-铝酸盐水泥-硬石膏三元体系，用环境扫描电镜观察三元体系的微观结构，分析膨胀剂对三元体系流动度、力学性能、体积稳定性和孔隙率的影响。结果表明，膨胀剂掺入到三元体系的自流平砂浆中，对流动度影响不大，降低了砂浆的力学性能，尤其是抗压强度、抗折强度和拉伸黏结强度，且与龄期无关。膨胀剂引入到三元体系的自流平砂浆中后，可显著降低砂浆的干燥收缩率，甚至在14d前表现为膨胀行为。掺量为2.5%时，28d时干燥收缩率不足0.02%。随着膨胀剂掺量的增加，砂浆28d的体积孔隙率明显增大，在掺量为2.0%，体积孔隙率超过4.0%。

关键词：膨胀剂；三元体系；干燥收缩；孔隙率

Influence of Expand Admixture on Performances of Portland -Aluminate Cement-Anhydrite Ternary System

Zhang Lin[1] Fan Shujing[2] Peng Yu[3]
(1 Zhejiang Tiandi Environmental Protection Technology Co.，Ltd，Hangzhou 310054；
2 Hangzhou R&D Branch，Zhejiang Zhongxin New Building Materials Co. Ltd.，Hangzhou 310052；
3 School of Civil Engineering，Zhejiang University，Hangzhou 310058)

Abstract: Through the preparation of ordinary Portland cement aluminate cement gypsum ternary system, the microstructure of the ternary system was observed by environmental scanning electron microscope, and the influence of expansion agent on the fluidity, mechanical properties, volume stability and volume porosity of the ternary system was analyzed. The results show that the mechanical properties, especially the compressive strength, flexural strength and tensile bond strength, are reduced by adding expansive agent into the self-leveling mortar, which is independent of age. The results show that the drying shrinkage of self-leveling mortar can be significantly reduced after the introduction of expansive agent into the ternary system, and it even shows expansion behavior before 14 days. When the dosage is 2.5%, the drying shrinkage is less than 0.02% after 28 days. With the increase of expansive agent content, the volume porosity of 28d mortar increases obviously. When the content is 2.0%, the volume porosity is more than 4.0%.

Keywords: Expand admixture; ternary system; drying shrinkage; pore porosity

0 引言

自流平砂浆在使用时通常会产生收缩开裂现象，掺入膨胀剂以减小其在塑性和硬化阶段的收缩，不同种类膨胀剂的膨胀机理及膨胀发挥作用的时间有所差异。常用的膨胀剂有六方柱状或针状晶体钙矾石作为膨胀源补偿水泥基材料收缩，也有产生六方板状的CH晶体结构的膨胀源。纤维可以起到裂缝桥接的作用，聚合物纤维膨胀剂常以膨胀组分、纤维等组成，经常应用到水泥基材料中降低其开裂的风险[1-2]，不同的膨胀源对水泥基材料的性能影响差异较大[3]，尤其是水化产物差异较大[4]。

目前，膨胀剂常用于普通硅酸盐水泥基材料中，在普通硅酸盐水泥-铝酸盐水泥-硬石膏三元体系中应用较少。基于此，研究了膨胀剂掺量对普通硅酸盐水泥-铝酸盐水泥-硬石膏三元体系流动度、力学性能、收缩性能的影响。

1 原材料及试验方法

1.1 原材料

普通硅酸盐水泥，安徽海螺水泥公司生产；铝酸盐水泥，凯诺斯生产；硬石膏，宁波友基工贸有限公司生产；重钙；精选级配石英砂；缓凝剂、早强剂、膨胀剂、消泡剂、纤维素醚、减水剂和可再分散乳胶粉均为市售；自来水。

聚合物纤维膨胀剂用量分别为胶凝材料质量的0%、0.5%、1.0%、1.5%、2.0%和2.5%。

用水量为粉料质量的19%。

1.2　试验方法

1.2.1　宏观性能测试

依据《自流平砂浆》（JC/T 985—2017）中的规定方法进行流动度测试。依据《水泥胶砂强度检验方法（ISO 法）》（GB/T 17671—1999）中的规定方法进行砂浆的抗压强度、抗折强度性能试验。依据《自流平砂浆》（JC/T 985—2017）中的规定方法进行拉伸黏结强度测试。按《自流平砂浆》（JC/T 985—2017）中规定的方法进行试件制备，在标准试验条件下，达到终凝时间后即可拆模，拆模后立即测量试件长度，作为初始长度 L_0，然后将试件放置在 20℃，50％RH 环境下，在 0d、3d、7d、14d、21d 和 28d 龄期时分别测试其试件长度 L，根据相应公式计算收缩率的数值。

1.2.2　微观性能测试

将养护到龄期的样品直接切片后，立即放入样品室进行观察，采用场发射环境扫描电子显微镜（environmental scanning electron microscope，ESEM）对三元体系微观结构进行观察。利用 XCT 扫描柱状的样品，得到该样品的所有空隙，通过计算得到孔隙率，为体积百分比。

2　试验结果

2.1　流动度

表 1 显示了膨胀剂掺量不同时，三元体系的初始流动度和 20min 流动度的差异。从表 1 可以看出，不掺膨胀剂时，三元体系初始流动度为 140mm，20min 后未见有流动度损失。随着膨胀剂掺量的增加，初始流动度先降低后增加，膨胀剂掺量为 1.0％时三元体系的初始流动度最小，为 136mm，膨胀剂掺量超过 1.5％时，与未掺膨胀剂的三元体系的初始流动度持平。掺膨胀剂的三元体系 20min 后的流动度未见明显变化，且与膨胀剂的掺量并没有多大关联。

表 1　膨胀剂掺量不同时，三元体系的流动度

掺量（％）	0	0.5	1.0	1.5	2.0	2.5
初始流动度（mm）	140	140	136	140	140	141
20min 流动度（mm）	140	140	138	139	139	140

2.2　抗压强度和抗折强度

图 1 显示了膨胀剂掺量不同时，对 1d 和 28d 龄期三元体系的抗折强度和抗压强度的影响。从图 1（a）可以看出，当不加膨胀剂时，三元体系的 1d、28d 抗压强度均较高，分别超过 12MPa、25MPa。与未掺膨胀剂时相比，掺加膨胀剂后的三元体系 1d 抗压强度变化不大，28d 抗压强度有所降低，在掺量为 1.5％时，降低幅度最大，可达

10%以上。从图 1（b）可以看出，膨胀剂的掺加对三元体系抗折强度影响不大，且与龄期无关。

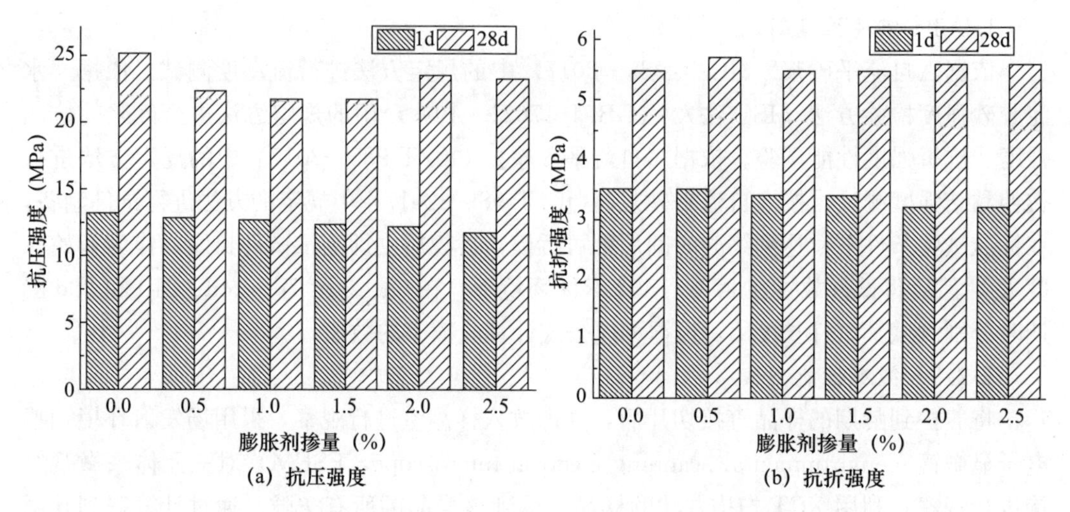

图 1　膨胀剂掺量不同时，1d 和 28d 龄期三元体系的抗压强度和抗折强度

2.3　拉伸黏结强度

图 2 显示了膨胀剂掺量不同时，三元体系的 28d 时拉伸黏结强度。从图 2 可以看出，当不掺膨胀剂时，三元体系的 28d 拉伸黏结强度可达到 1.4MPa，加入膨胀剂后，砂浆的拉伸黏结强度呈阶梯状下降。尤其是当膨胀剂掺量超过 2.0%，拉伸黏结强度只有 1.2MPa，满足《自流平砂浆》(JC/T 985—2017) 标准中垫层要求 1.0MPa。

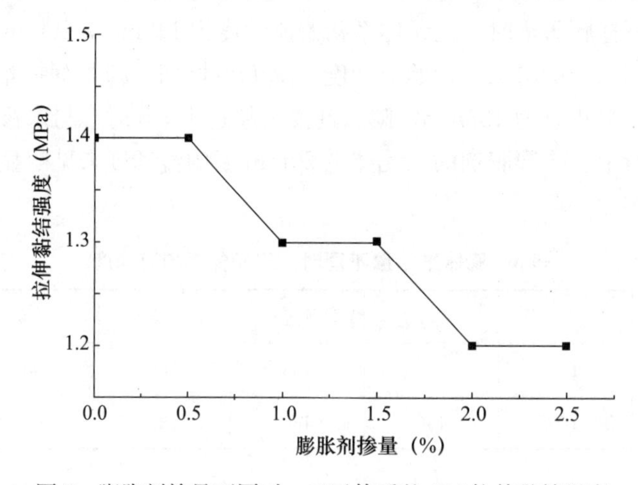

图 2　膨胀剂掺量不同时，三元体系的 28d 拉伸黏结强度

2.4　干燥收缩率

图 3 显示了在常温下，随龄期变化时，膨胀剂掺量对三元体系的干燥收缩率的影响。从图 3 可以看出，在常温下随着龄期的延长，未掺膨胀剂的三元体系干燥收缩率发

展较快，3d 龄期时，干燥收缩率迅速达到 0.04%，3d 后虽干燥收缩率发展速率有所放缓，但仍能看到有收缩不断发展，28d 时干燥收缩率大于 0.6%，且不大于 0.1%，且未达到平衡状态。

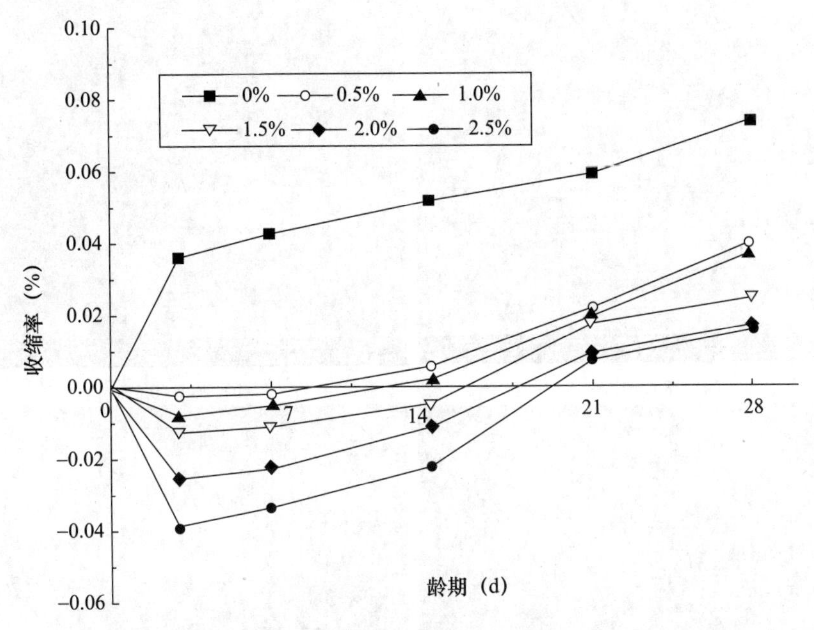

图 3　随龄期变化时，膨胀剂掺量不同时三元体系的干燥收缩率

从图 3 还可以看出，与未掺膨胀剂时相比，掺了膨胀剂的几组试件的干燥收缩率有明显不同，随着龄期的延长，在 14d 龄期前，首先表现为膨胀行为，也就是具有了补偿收缩的作用，14d 龄期后逐渐出现收缩行为，到 28d 龄期时持续收缩，未达到平衡状态，收缩率为 0.02%左右。随着膨胀剂掺量的增大，限制收缩的能力逐渐加强，当膨胀剂掺量为 2.5%时，3d 龄期的收缩率为－0.04%，直至 21d 后才逐渐表现为收缩，且随着龄期的延长砂浆持续收缩，干燥收缩率不断增长。三元体系干燥收缩率的结果与文献[2]结果略有不同，这是由于采用体系不同造成的，本文中加入了石膏类的原材料，也起到限制部分收缩的作用。

3　讨论

图 4 显示了 28d 龄期时，膨胀剂掺量不同时三元体系的 ESEM 二次电子像。从图 4（a)可以看出，未掺加膨胀剂的三元体系水化 28d 时，水化产物密集分布，簇状 C-S-H凝胶大量生成，水化产物钙矾石 AFt 搭接形成 1μm 左右的空隙或孔隙，空隙或孔隙趋于细化，结构比较致密。与未掺膨胀剂时相比，掺加膨胀剂的三元体系水化产物形貌未见明显变化，但结构致密性较差，且结构参差不齐，有明显的大空隙，结构相对疏松，目测可见在三元体系中形成了超过 2μm 的孔隙和孔洞［图 4（b)］。随着膨胀剂掺量的增加，孔隙或孔径尺寸有所增大，从图 4（e）中，还可以发现当膨胀剂掺量为 2.0%时，三元体系的水化产物可形成尺寸大于 3μm 的空隙。

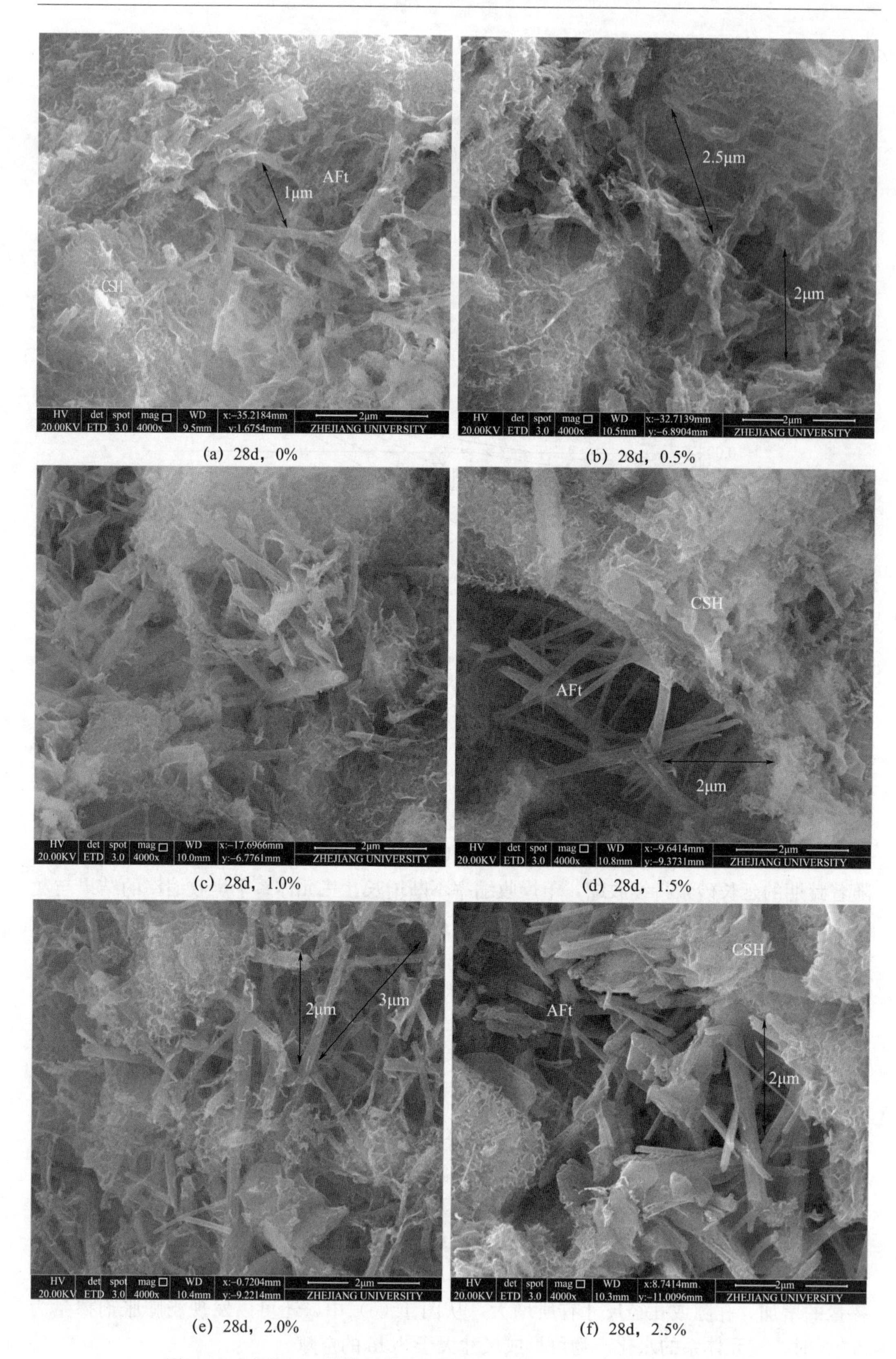

(a) 28d，0%　(b) 28d，0.5%

(c) 28d，1.0%　(d) 28d，1.5%

(e) 28d，2.0%　(f) 28d，2.5%

图 4　28d 龄期时，膨胀剂掺量不同时三元体系的 ESEM 二次电子像

表 2 显示了 28d 龄期时，膨胀剂对三元体系的体积孔隙率的影响。未掺膨胀剂时，三元体系的孔隙率为 2.58%，掺加膨胀剂后，三元体系的孔隙率明显增大，且随其掺量的增加，孔隙率呈现增大的趋势。结合图 4 中三元体系的 28d 时二次电子成像结果分析，三元体系孔隙率增加说明孔的数量有所增加，微米级别的孔径有所增多，体系中有效抵抗压力的面积相应减少，造成体系的抗压强度有所下降，印证了宏观性能。

表 2　膨胀剂剂掺量不同时三元体系的 28d 体积孔隙率

掺量（%）	0	0.5	1.0	1.5	2.0	2.5
孔隙率（%）	2.58	2.86	3.99	3.26	4.28	4.63

4　结论

（1）膨胀剂掺入到三元体系自流平砂浆，降低了砂浆的力学性能，尤其是抗压、抗折强度和拉伸黏结强度，且与龄期无关。

（2）膨胀剂引入到三元体系自流平砂浆中后，可显著抵抗砂浆一部分的干燥收缩，在 14d 前砂浆表现为膨胀行为。掺量为 2.5%时，28d 时砂浆干燥收缩率不足 0.02%。

（3）随着膨胀剂掺量的增加，砂浆 28d 的体积孔隙率明显增大，在掺量为 2.0%，体积孔隙率甚至超过 4.0%。

参考文献

[1] 叶显，吴文选，侯维红，等．膨胀剂对高强灌浆料体积稳定性的影响［J］．建筑材料学报，2018，21（6）：950-955.

[2] 彭家惠，董素芬．减缩剂和膨胀剂对水泥基自流平砂浆收缩开裂性能的影响比较研究［J］．重庆建筑，2009，8（70）：32-35.

[3] 卢京宇，王林，雍涵，等．复掺膨胀剂和纤维对混凝土性能的影响［J］．材料导报，2020，34（72）：1618-1622.

[4] 曹丰泽，阎培瑜．混凝土膨胀剂水化特性与反应产物微观形貌的研究进展［J］．电子显微学报，2017，36（2）：187-193.

白高铝基三元体系胶凝材料在砂浆中的性能分析

李　斌　何　琦

（山东圣川新材料有限公司，淄博 255000）

摘　要：本文针对白高铝基的三元胶凝材料体系的原材料分析、配比设计、物理性能及水化理论进行试验性研究，针对白色三元体系的凝结时间变化、强度发展规律以及收缩性能进行了物理试验，分别在装饰砂浆和装饰面层白色自流平砂浆中的性能进行了测试，同时也涉及水化的分析，从试验结果看，在装饰砂浆中，52.5 级的白色硅酸盐水泥和半水石膏性能更加突出，在自流平砂浆中，白色硅酸盐水泥：白高铝 F90：半水石膏的比例建议为 4：15：6，此配比下综合性能和性价比较突出。

关键词：白高铝；石膏；三元体系；自流平；面层；饰面砂浆；钙矾石

The Property and Analysis of White Calcium Aluminate base Binary Binder System in Mortar

Li Bin　He Qi

(Shandong Shengchuan New Materials Co., Ltd, Zibo 255000)

Abstract: This article focuses on the raw material analysis, formulation design, physical properties, and hydration analysis of the white high-aluminum-based ternary cementitious material system for experimental research, and focuses on the setting time testing, strength development of the white ternary system. The performance of the physical experiment was carried out, and the performance in the decorative mortar and the decorative overlayment white self-leveling mortar was tested. At the same time, the analysis of hydration was also involved. From the experimental results, 52.5 white PC in the decorative mortar. The performance of cement and semi-hydrated gypsum is more prominent. In self-leveling mortar，the ratio of white Portland cement ∶ white high alumina F90 ∶ semi-hydrated gypsum is recommended to be 4 ∶ 15 ∶ 6. With this ratio，the overall performance and cost performance are more outstanding.

Keywords：white aluminate cement；hemihydrate；ternary；elf levelling mortar；decorative render；ettringite

0　引言

随着设计人员审美水平的提升及对美观的要求日益严格，对于不同类型的装饰材料也有更高的要求。白色的自流平砂浆在设计师的眼中纯洁而典雅，在使用者眼中则清雅而平静，在砂浆配方师眼中是精雕细琢的组合。由此对于特种水泥的需要不断提升，白色的硅酸盐水泥在应用中因为便捷和性能优异已经广泛使用，在需求快硬、低收缩的场合，特种水泥的作用就得到了发挥。同样，在装饰砂浆应用中，因为颜色的高标准要求，不仅对原材料的白度要求高，同时也由于在使用时暴露在室外，经受雨水、冻融、水或水蒸气压下的环境大波动变化，因此对于材料的适用要求更高。

本文针对装饰砂浆和面层白色水泥基自流平两种应用，通过白高铝、白色硅酸盐水泥、石膏的品种变化和比例变化，来进行物理性能的测试分析。水泥基饰面砂浆和自流平砂浆的胶凝体系通常由铝酸盐水泥、硅酸盐水泥和石膏组成[1]，利用三者之间反应生成的钙矾石，可促进体系早期强度发展，补偿体积收缩[2]。

1　试验介绍

1.1　试验原材料

白色铝酸钙水泥，易诺白®Innowhite® F90（以下简称白高铝），山东圣川新材料科技股份有限公司生产；石膏：无水硬石膏（以下简称硬石膏，代号C＄Ⅱ），由二水石膏在高温煅烧而成，其中硬石膏含量＞90％；半水石膏（代号0.5C＄），半水石膏含量＞92％，市售产品；白色硅酸盐水泥：P·W 42.5级和P·W 52.5级，阿尔伯波特兰公司安庆工厂生产，化学组成和物理性能见表1、表2。部分材料的白度见表3。

表1　铝酸盐水泥化学组成　　质量分数，％

成分	Al_2O_3	CaO	SiO_2	Fe_2O_3	SO_3	MgO	碱含量
Innowhite F90	69.3	29.2	0.42	0.15	0.04	0.12	0.26

表2　铝酸盐水泥物理性能

型号	F90	P·W 42.5	P·W 52.5
密度（g/cm^3）	3.04	3.00	3.00
比表面积（m^2/kg）	428	469	318

续表

型号		F90	P·W 42.5	P·W 52.5
初凝（min）		197	150	170
终凝（min）		248	185	205
抗压强度（MPa）	6h	30.7	—	—
	1d	52.2	16.2	19.3
	3d	58.5	34.5	46.5
	28d	—	50.2	58.3

表3　水泥和石膏白度

产品	主要矿物相	颜色	亨特白度
易诺白 Innowhite F90	CA，$C_{12}A_7$	纯白色	95
白色硅酸盐水泥 42.5 级	C_3S，C_2S	纯白色	92
白色硅酸盐水泥 52.5 级	C_3S，C_2S	纯白色	89
半水石膏	$1/2CaSO_4$	纯白色	94

碳酸钙：重质碳酸钙，325 目，市售产品；级配砂：水洗天然砂，市售产品，减水剂：PC-100T，上海英衫公司，促凝剂：碳酸锂，南京耀杰公司；缓凝剂：酒石酸，南京耀杰公司；可再分散乳胶粉：Vinnapas 5010N，瓦克聚合物材料有限公司；纤维素醚：400PFV，龙湖科技公司；消泡剂：DF-08，上海英衫公司生产。

1.2　试验方法

标准试验条件、砂浆制备、性能测试参照《墙体饰面砂浆》（JC/T 1024—2019）、《地面用水泥基自流平砂浆》（JC/J 985—2005）行业标准；凝结时间测试参照《水泥标准稠度用水量、凝结时间、安定性检验方法》（GB/J 1346—2011）；砂浆强度测试参照《水泥胶砂强度检验方法（ISO 法）》（GB/J 17671—1999）；原材料密度和比表面积测试参照《水泥比表面积测定方法 勃氏法》（GB/T 8074—2008）。

2　装饰砂浆试验分析

本节针对装饰砂浆的配方设计及测试结果分析。

2.1　胶凝材料配方设计

装饰砂浆配方设计见表 4。通过配方设计，调整了 42.5 级和 52.5 级的白色硅酸盐水泥，同时调整了半水石膏和硬石膏两个不同的石膏品种，整理胶凝材料体系共 17%，在实际使用时候由于三元体系的快凝快硬原因，使用缓凝剂来调整凝结时间，其他工作性能的添加剂和胶粉合计 6.5%。

表4　装饰砂浆配方设计

代号	易诺白 F90	42.5级白普硅	52.5级白普硅	硬石膏	半水石膏	级配骨料	缓凝剂	功能添加剂	无机颜料	总量	加水量（%）
4+C$Ⅱ	100	20		50		812	1.5	6.5	10	1000	20
4+0.5C$	100	20			50	812	1.5	6.5	10	1000	20
5+C$Ⅱ	100		20	50		812	1.5	6.5	10	1000	20
5+0.5C$	100		20		50	812	1.5	6.5	10	1000	20

2.2　凝结时间

凝结时间测试结果如图1所示。从图1中可以看到，在变化白色硅酸盐水泥和石膏品种的时候，对于石膏从硬石膏变化到半水石膏时候，硬石膏的凝结时间比半水石膏长很多，多了5～6h，这个对于现场的工作时间有很大帮助。在变化硅酸盐水泥的时候，52.5级的凝结时间比42.5级的凝结时间略短。

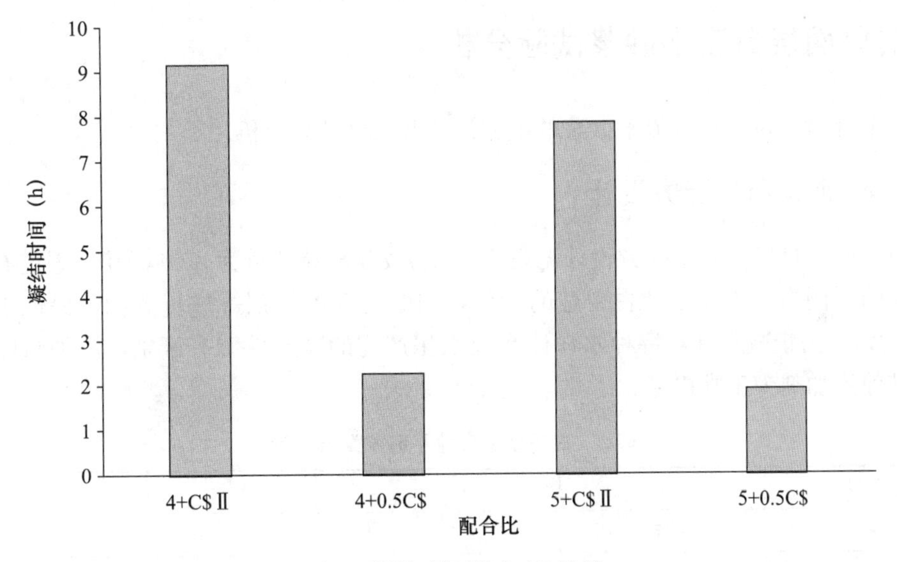

图1　凝结时间测试对比结果

2.3　拉伸黏结强度

拉伸黏结强度测试结果如图2所示。四组配方的拉伸黏结强度区别不大，在硬石膏和半水石膏的区别下，配方整体的拉伸黏结强度也保持比较高的数值，而52.5级的硅酸盐水泥比42.5级的硅酸盐水泥更接近数值，但老化循环养护条件下强度略低。整体分析，硬石膏的数值比半水石膏的数值略低，白色硅酸盐水泥的变化对整体拉伸黏结强度的数值影响不大。

因此配方中建议采用半水石膏组合三元体系，试验中采用煅烧的硬石膏，这样，其性能突出，也同样适合三元体系组合。

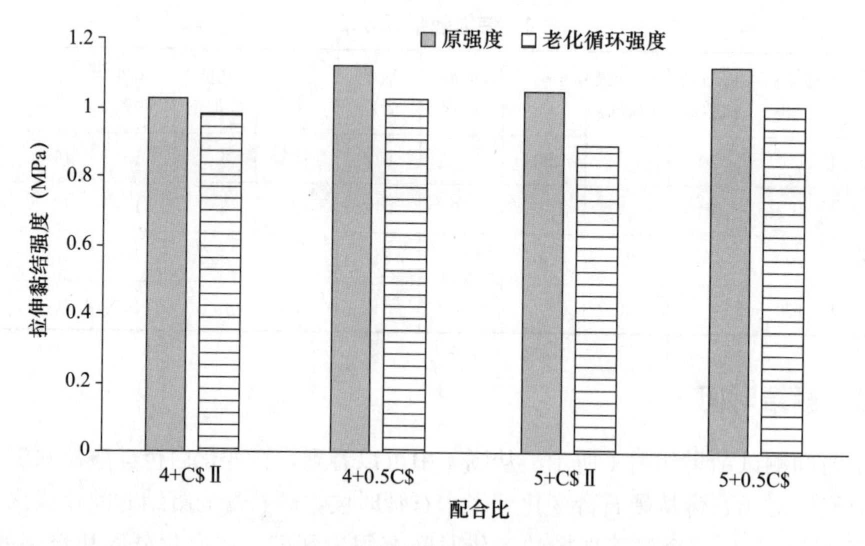

图2 拉伸黏结测试对比结果

3 白色面层自流平砂浆试验分析

本节针对白色面层自流平砂浆的配方设计及测试结果分析。

3.1 胶凝材料配方设计

白色面层自流平砂浆配方设计见表5。试验胶凝材料总量为25%，其中固定石膏和白高铝的比例为40%，变化白普硅的掺量，同时对于添加剂等进行微调，保证水量控制在20%，由于减水剂对特种水泥体系及水化产物的减水效率有区别，添加量略有增加，其他添加剂为正常掺量。

表5 白色面层自流平砂浆配方设计

原材料	F1	F2	F3	F4
易诺白®（F90）	17	15	12.5	10
52.5级白普硅水泥	1.2	4	7.5	11
半水石膏	6.8	6	5	4
白砂	57	57	57	57
重钙	15	15	15	15
胶粉（5010N）	2.5	2.5	2.5	2.5
减水剂（PC-100T）	0.15	0.15	0.15	0.15
缓凝剂酒石酸	0.08	0.08	0.08	0.08
促凝剂（碳酸锂）	0.05	0.05	0.05	0.05
稳定剂（400PFV）	0.1	0.1	0.1	0.1
消泡剂（DF-07）	0.1	0.1	0.1	0.1
水量（%）	20	20	20	20

3.2　初始流动度和 20min 流动度

初始流动度和 20min 流动度测试结果如图 3 所示。可以看出，四组配方的流动度变化不大，当铝酸盐水泥掺量从 10%增加到 17%，初始流动度变化和 20min 流动度变化均保持得很好，这是因为，在三元体系中，白高铝和添加剂的匹配性很好，同时，石膏和硅酸盐水泥对于添加剂的适应性也很重要，当减水剂选择合适，同时调整缓凝剂（酒石酸或柠檬酸等）都可以达到足够的工作时间。

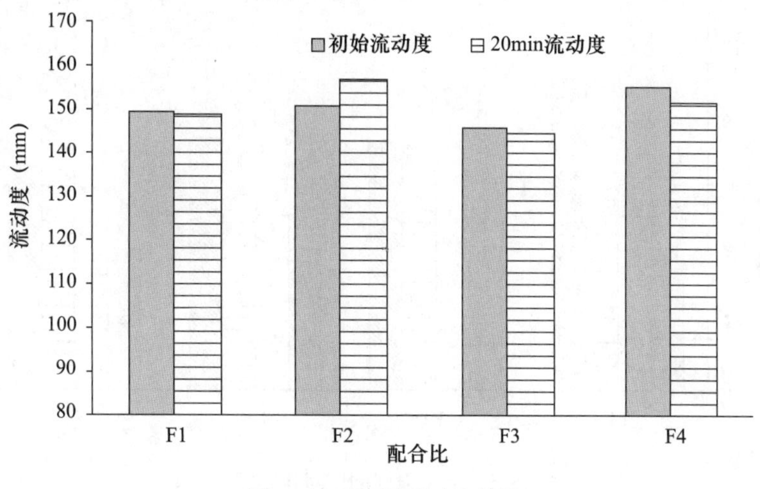

图 3　流动度测试对比结果

3.3　凝结时间

凝结时间测试结果如图 4 所示。可以看出，在凝结时间测试中，可以看到不同配比的掺量区别很大，当白高铝掺量在 10%时候，凝结时间比较长，而增加白高铝到 17%时，凝结时间相对缩短，但在最短的凝结时间出现在白高铝掺量为 15%的时候，凝结时间有大约 65min，这对于快速干燥及时硬化都有很好的帮助，因此从凝结时间来看，15%掺量的比例为最佳比例。

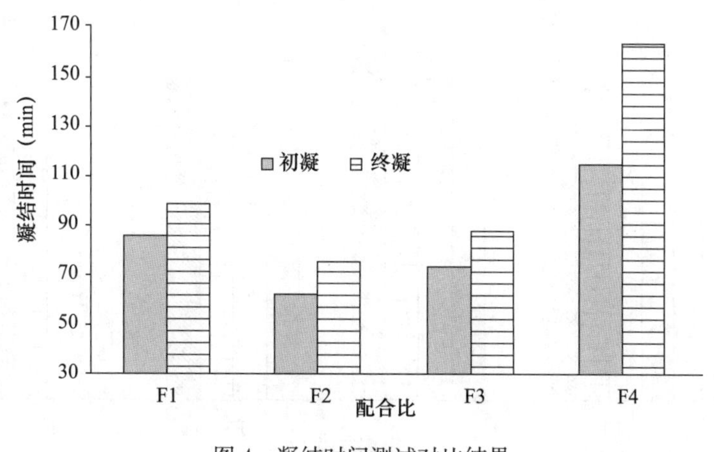

图 4　凝结时间测试对比结果

3.4 抗折强度

抗折强度测试结果如图 5 所示。可以看出，增加白普硅的掺量抗折强度有下降的趋势，同时下降更明显的是 28d 抗折强度，而 1d 和 7d 的抗折强度下降不明显。这是由于白高铝的掺量下降导致体系中钙钒石的量的降低而使强度早期生成，后期缺乏更多的来源使 28d 强度不高。

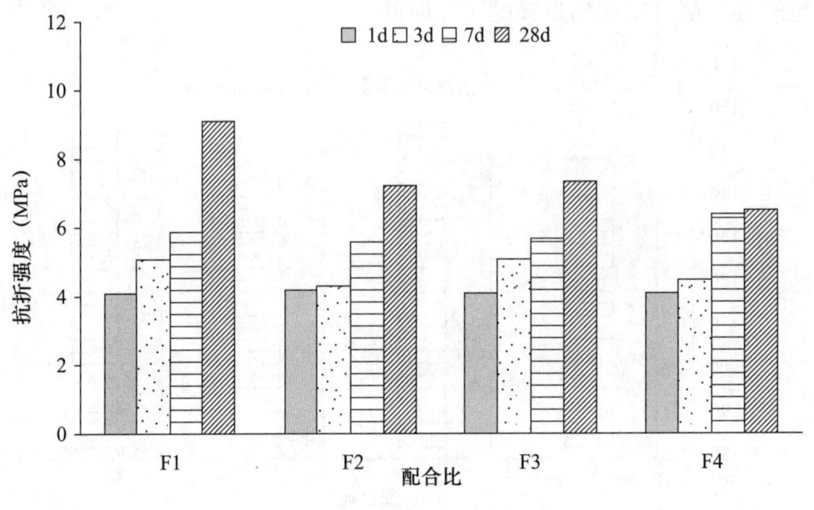

图 5　抗折强度测试对比结果

3.5 抗压强度

抗压强度测试结果如图 6 所示。可以看出，抗压强度变化出现了一致的规律，即早期强度和后期强度均有下降，伴随着白高铝掺量的下降，强度降低，而在 15%白高铝掺量情况下，强度发展规律突出，最终强度达到 38MPa，结合凝结时间和强度发展规律，15%的白高铝为最佳的掺量。

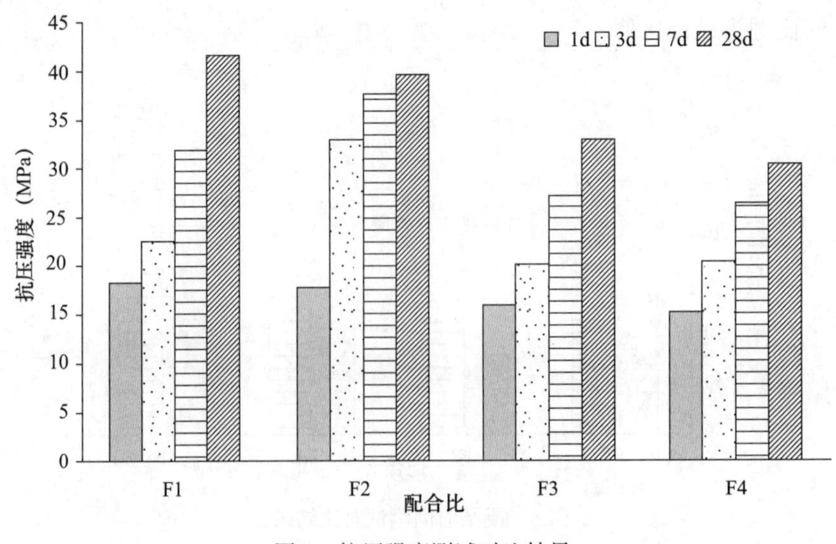

图 6　抗压强度测试对比结果

4　机理分析

本试验对比了三元体系的胶凝材料的物理性能，通过调整硅酸盐水泥、石膏、白高铝之间的比例，针对钙矾石的生成原理进行机理分析。

三元胶凝体系由硅酸盐水泥、铝酸盐水泥和石膏组成，三者之间反应形成的钙矾石是早期强度的主要来源。铝酸盐水泥与石膏反应生成钙矾石和氢氧化铝凝胶，其反应式为：

$$3CA+3C\overline{S}H_2+32H \longrightarrow C_6A\overline{S}_3H_{32}+2AH_3$$

在三元体系中，硅酸盐水泥提供了大量的氢氧化钙，能够参与反应并形成更多的钙矾石，反应式如下：

$$CA+3C\overline{S}H_2+2CH+24H \longrightarrow C_6A\overline{S}_3H_{32}$$

如果石膏掺量较少，在被耗尽之后，钙矾石又能与 CA 反应生成单硫型水化硫铝酸钙。

$$6CA+C_6A\overline{S}_3H_{32}+16H \longrightarrow 3C_4A\overline{S}H_{12}+4AH_3$$

由此可知，三元胶凝体系的水化产物有钙矾石、C-S-H 凝胶、氢氧化铝凝胶，甚至有可能有少量的低硫型水化铝酸钙等[3]。砂浆的强度发展与钙矾石的生成速度、生成量和形貌有着密切的关系，通过试验 1 看石膏的种类对钙矾石的形成有着较大的影响，这是由石膏的溶解度和溶解速率决定的[4]。但钙矾石生成量过多则会导致硬化浆体膨胀开裂、强度下降。要准确掌握钙矾石的生成量，还需要考虑硅酸盐水泥中的 C_3A 和石膏的含量，因此需要配合水化和强度发展共同分析砂浆的膨胀开裂和强度发展规律。

5　结论

（1）Innowhite®易诺白®F90 高铝水泥突出的白度高，强度好，作为白色的铝酸盐水泥适合在特种砂浆中配方使用，能够发挥高早强、低收缩和增强度的作用。

（2）在装饰砂浆中，从试验结果分析使用半水石膏时拉伸黏结强度最高，而硬石膏和 42.5 级的白普硅复合白高铝的凝结时间较长，可以达到 8h，对应用非常有帮助，同时还可以达到好的拉伸黏结强度。

（3）在装饰砂浆中，从试验数据分析，对于标准养护和老化条件养护下，拉伸黏结强度没有明显的变化，都能够满足国家标准的要求。

（4）在白色自流平砂浆中，半水石膏的掺量为白高铝的 40%，变化白高铝水泥在胶凝材料中的比例，从流动度和凝结时间数据可以看出，流动度没有明显变化，而凝结时间随着高铝量的降低出现先降低后增加的表现，最低点在 15%掺量。

（5）在强度表现中，抗折强度和抗压强度均随着白高铝的掺量降低而降低，同时在降低的比例上分析，早期强度的降低不明显，后期，尤其是 28d 强度的降低较多，这个可能和钙钒石的生成有关系，最佳的白高铝掺量也在 15%。

本试验对白高铝基的胶凝材料体系进行了对比分析，尤其针对白高铝、石膏、硅酸盐水泥的种类选择、比例变化，针对装饰砂浆和面层自流平进行初步尝试，但鉴于这两类砂浆的原材料种类繁多，品种多样，对于做出完美的产品还需要更多的试验和产品的应用场合结合，也有更多的应用方向需要更多的试验数据支持。

参考文献

[1] GASPARO A DE, KIGHELMAN J, ZURBRIGGEN R, et. al. 自流平地面砂浆的性能机理及应用 [J]. 新型建筑材料, 2006 (9): 4-7.

[2] 王培铭, 孙磊, 徐玲琳, 等. 硅酸盐水泥与铝酸盐水泥混合体系的研究和应用 [J]. 材料导报, 2013, 27 (1): 139-142.

[3] 袁润章. 胶凝材料学 [M]. 武汉: 武汉理工大学出版社, 1996, 187-194.

[4] BIZZOZERO J, GOSSELIN C, SCIVENER KL. Expansion mechanisms in calciumaluminate and sulfoaluminate systems with calcium sulfate [J]. Cement and Concrete Research. 2014, 56 (2): 190-202.

作者简介：李斌：男，博士，毕业于北京科技大学，从事铝酸盐水泥及快硬体系的胶凝材料开发及应用研究，联系方式：13811419727，电子邮箱 2558411490@qq.com。

铁尾矿砂浆薄层砌筑对蒸压砂加气混凝土砌块砌体保温性能影响的研究

肖力光[1]　邢纹浩[2]　李晶辉[1]

（1 吉林建筑大学材料科学与工程学院，长春 130118；
2 青岛北洋建筑设计有限公司，青岛 266101）

摘　要：为降低冬季采暖期蒸压加气混凝土砌块外围护结构的热量损失，节约能源消耗，利用铁尾矿砂制备出蒸压加气混凝土砌块专用薄灰缝砌筑砂浆，进行了砂浆砌筑层厚度对蒸压加气混凝土砌体的热量损耗及砌体抗压性能影响规律的研究。通过 ANSYS 有限元软件模拟，发现随着砂浆层厚度的降低，从砂浆缝中散失的热量占墙体散失热量的比例逐渐下降，从 20mm 的 27.1%降低至 2mm 的 4.9%，降幅达 81.9%，并利用蒸压加气混凝土砌块实际墙体的热工试验进行了验证。

关键词：材料学；铁尾矿砂浆；砂浆砌筑层厚度；蒸压加气混凝土砌块

The Effect of Mortar Joint on the Thermal Insulation Performance and Compression Resistance of Autoclaved Aerated Concrete Masonry

Xiao Liguang[1]　Xing Wenhao[2]　Li Jinghui

（1 School of Materials Science and Engineering，Jilin Jianzhu University，Changchun 130118；
2 Qingdao Beiyang Design Group Co.，Ltd，Qingdao 266101）

Abstract：In order to reduce the heat loss of the outer enclosure structure of autoclaved aerated concrete block in winter heating period and save energy consumption, the special thin mortar joint masonry mortar for autoclaved aerated concrete block is prepared by using iron tailings. The influence of the thickness of mortar masonry layer on the heat loss and compressive performance of autoclaved aerated concrete masonry is studied, which is simulated by ANSYS finite element software, It is found that with the decrease of the thickness of the mortar layer, the proportion of the heat lost from the mortar joint in the heat lost from the wall gradually decreases, from 27.1% of 20mm to 4.9% of 2mm, with a decrease of 81.9%. It is verified by the thermal test of the actual wall of autoclaved aerated concrete block.

Keywords: materials science; Iron tailings mortar; Thickness of mortar masonry layer; Autoclaved aerated concrete block

0 引言

铁尾矿是工业固体废弃物，我国每年排出尾矿量达5亿吨以上，堆存的尾矿量近50亿吨，尾矿的堆存不仅占用了大量宝贵土地资源，还给附近生态环境造成严重的影响并增加了维护、管理费用。铁尾矿的综合利用对治理污染、保护生态具有重要的意义。

蒸压加气混凝土砌块具有优异的保温与防火性能，质量轻、抗震性能好[1-2]、吸声效果好、绿色环保[3]、可加工性能好等优点，被广泛应用于建筑物的自保温墙体。然而，由于蒸压加气混凝土砌块与砂浆的导热系数差距过大，普通砌筑砂浆会在砂浆缝处形成具有危害性的微热桥效应[4-6]，研究薄层砌筑砂浆对蒸压加气混凝土砌块砌体保温性的影响具有重要的意义。

1 试验材料及方法

1.1 试验原材料

（1）水泥：试验采用的水泥为吉林亚泰集团生产的P·O42.5型号水泥；

（2）铁尾矿砂：采用70～90目（粒径为0.15～0.22mm）通钢集团铁尾矿砂，以50%取代等粒径的石英砂；

（3）粉煤灰：采用Ⅱ级粉煤灰（F）；

（4）矿渣微粉：采用通钢集团生产的矿渣微粉（G）；

（5）硅灰：硅灰（SF）的化学组成见表1，其相关物理性能见表2。

表1 硅灰的化学成分 %

成分	SiO_2	Al_2O_3	Fe_2O_3	CaO	MgO	SiO_3	Na_2O	K_2O	MnO	ZnO
含量	90.35	1.04	2.16	0.92	0.76	0.25	0.58	0.58	0.24	0.32

表 2　硅灰的物理性能

密度（g/cm^3）	活性指数（%）	比表面积（m^2/g）
2.35	86	17.8275

（6）硅藻土：选用吉林白山地区的二、三级低品位硅藻土，其化学组成见表 3，600℃煅烧后使用。

表 3　硅藻土化学成分　　%

成分	SiO_2	Al_2O_3	Fe_2O_3	CaO	MgO	K_2O	其他
含量	80.13	5.45	1.23	0.53	0.54	0.10	12.02

（7）其他改性材料：纤维素醚、乳胶粉；

（8）蒸压砂加气混凝土砌块：采用吉林省鹏霖新型建材科技限公司生产的 B05 级蒸压砂加气混凝土砌块，实测抗压强度为 4.5MPa，导热系数为 0.14W/(m·K)。

1.2　有限元模型

蒸压加气混凝土砌体如图 1 所示，选取图中黑框部分作为 ANSYS 模型，其中包括：一条完整的竖向灰缝，两个半块标准尺寸砌块，以及上下横向砂浆缝的各一半，结果如图 1 所示。无论模拟的墙体尺寸如何，都可以通过该模块的复制进行搭建，即该模型的传热情况代表了任何尺寸墙体的传热情况。砂浆模型砌体的缝隙厚度有四种，分别为 2mm、8mm、14mm、20mm。

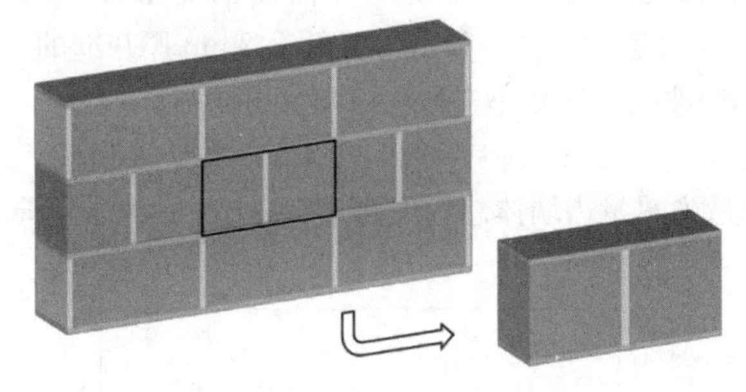

图 1　蒸压加气混凝土砌体示意图

采用 ANSYS Workbench 稳态热分析对砌体模型进行传热模拟。长春为严寒地区，据《吉林省工程地方标准公共建筑节能设计标准》（DB22/JT 149）计算得建筑物外墙厚度按 300mm 取值。据规范《民用建筑热工设计规范》（GB 50176），室内温度 t_{f1} 取 18℃，室外温度 t_{f2} 取长春市冬季室外热工计算温度 t_e 为－24.5℃。外墙内表面的对流换热系数 α_i 取 8.7W/(m^2·K)，外墙外表面的对流换热系数 α_e 取 23W/(m^2·K)。

2　试验结果与讨论

2.1　薄灰缝铁尾矿砂浆的性能

将适量水泥、粉煤灰、矿渣、硅灰、煅烧硅藻土、铁尾矿砂、石英砂、纤维素醚、乳胶粉等制备成干粉预拌砂浆，加水制成水泥砂浆标准试件，在标准条件下养护28d，测试得到其抗压强度为21.6MPa、保水率为99.6%、黏结强度为0.41MPa。

2.2 砂浆缝厚度与热量损失的有限元模拟

图2、图3分别为20mm厚普通砌筑灰缝模型与3mm厚薄灰缝砌筑模型定向（从墙内侧至墙外侧）热流密度云图，将左侧蒸压加气混凝土砌块隐藏，以便更好地观察内部灰缝热流密度分布情况。可明显看出：20mm普通灰缝的热流密度较3mm薄灰缝明显偏高，其砌块与灰缝接触的边界在灰缝影响下热流密度明显高于3mm灰缝模型砌块。

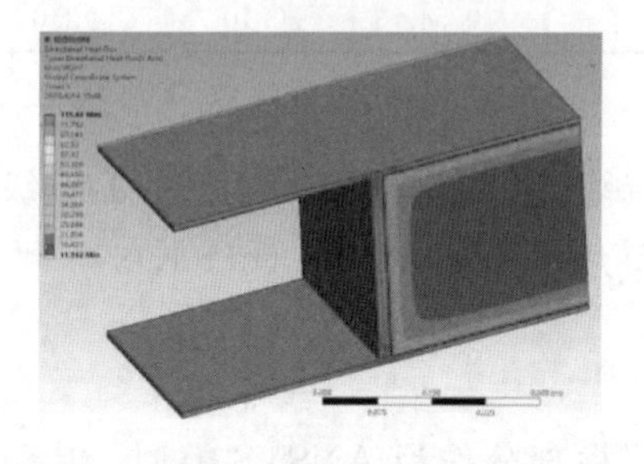

图2 20mm厚灰缝模型热流密度云图

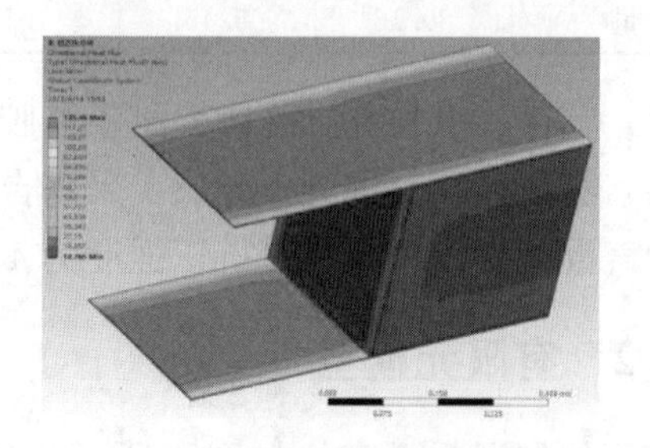

图3 3mm厚灰缝模型热流密度云图

汇总外墙不同灰缝厚度情况下，灰缝与蒸压加气混凝土砌块两种材料各自热流密度，整理计算得灰缝散失热量占墙体散失热量比例的散点图，如图4所示，从灰缝散失热量占墙体总散失热量比例随灰缝厚度的降低而明显下降，从20mm厚度灰缝的22.35%降低至3mm厚灰缝5.76%，最低可降低至2mm厚灰缝的4.65%。图中的直线为该两因素之间的回归曲线，用最小二乘法原则算得回归方程为：

$$y=0.946x+3.247$$

式中，y为灰缝散失热量占墙体总损失热量百分比；x为灰缝厚度。

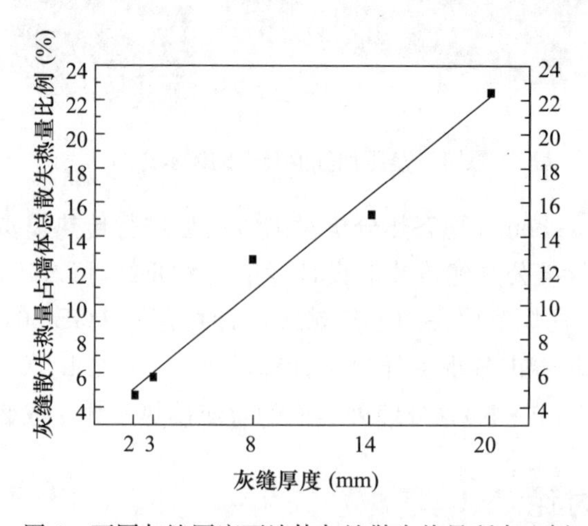

图4 不同灰缝厚度下墙体灰缝散失热量所占比例

2.3　两种灰缝砌筑的砌体的实际试验结果

现采用普通砂浆砌筑墙体以及由薄层砌筑砂浆砌筑墙体，进行墙体传热试验，试验如图 5 所示。

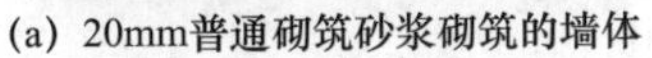

(a) 20mm普通砌筑砂浆砌筑的墙体　(b) 3mm薄灰缝砌筑砂浆砌筑的墙体

图 5　两种砂浆砌筑的墙体

将砌筑好的墙体同钢架一起推入仪器冷、热箱子间，并做好密封工作，如图 6 所示。按《绝热稳态传热性质的测定标定和防护热箱法》(GB/T 13475—2008) 中 3.4 节所要求：通常建筑应用中平均温度一般在 10～20℃，最小温差为 20℃。现设置墙体冷面温度为－10℃，热面温度为 25℃。仪器自动计算两种墙体稳态热传递试验的试验结果，见表 4。

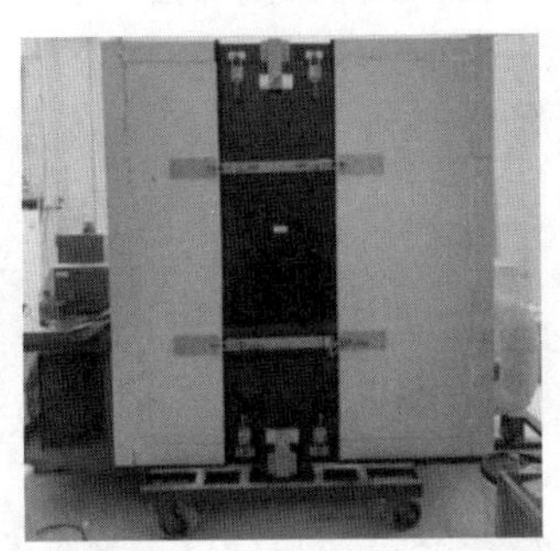

图 6　墙体稳态热传递试验仪器的组装与试验

表 4　两种墙体稳态热传递试验的试验结果

墙体砌筑类型	传热系数 [W/(m^2・K)]
普通砂浆砌筑的砌体	0.967
薄层砂浆砌筑的砌体	0.718

2.4　两种灰缝砌筑的砌体 ANSYS 有限元模拟分析

按照与实际墙体稳态热传递试验相同试验环境的思想，开展在 ANSYS Workbench 平台的稳态热模拟试验，模拟按图 7 所示，截取图中方框为模拟模型。

图 8 和图 9 为灰缝厚度为 20mm 的墙体模型以及灰缝厚度为 3mm 厚的墙体模型的砌块与“砂浆框”的热流分布情况。提取相关数据并计算的两种墙体的传热系数，见表 5。

图 7　墙体传热系数模拟试验模型选取图

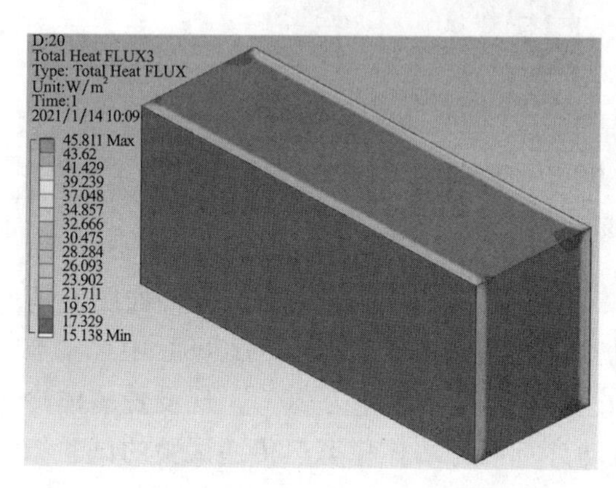

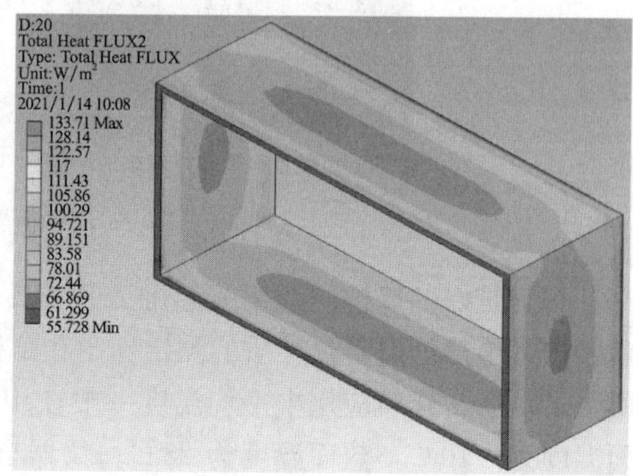

图 8　砌筑砂浆为 20mm 厚的墙体热流分布图

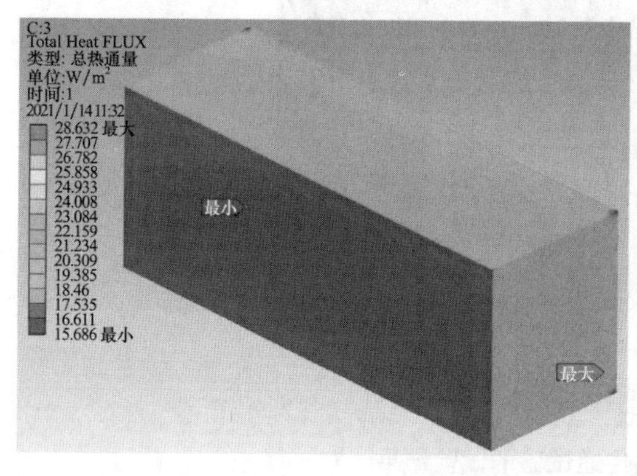

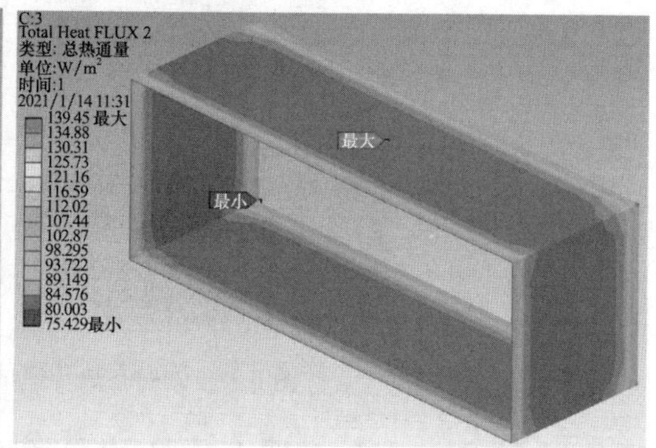

图 9　砌筑砂浆为 3mm 厚的墙体热流分布图

表 5　ANSYS 有限元模拟的两种墙体传热系数

墙体砌筑类型	传热系数［W/(m² · K)］
普通砂浆砌筑的砌体	0.868
薄层砂浆砌筑的砌体	0.672

2.5　墙体传热系数的实际试验与有限元模拟间的结果对比分析

在 ANSYS 稳态热模拟中，采用薄层砌筑砂浆砌筑的砌体拥有更低的传热系数，采用普通砌筑砂浆砌筑墙体的传热系数是采用薄层砌筑砂浆砌筑的砌体的 1.29 倍，说明灰缝厚度的确对砌体的导热系数有较大影响。墙体传热系数的实际试验结果与有限元模拟结果呈相同的规律，采用普通砌筑砂浆砌筑墙体的传热系数是采用薄层砌筑砂浆砌筑的砌体的 1.35 倍。

对比相同类型墙体的模拟结果与实际试验结果发现，普通砌筑砂浆砌筑墙体两者误差率为 11.4%，薄层砌筑砂浆砌筑的砌体两者误差率为 6.8%，两者均为实际试验结果大于模拟结果，现对出现的误差进行原因分析：

（1）材料的误差。蒸压加气混凝土砌块的导热系数会随其含水率的增加而增加，模拟所设置的砌块传热系数是在绝干状态下，而实际测试时砌块和砂浆会有一定的含水量，因此二者保温性能会有所差别。

（2）试验误差。该误差可分为两部分：砌筑误差与仪器误差。在采用 20mm 普通砌筑砂浆砌筑墙体的实际施工过程中，不可避免出现砂浆缝不均的现象，而采用薄层砌筑砂浆，则可完全忽略该现象，这也解释了，为什么模拟结果与实际试验结果对比时，薄层砌筑砂浆砌筑的砌体有更小的误差率。仪器误差是指，实际试验的仪器会因冷、热箱密封等问题出现不可避免的较小误差，仪器理论上准确率在 95%左右。

3　结论

（1）利用铁尾矿砂可以制备出性能优异的蒸压砂加气混凝土砌块专用薄灰缝砌筑砂浆。

（2）在蒸压砂加气混凝土砌块墙体中，薄灰缝砌筑砂浆的使用可使灰缝散失热量比例从 20mm 厚灰缝的 22.35%降低至 2mm 薄灰缝的 4.65%，经灰缝散失的热量与灰缝厚度呈正比关系，两者的回归曲线方程式为：$y=0.946x+3.247$。

（3）尽量减小砌筑砂浆灰缝厚度及优先选用更大尺寸的蒸压加气混凝土砌块对减少墙体热量流失有显著作用，传统常用的 20mm 厚普通砂浆与蒸压砂加气混凝土砌块间存在"热桥效应"而影响墙体保温性能，利用专用配套薄灰缝料浆砌筑能大大降低蒸压砂加气混凝土砌块外围护结构墙体的能量损失。

参考文献

［1］PACHIDEH G，GHOLHAKI M. Effect of pozzolanic materials on mechanical properties and water absorption of autoclaved aerated concrete［J］. Journal of Building Engineering，2019，26：100856.

［2］BINICI B，CANBAY E，ALDEMIR A，et al. Seismic behavior and improvement of autoclaved aerated concrete infill walls［J］. Engineering Structures，2019，193：68-81.

［3］GYURKÓ Z，JANKUS B，FENYVESI O，et al. Sustainable applications for utilization the construction waste of aerated concrete［J］. Journal of Cleaner Production，2019，230：430-444.

［4］LU J，XUE Y，WANG Z，et al. Optimized mitigation of heat loss by avoiding wall-to-floor thermal bridges in reinforced concrete buildings［J］. Journal of Building Engineering，2020，30：101214.

[5] 肖力光，邢纹浩．蒸压加气混凝土砌块薄灰缝砌筑砂浆保水性研究［J］．混凝土与水泥制品，2020（07）：26-29.

[6] 郑茂余，马继勇．灰缝对墙体能耗影响的研究［J］．哈尔滨建筑工程学院学报，1994（05）：58-63.

作者简介：肖力光，男，博士，二级教授，长期从事新型建筑材料领域研究；中国硅酸盐学会房屋建筑材料分会理事，邮箱：xlg627@163. com.

矿粉-粉煤灰对石膏基无砂自流平的影响

廖大龙　焦嘉伟　李东旭
（南京工业大学，南京 211800）

摘　要： 本文研究了不同矿粉和粉煤灰掺量对于石膏基无砂自流平流动性、力学性能、凝结水化膨胀率及耐水性能的影响。结果表明：不同掺量矿粉和粉煤灰都有利于自流平砂浆流动性能，当矿粉和粉煤灰掺量分别为 15%，30min 流动度都达到 148mm。矿粉和粉煤灰掺入都会降低无砂自流平水化膨胀率，随着粉煤灰掺量增加而降低，当粉煤灰掺量为 15%时，水化膨胀率为 0.017%。矿粉掺入有利于无砂自流平强度和耐水性，当矿粉掺量为 15%时，1d 与 7d 抗压强度分别提升 18.42%、14.70%，软化系数为 0.77。符合《石膏基自流平砂浆》（JC/T 1023—2021）的要求。
关键词： 无机非金属材料；无砂自流平；粉煤灰；矿粉

Effect of Mineral Powder-fly Ash on Gypsum-based Sand-free Self-leveling

Liao Dalong　Jiao Jiawei　Li Dongxu
（Nanjing Tech University，Nanjing 211800）

Abstract: In this paper, the effects of different doping amounts of mineral powder and fly ash on the gypsum-based sand-free self-leveling flowability, mechanical properties, condensation hydration swelling rate and water resistance performance were investigated. The results demonstrated that the different doping amounts of mineral powder and fly ash were beneficial to the flowability of the self-leveling mortar, and when the doping amounts of mineral powder and fly ash were 15% respectively, the 30min flowability both reached 148mm. both mineral powder and fly ash doping reduced the sand-free self-leveling hydration swelling rate, which decreased with the increase of fly ash doping amount, and the hydration swelling rate was 0.017% when the fly ash doping amount was 15%. Mineral powder admixture is beneficial to the strength and water resistance of sand-free self-leveling, when the admixture of mineral powder is 15%, the 1d/7d compressive strength is increased by 18.42% and 14.70% respectively, and the softening coefficient is 0.77. It meets 《gypsum-based self-leveling mortar》 (JC/T 1023—2021).

Keywords: inorganic non-metallic materials; sand-free self-leveling; fly ash; mineral powder

0　引言

近年来，自流平砂浆被公认为一种高附加值材料的新型功能性建筑砂浆。石膏基地面自流平砂浆是由石膏粉、骨料及各种建筑化学添加剂制得的室内地面找平的干粉材料，具有流动性好、施工工艺简单、施工周期短、干燥收缩小、不易开裂、保温隔热性能好、绿色环保等优点，已经成为木地板以及各种地面装饰材料首选的基层材料[1-2]。

传统石膏基自流平砂浆，大多是以河砂作为细骨料代替石膏粉料，起到促进流动度和提升强度的目的[2-4]，随着改革开放以来的大规模基础建设的进行，很多地区已出现河砂短缺乃至河帮资源枯竭的现象[5]，国内很多地方禁止开采。近几年来河砂资源少，且价格高。沙漠中的砂表面过于光滑而无法聚合在一起，而机制砂表面呈多边形结构，在高掺量情况下需要更多水量才能达到标准流动度，不利于石膏基自流平流动度，容易引入空气影响石膏自流平性能[6]。因此在当前砂子紧张的环境下，结合当今半水石膏制备技术蓬勃发展，使得为石膏基无砂自流平的发展提供原材料基础，发展无砂自流平是一种很好的选择。

粉煤灰是燃煤电厂生产的固体废弃物，粉煤灰兼具“微骨料”效应和良好的形态效应，具备良好的物理活性，以及粉煤灰颗粒表面和内部所具有的活性 Al_2O_3 和 SiO_2，在碱性条件下能够被较好激发的化学活性[7-9]。矿粉是用水淬高炉矿渣，经干燥、粉磨等工艺处理后得到的高细度、高活性粉料，是优质的混凝土掺和料，通过使用粒化高炉矿渣粉，降低水化热，减少结构早期温度裂缝，提高密实度，提高抗渗和抗侵蚀能力有明显效果[10-13]。

本研究是以矿粉和粉煤灰作为掺和料部分代替石膏，探讨矿粉-粉煤灰在石膏基无砂自流平中的流动性能、力学性能、相对线性膨胀率、耐水性，制备符合《石膏基自流平砂浆》(JC/T 1023—2021) 标准的无砂石膏基自流平材料，为石膏基无砂自流平推广提供基础，实现工业副产石膏及工业固体废物的高附加值利用。

1　试验方案

1.1　原材料

本文所用β-半水石膏来自河南盖森科技材料有限公司，其 XRD 和粒径分布图如图 1和图 2 所示。矿渣微粉为 S95 级矿渣微粉，比表面积 430～460m^2/kg，来自巩义市龙泽净水材料有限公司。粉煤灰为Ⅱ级粉煤灰，来自山西巴公发电厂。水泥为焦作千业水泥公司生产的P·O 42.5级水泥。其主要原料化学成分见表1。

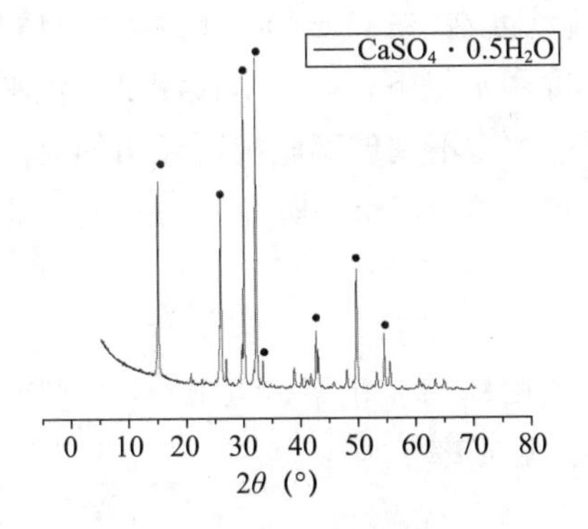

图1　β-半水石膏XRD图谱

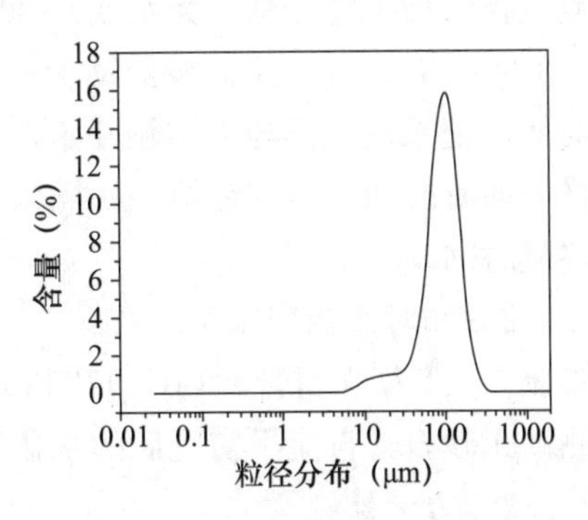

图2　β-半水石膏粒径分布图

表1　β-半水石膏、P·O 42.5水泥、矿粉、粉煤灰化学成分

原材料	SO_3	CaO	SiO_2	Al_2O_3	MgO	Fe_2O_3	烧失量
β-半水石膏	52.32	38.02	1.06	0.45	0.044	0.09	7.80
P·O 42.5级水泥	2.27	63.89	20.72	4.58	0.94	2.96	2.95
矿粉	0.15	36.89	31.33	17.32	10.39	0.459	0.22
粉煤灰	0.596	2.85	52.06	30.32	0.74	7.19	2.18

1.2　样品制备及测试方法

试验中采用脱硫石膏为主要胶凝材料，以不同质量粉煤灰和矿渣微粉替代脱硫石膏，加入一定量的水泥作为碱性激发剂和增强组分。其中石膏质量为80%，水泥为5%，矿粉和粉煤灰总量为15%。以95%石膏，5%水泥（S0）为对照组。

表2列出了本文所用的具体配合比设计，其中使用外加剂为：减水剂：0.2%；缓凝剂：0.08%；消泡剂：0.2%；400纤维素醚：0.06%；可再分散乳胶粉：0.9%。

表2　配合比设计

No.	石膏（%）	水泥（%）	矿粉（%）	粉煤灰（%）	水料比
S0	95	5	0	0	0.43
S1	80	5	15.0	0	0.43
S2	80	5	12.5	12.5	0.43
S3	80	5	10.0	10.0	0.43
S4	80	5	7.5	7.5	0.43
S5	80	5	5.0	10.0	0.43
S6	80	5	2.5	12.5	0.43
S7	80	5	0	15.0	0.43

1.2.1 流动度及凝结时间测定

根据《石膏基自流平砂浆》(JC/T 1023—2021)中规定的试验方法。配合流动度试模及测试板(面平整光洁、无水滴),测试初始流动度在(145±5)mm用水量情况下,静置(30±0.5)min,平砂浆流动度。初始流动度用水量下,以维卡仪测试自流平砂浆凝结时间,记录从试样与水接触开始,至钢针第一次碰不到玻璃底板所经历的时间,此即试样的初凝时间。至钢针第一次插入料浆的深度不大于1mm所经历的时间,此即试样的终凝时间。

1.2.2 相对线性膨胀率测定

参照《α-型高强石膏》(JC/T 2038—2010)测试体积变化率。以BX-100型变形测试仪测试无砂石膏自流平初凝后的水化后相对线性膨胀率。

1.2.3 力学性能

强度样品依据GB/T 17669.3—1999的方法成型、养护,在养护1、7d后测定石膏自流平砂浆的抗压强度、抗折强度。

1.2.4 软化系数测定

养护到一定时间时置于(45±5)℃烘箱内烘至恒重,称量绝干质量。然后浸于20℃水中至24h,用拧干的湿毛巾擦掉饱和试件表面的水分,称量饱水质量并进行强度试验测得饱水强度。饱水强度与干燥强度的比值就是软化系数。

2 结果和讨论

2.1 矿粉-粉煤灰对无砂自流平流动度及凝结时间影响

无砂自流平流动度及凝结时间如图3所示,图3(a)为石膏基无砂自流平在不同矿粉和粉煤灰掺量下流动度变化图。从图中可以看出,不同掺量矿粉和粉煤灰都有利于自流平砂浆流动性能,当矿粉和粉煤灰掺量分别为15%,30min流动度达到148mm。在相同水料比情况下,无砂自流平流动度呈现先降低后升高的趋势。原因可能是在石膏基自流平体系中,相对石膏水泥矿粉需水量较少,体系中晶体颗粒润湿后多余水分使得流动度提高。而在S1~S3试样中,矿粉质量减小,而增加的粉煤灰无法滚动。在S3~S7试样中,粉煤灰质量相对增加,其中含有大量表面光滑的球形微粒,有"滚珠"作用易于滑动,且粉煤灰的掺入能够改善脱硫石膏的粒度较集中的现象,改善胶凝体系的级配,使得无砂自流平流动度提高。图3(b)为不同试样凝结时间图,从图中可以看出初凝时间和终凝时间都表现出相似的规律,随着粉煤灰不断增加,凝结时间不断上升,相比对照组(S0),矿粉的加入缩短了凝结时间。主要原因是矿粉颗粒相对细小,与水接触反应快。同时半水石膏水化成二水石膏时间较短,水化早期粉煤灰基本未参与或只有少部分参与水化反应,粉煤灰的掺入相应降低了脱硫石膏的用量,延缓了凝结时间,同时粉煤灰的结构为空心和半空心的球形颗粒,水化过程中,能吸附在石膏颗粒表面,阻碍石膏和水的进一步反应,促使凝结时间增加。

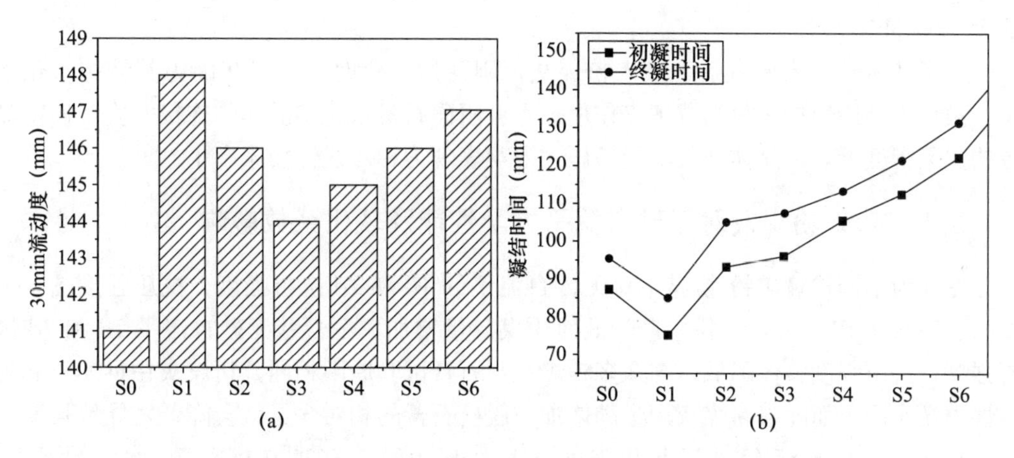

图3　矿粉-粉煤灰对无砂自流平（a）流动度及（b）凝结时间影响

2.2　矿粉-粉煤灰对无砂自流平相对线性膨胀率影响

图4为石膏基无砂自流平在初凝结后相对线性膨胀率。可以看出，相比于对照组（S0）（0.061%），掺入矿粉和粉煤灰都可以减小初凝结后水化相对线性膨胀率，而且水化膨胀率增长速度会降低，达到不同配比最大膨胀率时间延缓。而且随着粉煤灰掺量增加，相对线性膨胀率明显降低，当粉煤灰掺量为15%时（S7），水化膨胀率仅为0.017%，降低72.13%。

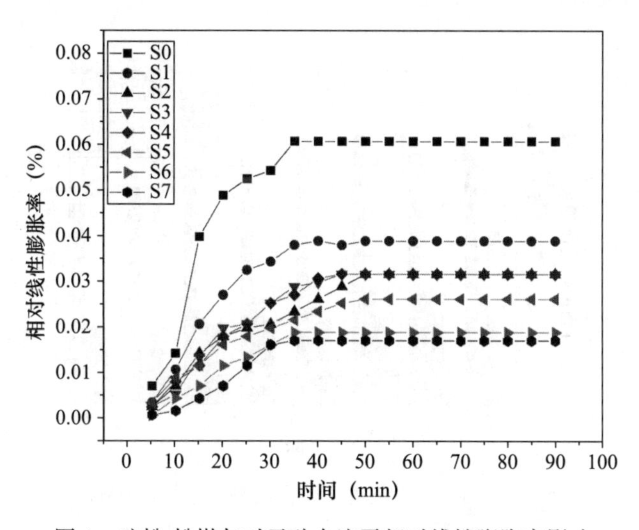

图4　矿粉-粉煤灰对无砂自流平相对线性膨胀率影响

可能是半水石膏水化形成的二水石膏晶粒生长过程中，邻近的晶粒相互挤压，向外推到更大的空间中，挤压造成晶粒畸变，硬化体体积膨胀。硬化体体积膨胀的实质是晶粒间的热力学运动，造成硬化体内形成微孔，总体积增加。同时掺入矿粉和粉煤灰能有效减缓和降低水化热，减小了水化过程中相对线性膨胀率。而矿粉粒径分布主要集中在1～35μm区间内，在凝结水化过程中，矿粉颗粒填充于石膏颗粒间隙中，减少凝结硬化后的孔隙率。同时在S1～S7中，也使得当矿粉掺量为15%时（S1），水化膨胀率相对最大（0.039%）。

石膏基无砂自流平体系中掺入粉煤灰，刚开始水化时，粉煤灰因为其结构水化缓慢，被认为是惰性掺和料起着填充作用。它会阻碍石膏水化结晶体的连接共生，使得晶体构建紧密度低，结晶体增长不受挤压，宏观表现为相对线性膨胀率小。

2.3 矿粉-粉煤灰对无砂自流平力学性能及软化系数影响

图 5 为不同掺量矿粉-粉煤灰对无砂自流平的 1d 和 7d 抗折强度、抗压强度图，由图 5 可知，从 S1～S7，矿粉掺量降低而粉煤灰量增加，石膏基无砂自流平 1d 和 7d 抗折强度、抗压强度整体降低。与众多粉煤灰与石膏试验原因相同，粉煤灰在早期只起到惰性填充作用，而随着粉煤灰用量的增加，脱硫石膏的相对含量就会降低，导致强度的损失较大，但 S1～S5 组，7d 抗压强度下降为 15.95%，说明在掺入 5%水泥情况下，水泥水化提供的 $Ca(OH)_2$，提供矿粉和粉煤灰一定的碱性环境，使得其水化。而当矿粉为 12.5%和粉煤灰为 2.5%时（S3），1d 与 7d 抗折强度、抗压强度均比 S2 高，这可能是因为在矿粉为 12.5%和 2.5%粉煤灰时，自流平砂浆中颗粒级配较好，孔隙率低，力学性能高。而矿粉大于 7.5%时，1d 和 7d 抗折强度、抗压强度均大于 S0，当矿粉掺量为 15%时，1d 和 7d 抗压强度分别提升 18.42%、14.70%。同时，硅酸盐水泥中的铝酸三钙等含铝相将水化形成高硫型的水化硫铝酸钙-钙矾石，以及矿粉在碱性环境下的水化，使得微观结构更加致密，起到了增实和增强作用，降低了石膏的孔隙率。因此，提高了石膏试样的抗折强度、抗压强度。

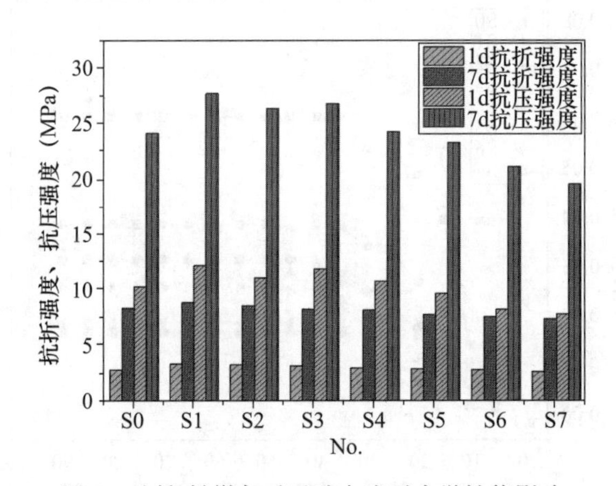

图 5　矿粉-粉煤灰对无砂自流平力学性能影响

2.4 矿粉-粉煤灰对无砂自流平耐水性能影响

由图 6 可知，自流平砂浆 7d 软化系数随着体系中矿粉减少和粉煤灰增加而下降，当矿粉掺量为 15 时软化系数最高为 0.77，同样在当矿粉为 12.5%和粉煤灰为 2.5%时（S3）软化系数均大于 0.75。这是因为矿粉颗粒相对较小，能够很好地填充在石膏晶体间隙中，减小石膏自流平材料体系的孔径，同时针状钙矾石晶体等水化产物脱硫石膏晶体错落搭接，形成较强的结构而提高硬化体的密实度，从而提高自流平砂浆的强度和软化系数，而粉煤灰阻碍二水石膏结晶体的连接共生，晶体构建紧密度低，平均孔径增大，软化系数降低。

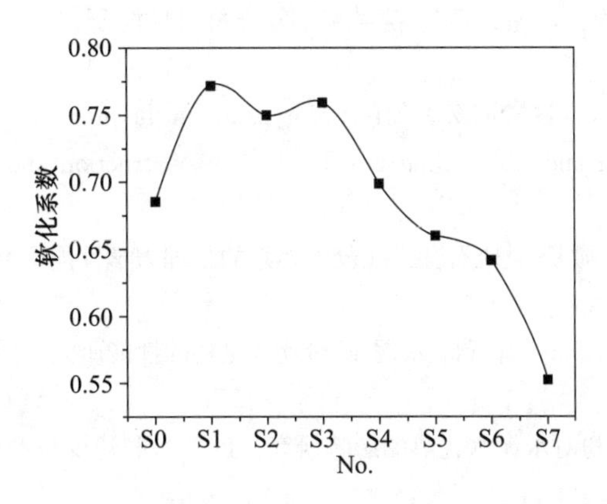

图 6　矿粉-粉煤灰对无砂自流平耐水性能影响

3　结论

（1）不同掺量矿粉和粉煤灰都有利于自流平砂浆流动性能，当矿粉和粉煤灰掺量为 15％，流动度都达到 148mm。

（2）掺入矿粉和粉煤灰都可以减小初凝结后水化相对线性膨胀率，而且水化膨胀率增长速度会降低。随着粉煤灰掺量增加，相对线性膨胀率明显降低，当粉煤灰掺量为 15％时，水化膨胀率仅为 0.017％，降低 72.13％。

（3）加入矿粉降低了石膏自流平砂浆的孔隙率，使得微观结构更加致密，起到增实和增强作用，提高了石膏试样的抗折强度、抗压强度和耐水性。

参考文献

［1］王明明，肖学党，孟旭燕．水泥掺量对石膏基无砂自流平材料性能影响的试验研究［J］．中国水泥，2021（06）：109-111.

［2］杨奇玮，杨新亚，王义恒，等．细骨料和减水剂对石膏基自流平砂浆性能影响研究［J］．新型建筑材料，2021，48（02）：88-91.

［3］M CANBAZ，T ILKER-BEKIR. A Özgün. Effect of admixture ratio and aggregate type on self-leveling screed properties［J］. Construction and Building Materials，2016，116：321-325.

［4］黄天勇，陈旭峰，章银祥，等．分级铁尾矿砂对石膏基自流平砂浆性能的影响［J］．混凝土与水泥制品，2018（07）：91-94.

［5］谢华兵．机制砂粒形与级配特性及其对混凝土性能的影响［D］．广州：华南理工大学，2016.

［6］YANG XY，LI C，WU JH. The application of blast furnace slag in cementitious self-leveling mortar［J］. Advanced Materials Research，2011，328-330：1122-1126.

［7］于水军，魏月贝，杨岱霖．基于正交试验的粉煤灰石膏基自流平砂浆性能研究［J］．硅酸盐通报，2018，37（10）：3217-3222.

[8] 张翔，何廷树，何娟．硅酸盐水泥-粉煤灰-脱硫石膏复合材料的性能研究［J］．硅酸盐通报，2014，33（04）：796-799.

[9] 李书琴，刘利军，王珍吾，等．石膏-粉煤灰基复合材料性能研究［J］．硅酸盐通报，2010，29（06）：1484-1487.

[10] HAN FH，ZHOU Y，ZHANG ZQ. Effect of gypsum on the properties of composite binder containing high-volume slag and iron tailing powder［J］. Construction and Building Materials，2020，252：119023.

[11] 刘晓轩．粉煤灰-矿渣微粉-脱硫石膏三元胶凝体系的物理力学性能研究［J］．粉煤灰，2016，28（06）：1-4.

[12] 贺行洋，代飞，苏英，等．磷石膏-水泥-矿粉复合材料的性能研究［J］．硅酸盐通报，2017，36（08）：2673-2677.

[13] 蒋春祥．粉煤灰和矿粉对水泥水化热的影响研究［J］．水利建设与管理，2011（7）：76-78.

作者简介：廖大龙，男，硕士研究生，主要从事石膏基自流平材料方面的研究。E-mail：201961203175@njtech. edu. cn。

通信作者：李东旭，男，教授，博士生导师，E-mail：dongxuli@njtech. edu. cn。

沸石和稻壳灰对苯丙共聚物/水泥复合胶凝材料凝结时间及早期强度的影响

王　茹　郭川川　王高勇
（先进土木工程材料教育部重点实验室，
同济大学材料科学与工程学院，上海 201804）

摘　要：本文以苯丙共聚物/水泥复合胶凝材料为空白样，对比研究了分别单掺5%沸石和10%稻壳灰对复合胶凝材料凝结时间和早期强度的影响，并通过等温量热法分析其对水化热的影响，最后通过XRD半定量分析法分析了沸石和稻壳灰对复合胶凝材料早期水化产物的影响，并在此基础上讨论了二者对复合胶凝材料凝结时间和早期强度的影响机理。结果表明，两种矿物外加剂均能促进胶凝体系的凝结，提高早期强度。沸石以其低掺量占优，但早期水化放热量大，而稻壳灰在早期强度方面有一定优势。此外，二者促凝机理有所差异：沸石主要是促进了AFt的生成，促进途径有两种，一是促进了C_3A的水化，二是沸石本身能与CH及石膏反应生成AFt；而稻壳灰主要是促进了C_3S的水化。

关键词：水泥；苯丙共聚物；沸石；稻壳灰；凝结时间；早期强度

Effects of Zeolite and Rice Husk Ash on the Setting Time and Early-strength of Styrene-Acrylicester Copolymer/Cement Composite Cementitious Material

Wang Ru　Guo Chuanchuan　Wang Gaoyong
(Key Laboratory of Advanced Civil Engineering Materials of Ministry of Education, School of Materials Science and Engineering, Tongji University, Shanghai 201804)

Abstract: This paper studied the effects of 5% zeolite and 10% rice husk ash (RHA) on the setting time and early-strength of styrene-acrylic ester copolymer/cement composite cementitious material. Isothermal calorimetry was used to measure the heat of hydration. Meanwhile, the effects of zeolite and RHA on the early hydration products of the samples were analyzed by XRD semi-quantitative analysis, and on this basis, the influence mechanism of them on the setting time and early strength was discussed. Studies have found that both mineral admixtures can reduce the setting time and improve the early strength of styrene-acrylic ester copolymer/cement composite cementitious material. Zeolite sample is dominated by its low content, but its early hydration heat is higher, while RHA sample has a certain advantage in the early strength. In addition, the influence mechanisms of the two additions are different. Zeolite mainly promotes the formation of AFt. There are two ways to promote it. One is to promote the hydration of C_3A, and the other is that zeolite itself can react with CH and gypsum to form AFt. While RHA mainly promotes the hydration of C_3S.

Keywords: cement; styrene-acrylic ester copolymer; zeolite; rice husk ash; setting; early-strength

0 引言

硅酸盐水泥作为砂浆和混凝土材料中最基本的胶凝材料，以其诸多优点在各类建筑工程中被广泛应用。但在实际应用中仍然存在一些缺陷，如脆性大、韧性不足，这在一定程度上限制了它在某些条件下的应用。为此，如何改性水泥基材料的韧性成为人们广泛关注的焦点。而在众多改性方法中，聚合物的使用不仅解决了水泥基材料脆性大、韧性不足的问题，还在混凝土修复、防水和保温等方面取得了一定的突破[1-5]。但同样也带来了一个不容忽视的缺陷，即凝结硬化时间被延长[6-7]。大多数聚合物的掺入都会延迟水泥的凝结硬化过程，导致凝结时间大幅度增加，而矿物外加剂的加入能够促进水泥基材料的凝结硬化。前期研究表明[8-11]，沸石（Zeolite，Z）和稻壳灰（Rice Husk Ash，RHA）能够促进聚合物/水泥复合胶凝材料的凝结，并产生优于聚合物/水泥复合胶凝材料的早期强度，且沸石和稻壳灰掺量分别占水泥质量的5%和10%时，胶凝体系性能较佳。本文在前期研究基础上，对比分析了分别单掺5%沸石和10%稻壳灰对苯丙共聚物/水泥复合胶凝材料凝结时间和早期强度的影响，并通过等温量热法分析其对水化热的影响，最后通过XRD半定量分析法分析了沸石和稻壳灰对复合胶凝材料早期水化产物的影响，讨论了二者对复合胶凝材料凝结时间和早期强度的影响机理。

1 试验

1.1 试验原料

试验用P·Ⅱ52.5R硅酸盐水泥，其化学和矿物组成分别见表1和表2，水泥比表面积和平均粒径分别为 372.5m^2/kg 和 8.5μm。苯丙乳液平均粒径为 0.2μm，pH 值为 7.0～8.5，最低成膜温度为 1℃，玻璃化转变温度为－6℃，固含量为（57±1）%，黏度为 300～750mPa·s。

表 1　P·Ⅱ52.5R 硅酸盐水泥的化学组成　　质量分数，%

成分	CaO	SiO_2	Al_2O_3	Fe_2O_3	MgO	SO_3	K_2O	Na_2O	TiO_2	f-CaO
比例	62.1	20.7	4.76	3.33	1.20	2.57	0.85	0.33	0.26	0.28

表 2　P·Ⅱ52.5R 硅酸盐水泥的矿物组成　　质量分数，%

成分	C_3S	C_2S	C_3A	C_4AF	$CaSO_4$
比例	61.36	13.14	6.98	10.12	4.36

沸石（化学式为 $Na_2O \cdot Al_2O_3 \cdot xSiO_2 \cdot yH_2O$）粒径主要分布在 48～75μm。稻壳灰（RHA）为实验室制备，主要成分为活性 SiO_2，颗粒粒径在 37～48μm 之间。试验用水为去离子水。

1.2　试验配比及拌和方法

试验水灰比（水与水泥的质量比）固定为 0.4，聚灰比（聚合物与水泥的质量比，聚合物质量以乳液的固含量计）固定为 0.1。沸石和稻壳灰在苯丙共聚物/水泥复合胶凝材料中的掺量（相对于水泥质量）分别为 5%和 10%。将两种样品分别命名为 Z-5 和 RHA-10。

拌和方法：称量好一定质量的苯丙乳液，在搅拌锅里与水混合均匀，再将拌和好的干混水泥基材料倒入搅拌锅进行搅拌，先慢速搅拌 120s、停 15s、再快速搅拌 120s，得到的浆体用于测定凝结时间和抗压强度。

1.3　试验方法

凝结时间：参照《水泥标准稠度用水量、凝结时间、安定性检验方法》（GB/T 1346—2011）进行，水灰比为 0.4。

抗压强度：将拌和好的胶凝材料装入 20mm×20mm×20mm 的模具中，人工振动 10 次，随后将试样放入 20℃、RH（90±5）%的养护室内养护。24h 后脱模，脱模后按照龄期进行测试或在 20℃、RH（90±5）%的养护条件下继续养护，养护龄期为 24h、36h、48h、60h 和 72h，至规定龄期用强度压力机测试抗压强度。

水化热：使用等温微量热仪（TAM Air 08 Isothermal Calorimeter）测量水化热。测量条件设定为：测试温度为（20±0.1）℃，1min 记录一次数据，测量时间为 3d。

XRD：取水化 1h、6h、12h、24h、48h、72h 样品，在相应龄期立即用无水乙醇终止水化，并在 40℃真空干燥箱中干燥 24h，将样品研磨成粉状用 70μm 标准筛过筛，取细粉用于 XRD 测试。XRD 采用 Rigaku D/max 2550 VB3+/PC 型 X 射线粉末多晶衍射仪。以 CuKα 为辐射源，镍滤波片，工作电压 40kV，工作电流 200mA，分别在 2θ 为 8°～13°、17°～19°和 30°～36°范围内进行步进扫描，步长 0.02°，扫描停留时间 4s。

2 结果与讨论

2.1 凝结时间

空白样、Z-5和RHA-10复合胶凝材料的初终凝时间如图1所示。可以看出，沸石和稻壳灰的加入均对复合胶凝材料产生了促凝效果。空白样初终凝时间分别为360min和545min。当单掺5%沸石或10%稻壳灰时，其各自对应体系的初终凝时间较空白样分别缩短了68%、51%和75%、60%。而且矿物掺和料改性后的胶凝材料，其凝结时间符合普通水泥对于凝结时间的要求。相比而言，两种矿物外加剂所达到的调凝效果较为接近，但掺量不同，综合来看沸石效率更佳。

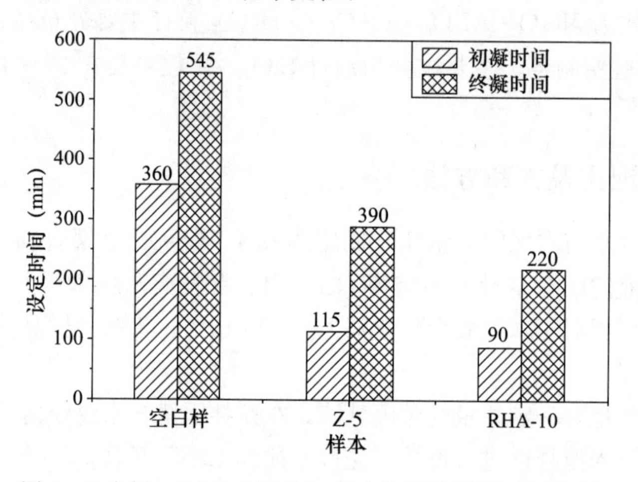

图1　空白样、Z-5和RHA-10复合胶凝材料的初终凝时间

2.2 早期强度

图2是空白样、Z-5和RHA-10复合胶凝材料的早期强度。由图可知，三个样品的抗压强度均随养护龄期的增加而增大。但是在不同的养护龄期下，Z-5和RHA-10样品的抗压强度明显高于空白样，特别是在养护至24h时，两种掺矿物外加剂改性胶凝材料的抗压强度是空白样的2.5倍还要多。可见，分别单掺沸石和稻壳灰均提高了复合胶凝材料的早期强度，特别是24h强度。同时，稻壳灰样品在整个龄期内的强度略高于沸石样品，但其掺量较高。

2.3 水化热

图3为空白样、Z-5和RHA-10胶凝材料的水化放热速率和累积放热曲线。可以看出，空白样大致可以分为四个水化阶段：Ⅰ．诱导前期（0～3h）；Ⅱ．诱导期（3～5.5h）；Ⅲ．加速期（5.5～26h）；Ⅳ．减速及稳定期（26h～）。同样地，Z-5和RHA-10也可以分为四个水化阶段，但不同的是，二者的诱导前期、诱导期和加速期均被缩短了。首先，诱导前期持续时间：空白样（3h）＞RHA-10（2.5h）＞Z-5（2h）；其

次，诱导期持续时间：空白样（2.5h）>RHA-10（1h）>Z-5（0.5h）；最后，加速期持续时间：空白样（20.5h）>RHA-10（14h）>Z-5（8.5h）。另外，从累积放热曲线可以看出，在水化前72h，累积放热量总出现Z-5>RHA-10>空白样的趋势。可见，沸石和稻壳灰的加入均能缩短苯丙共聚物/水泥复合胶凝材料的水化诱导前期、诱导期和加速期，但效果不同，Z-5缩短效果更显著。而且在水化前72h，Z-5的水化放热总量总是大于RHA-10。

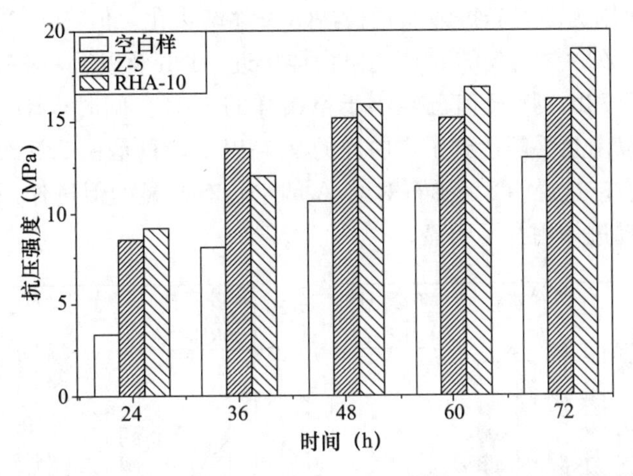

图2　空白样、Z-5和RHA-10复合胶凝材料的早期强度

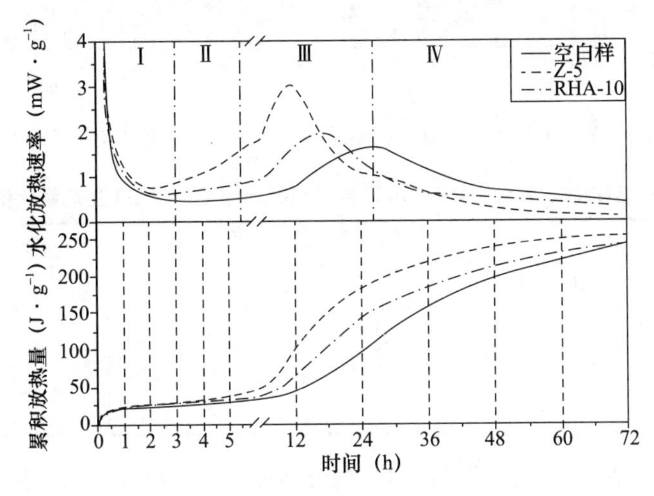

图3　空白样、Z-5和RHA-10胶凝材料的水化放热速率和累积放热曲线

2.4　水化产物及熟料矿物

硅酸盐水泥水化初期，主要是熟料矿物 C_3A 和 C_3S 的水化。因此，本文在研究沸石和稻壳灰对苯丙共聚物/水泥复合材料早期水化的影响时，主要关注 C_3A、AFt、C_3S 和 $Ca(OH)_2$（CH）在不同龄期下相对含量的变化。据文献[8,12]报道，C_3A、AFt、C_3S 和CH分别在XRD曲线上 2θ 角为33.2°、8.9°、32.1°和18°处出现比较独立的特征衍射峰。所以，文章采用XRD分别在 2θ 为8°～13°、17°～19°和30°～36°范围内对相应龄期

的试样进行步进扫描，并借助 Jade 6.5 分析软件半定量各物质相对含量。通过 Jade 6.5 得出各物质峰的积分强度 I_{integ}，并可据此计算出掺矿物外加剂的复合胶凝材料与空白样中各晶相生成量在对应水化龄期上的比值 R，以此判断相对含量[8]。

2.4.1 沸石和稻壳灰对 C_3A、AFt 的影响

空白样、Z-5 和 RHA-10 复合胶凝材料中 C_3A、AFt 特征衍射峰积分强度 I_{integ} 和其晶相生成量比值 R 分别见图 4 和表 3。可以看出，C_3A 特征峰积分强度随养护龄期延长而逐渐降低，这是因为随着养护龄期延长，C_3A 逐渐水化。但三个样品水化程度不同，1h 和 6h 时，样品 Z-5 中 C_3A 的 R 值与空白样接近，12h 及以后，Z-5 中 C_3A 的 R 值明显低于空白样，至 72h，其 R 值已经小于空白样的 30%。同时，RHA-10 样品中 C_3A 的 R 值在 48h 及以内几乎都达到了空白样的 90%以上，只是在 72h 时其 R 值才下降到空白样的 65%左右。这说明 5%沸石对 C_3A 的水化有明显的促进作用，而 10%的稻壳灰对 C_3A 的水化促进作用并不明显。

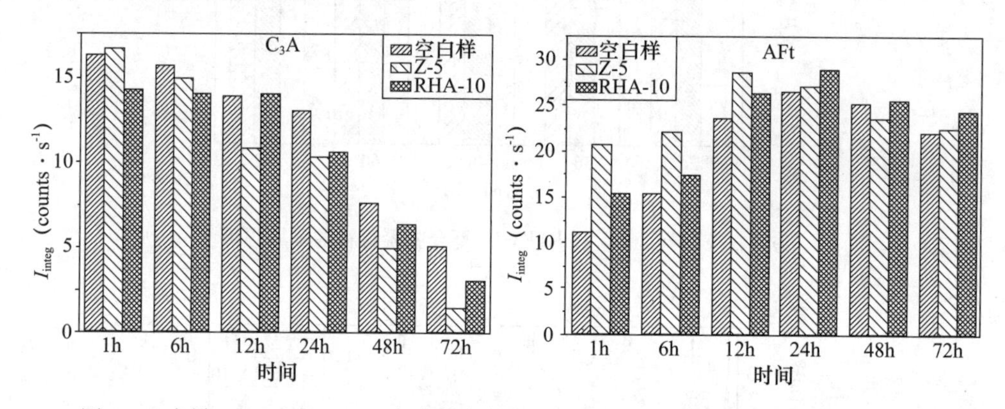

图 4 空白样、Z-5 和 RHA-10 复合胶凝材料中 C_3A、AFt 特征衍射峰积分强度 I_{integ}

表 3 空白样、Z-5 和 RHA-10 复合胶凝材料中 C_3A、AFt 生成量比值 R

水化时间	1h		6h		12h		24h		48h		72h	
	C_3A	AFt	C_3A	AFt	C_3A	AFt	C_3A	AFt	C_3A	AFt	C_3A	AFt
空白样	1.00	1.00	1.00	1.00	1.00	1.00	1.00	1.00	1.00	1.00	1.00	1.00
Z-5	1.08	1.95	1.00	1.51	0.82	1.27	0.83	1.08	0.69	0.98	0.29	1.06
RHA-10	0.96	1.53	0.98	1.25	0.91	1.23	0.89	1.20	0.91	1.11	0.66	1.20

另外，三个样品中 AFt 的特征衍射峰积分强度 I_{integ} 均出现了随养护龄期先增加后降低的趋势，先增加主要是因为 C_3A 水化生成了 AFt，后降低是因为钙矾石开始分解成 AFm。但是，相比于空白样，Z-5 样品中 AFt 的 R 值在 1h 和 6h 明显较高，随后逐渐趋于与空白样一致。而 RHA-10 样品除了 1h 时 AFt 的 R 值约为空白样的 1.5 倍，其余养护期几乎是空白样的 1.2 倍。这说明沸石和稻壳灰均加速了 AFt 的生成，且沸石加速效果更加明显，这可能与沸石中含有较多活性 Al_2O_3 有关，与 C_3A 相似能够生成较多的 AFt。

2.4.2 沸石和稻壳灰对 C_3S、CH 的影响

空白样、Z-5 和 RHA-10 复合胶凝材料中 C_3S、CH 特征衍射峰积分强度 I_{integ} 和其

晶相生成量比值 R 分别见图 5 和表 4。可以看出，三个样品中 C_3S 的特征衍射峰积分强度 I_{integ} 随着养护龄期的增加而降低，主要是由 C_3S 水化引起的。但从三者的 R 值对比来看，沸石和稻壳灰的加入导致 C_3S 的水化程度不同，整体而言，沸石和稻壳灰均加速了 C_3S 水化，但稻壳灰加速效果更加明显。这也是为什么掺稻壳灰样品在不同龄期强度较高的原因。

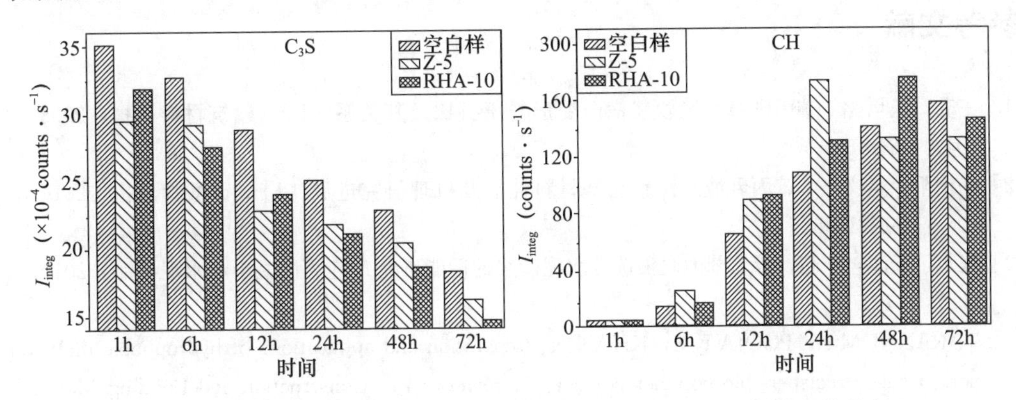

图 5　空白样、Z-5 和 RHA-10 复合胶凝材料中 C_3S、CH 特征衍射峰积分强度 I_{integ}

表 4　空白样、Z-5 和 RHA-10 复合胶凝材料中 C_3A、AFt 生成量比值 R

水化时间	1h		6h		12h		24h		48h		72h	
	C_3S	CH	C_3S	CH	C_3S	CH	C_3S	CH	C_3S	CH	C_3S	CH
空白样	1.00	1.00	1.00	1.00	1.00	1.00	1.00	1.00	1.00	1.00	1.00	1.00
Z-5	0.88	0.91	0.94	1.93	0.83	1.43	0.92	1.68	0.94	0.98	0.92	0.89
RHA-10	1.00	0.99	0.92	1.34	0.91	1.6	0.93	1.33	0.89	1.36	0.88	1.06

此外，空白样中 CH 的 I_{integ} 值随养护龄期的增加而增加，但 Z-5 和 RHA-10 样品中 CH 的 I_{integ} 值却呈现出随养护龄期先增加后降低的趋势。且 Z-5 在水化 24h 时产生最高值，而 RHA-10 则在 48h 出现最大值。研究显示[10-11]，改性复合胶凝材料中，若 CH 的生成速率大于矿物外加剂消耗 CH 速率，则 CH 的生成量随时间累积增加；而当胶凝材料水化到一定程度，CH 的消耗速率大于生成速率时则其总生成量随时间下降。结合本研究，CH 的生成主要来源于 C_3S 的水化，而消耗则源于沸石或稻壳灰与 CH 发生的火山灰反应，所以才造成 Z-5 和 RHA-10 样品中 CH 的 I_{integ} 值呈现出随养护龄期先增加后降低的趋势。

3　结论

单掺沸石和稻壳灰不仅能促进苯丙共聚物/水泥复合胶凝材料的凝结，还能提高早期强度。沸石以其低掺量占优，但早期水化放热量大，而稻壳灰在强度方面有一定优势。

沸石和稻壳灰都能促进苯丙共聚物/水泥复合胶凝材料的早期水化，缩短水化诱导前期、诱导期及加速期，增大水化加速期的最大水化放热速率，且沸石效果更加明显。

从反应机理来看，沸石主要是促进了 AFt 的生成，促进途径有两种，一是促进了 C_3A 的水化，二是沸石本身能与 CH 及石膏反应生成 AFt；而稻壳灰主要是促进了 C_3S 的水化。同时，沸石和稻壳灰在复合胶凝体系中都会产生火山灰活性，从而增加体系强度。

参考文献

[1] 王茹，王培铭．苯丙乳液水泥砂浆横向变形与压折比及其关系［J］．建筑材料学报，2008，11（04）：464-468.

[2] 衡艳阳，赵文杰．苯丙乳液改性水泥基材料性能及机理研究进展［J］．硅酸盐通报，2014，33（06）：1431-1438.

[3] 张水，于洋，宁超，等．苯丙乳液改性水泥砂浆的性能研究［J］．混凝土与水泥制品，2010，37（02）：9-12.

[4] TARANNUM N，POOJA KM，KHAN R. Preparation and applications of hydrophobic multicomponent based redispersible polymer powder：A review［J］. Construction and Building Materials，2020，247：118579.

[5] WANG R，ZHANG L. Mechanism and Durability of Repair Systems in Polymer-Modified Cement Mortars［J］. Advances in Materials Science and Engineering，2015，2015：1-8.

[6] QU X，ZHAO X. Influence of SBR latex and HPMC on the cement hydration at early age［J］. Case Studies in Construction Materials，2017，6：213-218.

[7] KONG X，EMMERLING S，PAKUSCH J，et al. Retardation effect of styrene-acrylate copolymer latexes on cement hydration［J］. Cement and Concrete Research，2015，75：23-41.

[8] WANG R，WANG G. Influence and mechanism of zeolite on the setting and hardening process of styrene-acrylic ester/cement composite cementitious materials［J］. Construction and Building Materials，2016，125：757-765.

[9] 王茹，王高勇，张韬，等．稻壳灰在丁苯聚合物/水泥复合胶凝材料凝结硬化过程中的作用［J］．硅酸盐学报，2017，45（02）：190-195.

[10] 王茹，张绍康，王高勇．沸石对丁苯共聚物/水泥凝结硬化及早期水化的影响［J］．建筑材料学报，2018，21（02）：179-184+201.

[11] 王茹，张绍康，王高勇．矿物外加剂对丁苯聚合物/水泥复合胶凝材料凝结硬化过程的影响及机制［J］．材料导报，2017，31（24）：69-73+95.

[12] KAPELUSZNA E，KOTWICA Ł，MALATA G，et al. The effect of highly reactive pozzolanic material on the early hydration of alite-C_3A-gypsum synthetic cement systems［J］. Construction and Building Materials，2020，251：118879.

基金项目：国家自然科学基金（51872203）

作者简介：王茹，女，博士生导师，教授，主要从事聚合物水泥基复合材料、辅助胶凝材料方面的研究。邮箱：ruwang@tongji. edu. cn。

季节循环养护下聚合物改性砂浆与瓷质砖的黏结性能

李　磊　王　茹*
（同济大学材料科学与工程学院，先进土木工程材料教育部
重点实验室，上海 201804）

摘　要：模拟了六种季节循环养护条件，研究不同条件下不同掺量VAE和SAE乳胶粉改性砂浆与涂覆瓷砖背胶的瓷质砖的黏结性能发展。结果表明，两种乳胶粉改性砂浆黏结强度随掺量变化表现出一定的差异性，但在多数养护条件下，乳胶粉掺量越高砂浆黏结强度越大；两种改性砂浆黏结强度大小关系受养护条件和乳胶粉掺量共同影响，多数养护条件下呈现交替性变化且差值不大，未表现出显著强度优劣势；两种乳胶粉改性砂浆均表现出在高温高湿至低温低湿的养护中强度最高，在高温低湿至低温低湿的养护中强度最低。此外，还给出了一些实际施工中关于施工季节和乳胶粉选择的建议。
关键词：季节循环养护；拉伸黏结强度；瓷质砖；乳胶粉；砂浆

Adhesive Property Between Polymer Modified Mortar and Ceramic Tile under Seasonal Cyclic Curing

Li Lei　Wang Ru*
(Key Laboratory of Advanced Civil Engineering Materials of Ministry of Education, School of Materials Science and Engineering, Tongji University, Shanghai 201804)

Abstract: Six seasonal cyclic curing conditions were simulated to study the adhesive property between modified mortar with different contents of VAE and SAE latex powder and ceramic tiles coated with ceramic tile back glue under different conditions. The results show that the bond strength of the two kinds of latex powder modified mortar varies with the content, but under most curing conditions, the higher the content of latex powder, the greater the bond strength of mortar. The bond strength of the two modified mortars is affected by the curing conditions and the content of latex powder at the same time. Under most curing conditions, it shows alternating changes and little difference, and does not show significant strength advantages and disadvantages. The two kinds of latex powder modified mortar have the highest strength in the curing condition from high temperature and high humidity to low temperature and low humidity, and the lowest strength in the curing condition from high temperature and low humidity to low temperature and low humidity. In addition, some suggestions on construction season and latex powder selection in practical construction are also given.

Keywords: seasonal cyclic curing; tensile bond strength; ceramic tile; latex powder; mortar

1 引言

内外墙瓷砖脱落的现象时有发生，造成建筑物损坏和美观度下降的同时，会产生一定的安全风险。瓷砖与墙体多用瓷砖胶黏结，瓷砖胶是一种聚合物改性水泥基黏结砂浆，其与瓷砖之间的黏结失效是导致瓷砖脱落的主要原因。已有的研究表明，养护条件对聚合物改性水泥基砂浆的黏结性能有较为强烈的影响[1-5]，且瓷砖低吸水率和大尺寸的生产趋势，对瓷砖与砂浆的黏结也提出了更大的挑战。实际工程中，为了减少瓷砖脱落的发生，瓷砖背胶越来越多地应用于瓷砖粘贴中，瓷砖背胶一般为聚合物乳液单组分体系或其与无机硅酸盐材料复合而成的多组分体系，粘贴瓷砖前涂抹于其背面可以有效提升瓷砖与墙体的黏结强度[6-7]。

我国幅员辽阔地形复杂，《民用建筑设计通则》中将我国划分为多个建筑气候区，同一气候区不同季节、不同气候区相同季节温湿度差异十分显著。在外界环境的巨大变化之下，砂浆与瓷砖的黏结会受到巨大挑战，即便采用瓷砖背胶的黏结体系也是如此[7-8]。因此厘清养护条件变化，尤其是季节循环对于聚合物改性砂浆与瓷砖黏结性能的影响十分重要，对指导实际工程施工具有重要意义。然而目前学术界对于季节循环对聚合物改性砂浆与使用瓷砖背胶处理后的瓷砖的黏结性能影响的研究未见报道。

本文设置6种养护条件，模拟3个典型建筑气候区冬夏循环和夏冬循环，探究在采用瓷砖背胶时，季节循环对不同掺量下两种聚合物改性砂浆与瓷质砖的拉伸黏结强度的影响，得出掺量变化和季节变化对拉伸黏结强度的影响规律，并为实际工程中乳胶粉掺量和施工时间的选择提供参考。

2 试验部分

2.1 原材料及配合比

原材料：P·Ⅱ 52.5硅酸盐水泥，主要矿物为C_3S、C_2S、C_3A和C_4AF，XRD图

谱如图 1 所示，化学组成见表 1；醋酸乙烯-乙烯共聚物（EVA）和苯乙烯-丙烯酸酯共聚物（SAE）两种可再分散乳胶粉，参数见表 2；40～120 目石英砂；瓷质砖，吸水率为 0.1%；丁苯乳液做瓷砖背胶，参数见表 3；自来水。

配合比：灰砂比为 1∶1.2；两种乳胶粉的掺量分别为水泥质量的 3%、6%、9%和 12%，另设不掺乳胶粉的对比砂浆；水灰比以固定砂浆流动度为（170±5）mm 来确定，各组砂浆水灰比见表 4。

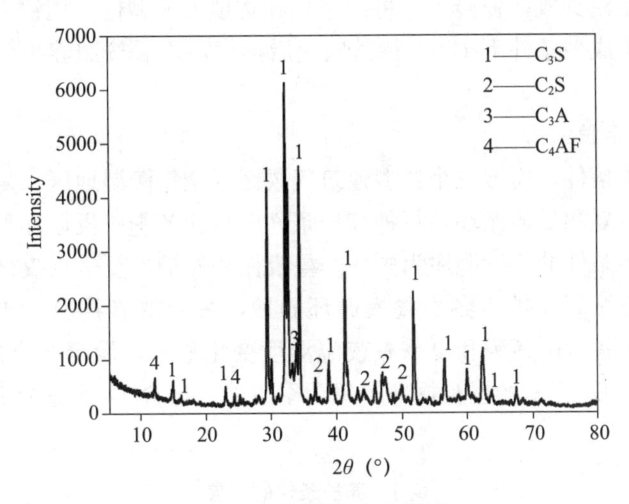

图 1　水泥 XRD 衍射图谱

表 1　水泥化学组成　　质量分数，%

成分	CaO	SiO_2	Fe_2O_3	Al_2O_3	SO_3	MgO	K_2O	TiO_2	MnO	SrO	Na_2O	P_2O_5	ZnO	SUM
比例	74.11	12.97	4.34	3.66	2.08	1.11	0.81	0.30	0.20	0.14	0.09	0.06	0.05	99.92

表 2　两种乳胶粉性质参数

乳胶粉	EVA	SAE
成分	醋酸乙烯-乙烯共聚物	苯乙烯-丙烯酸酯共聚物
密度	0.55g/cm³	0.47g/cm³
最低成膜温度	14℃	0℃
固含量	>99%	>99%

表 3　丁苯乳液性质参数

平均粒径（μm）	pH 值	最低成膜温度（℃）	固含量（%）	黏度（mPa·s）
0.166	7.0～9.0	14℃	52%	35～150

表 4　固定流动度下各组砂浆水灰比

组别	空白样	EVA				SAE			
	0%	3%	6%	9%	12%	3%	6%	9%	12%
水灰比	0.37	0.35	0.32	0.31	0.30	0.36	0.34	0.33	0.32

2.2 试验方法

2.2.1 试件制备

成型条件为（23±2）℃、（50%±5%）RH，提前24h用丁苯乳液均匀涂抹瓷砖背面，后置于试验环境中干燥，涂覆量约为30g/m²。成型参照标准《陶瓷砖胶粘剂》（JC/T 547—2017），以瓷砖背面为基底，试件尺寸为50mm×50mm×5mm，每组8个试件。成型时橡胶模具放在瓷砖上，将砂浆拌和物填入成型框，用铲刀压实抹平。再用保鲜膜密封，置于成型条件下12h，待其硬化后拆模，之后按照养护条件设置分别进行养护。

2.2.2 试样养护

设置6种养护条件，模拟三个典型建筑气候区（全年潮湿地区、夏湿冬干地区、全年干燥地区）的冬夏和夏冬循环，每种养护条件中包含冬季昼夜循环和夏季昼夜循环两个阶段，冬夏循环条件的养护顺序为先冬季昼夜循环养护再夏季昼夜循环养护，夏冬循环则为先夏季昼夜循环养护再冬季昼夜循环养护，每个季节养护14d，累计养护28d。昼夜循环养护参照各地区冬季和夏季昼夜温湿度变化范围，设定2个恒定温湿度环境，各养护12h，24h为一完整的昼夜循环，每个季节养护包含14次昼夜循环。6种养护条件的养护方式见表5。

表5 养护条件的设置

模拟地区	模拟季节	循环温湿度	编号
全年潮湿地区	冬夏循环	冬季：20℃、98%RH/5℃、98%RH 夏季：70℃、98%RH/20℃、98%RH	Wet-W/S
全年潮湿地区	夏冬循环	夏季：70℃、98%RH/20℃、98%RH 冬季：20℃、98%RH/5℃、98%RH	Wet-S/W
夏湿冬干地区	冬夏循环	冬季：20℃、33%RH/5℃、34%RH 夏季：70℃、98%RH/20℃、98%RH	Mix-W/S
夏湿冬干地区	夏冬循环	夏季：70℃、98%RH/20℃、98%RH 冬季：20℃、33%RH/5℃、34%RH	Mix-S/W
全年干燥地区	冬夏循环	冬季：20℃、33%RH/5℃、34%RH 夏季：70℃、28%RH/20℃、33%RH	Dry-W/S
全年干燥地区	夏冬循环	夏季：70℃、28%RH/20℃、33%RH 冬季：20℃、33%RH/5℃、34%RH	Dry-S/W

2.2.3 强度测试

试样养护28d后，置于20℃60%RH环境中，立即将拉拔铁块用环氧树脂高强黏结剂黏结在砂浆成型面上，待6h黏结剂固化后，用拉拔试验机进行测试黏结强度。测试时拉伸速度为（5±0.5）mm/min，记录每组8个试件的破坏力值，根据黏结面积计算测试结果，以8个数据平均值作为拉伸黏结强度。

3 结果与讨论

3.1 乳胶粉掺量对黏结强度的影响

图2是全年潮湿地区VAE和SAE改性砂浆在冬夏循环和夏冬循环下的黏结强度。由图2可见，VAE改性砂浆在两种养护条件下，黏结强度均随VAE掺量增加而增大；在各掺量下，冬夏循环均比夏冬循环下黏结强度高，强度差值较对比砂浆有不同程度缩小，3%掺量下相差最小、6%掺量下相差最大，这表明VAE可以一定程度上缩小全年潮湿地区因季节变换产生的温度差异导致的强度差，但与掺量无明显相关性。SAE改性砂浆在冬夏循环条件下，强度随掺量增加先增大后减小，掺量为9%时为峰值，12%时强度有所下降但仍高于其他掺量；在夏冬循环条件下，掺加3%SAE即可使砂浆强度较对比砂浆明显提升，掺量继续增加强度增长逐渐趋于平缓，但总体呈现随掺量增加强度增长的趋势；仅对比砂浆和掺加9%SAE的砂浆在冬夏循环下强度更高，其他掺量时夏冬循环下强度更优。比较两种乳胶粉改性砂浆，冬夏循环条件下，VAE和SAE改性砂浆的黏结强度大小关系随掺量增加呈现交替变化规律；夏冬循环条件下，各掺量SAE改性砂浆的强度高于VAE改性砂浆，随掺量增加，差值先增大再减小。

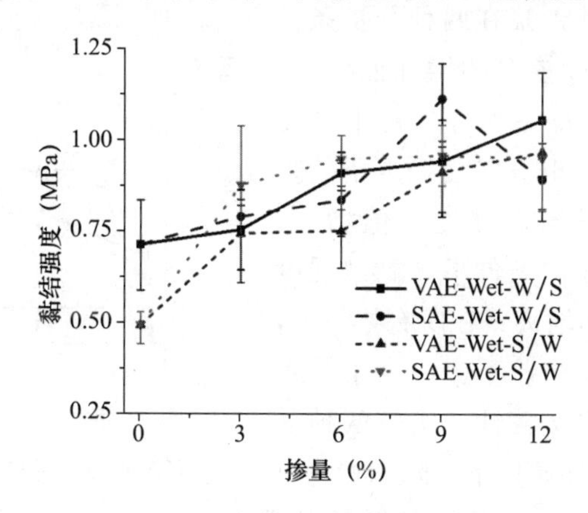

图2 全年潮湿地区改性砂浆强度

图3是夏湿冬干地区VAE和SAE改性砂浆在冬夏循环和夏冬循环下的黏结强度。由图3可见，VAE改性砂浆在冬夏循环下黏结强度随掺量增加先增大后减小，6%掺量时达到峰值，9%与12%掺量时强度明显下降，甚至低于对比砂浆；夏冬循环下的黏结强度随VAE掺量增加而增大；各掺量VAE改性砂浆在夏冬循环均比冬夏循环下黏结强度高，强度差值随掺量增加先减小后增加，在6%时强度相差最小。SAE改性砂浆在冬夏循环条件下的黏结强度随掺量增加基本呈低斜率线性增长；而在夏冬循环条件下，强度随掺量增加先减小后增大，3%掺量时强度最低，9%掺量时才高于对比砂浆；夏冬循环条件下的SAE改性砂浆黏结强度均高于冬夏循环下的强度，掺量为3%时差值最小。比较两种乳胶粉改性砂浆，冬夏循环条件下，掺量低于9%时SAE改性砂浆强度低于VAE改性砂浆，掺量高于9%时SAE改性砂浆强度高于VAE改性砂浆；夏冬循环

条件下，除9%掺量时SAE改性砂浆略高于VAE改性砂浆强度，其余掺量下SAE改性砂浆强度更低。

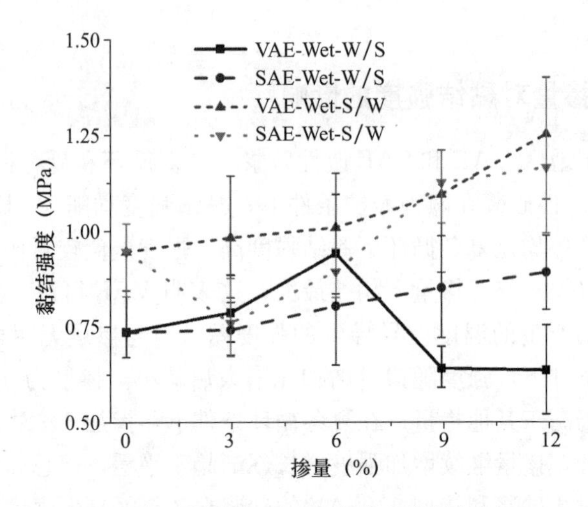

图3　夏湿冬干地区改性砂浆强度

图4是全年干燥地区VAE和SAE改性砂浆在冬夏循环和夏冬循环下的黏结强度，由图4可见，VAE改性砂浆在两种养护条件下，黏结强度均随VAE掺量的增加而增大；低掺量时，冬夏循环与夏冬循环条件下强度很接近，但掺量超过6%时，冬夏循环下的强度明显更高，且随掺量增加强度差值增大。SAE改性砂浆在两种养护条件下，黏结强度均随SAE掺量的增加而增大；在所有掺量下，两种养护条件下的强度相差不大，大小关系随掺量增加呈现一定的交替性。比较两种乳胶粉改性砂浆，冬夏循环条件下，除掺量为12%时VAE改性砂浆强度更高外，其他掺量时SAE改性砂浆强度更高；夏冬循环条件下，各掺量SAE改性砂浆强度均高于VAE改性砂浆强度。

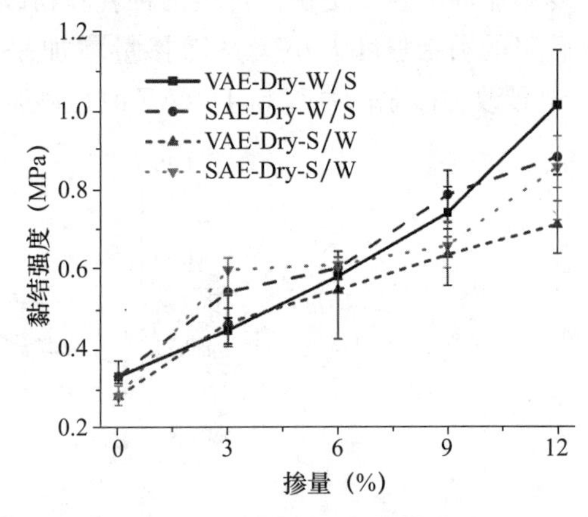

图4　全年干燥地区改性砂浆强度

综上，对VAE改性砂浆而言，除夏湿冬干地区冬夏循环条件外，其他养护条件下，VAE掺量越高，改性砂浆强度越大；无论VAE掺量为何，在全年潮湿和全年干燥地区均有冬夏循环条件下砂浆强度优于夏冬循环，在夏湿冬干地区夏冬循环条件下强度优于冬夏循环。对SAE改性砂浆而言，除全年潮湿地区冬夏循环和夏湿冬干地区夏冬循环外，其他养护条件下，黏结强度随掺量增加而增大；在全年潮湿和全年干燥地区，冬夏循环和夏冬循环条件下砂浆强度大小关系随SAE掺量增加交替变化，较为接近；在夏湿冬干地区，无论掺量为何，夏冬循环条件下强度要优于冬夏循环条件。

在实际工程中须使用VAE改性砂浆时，全年潮湿地区和全年干燥地区应尽量减少夏季铺贴瓷砖，在成本可控前提下适当提高VAE掺量来提升强度；在夏湿冬干地区应注意避免冬季施工，若施工应注意 VAE 掺量过高对强度带来的负面影响。若确定使用 SAE 改性砂浆时，全年潮湿地区应注意掺量的选择，冬季施工掺量不能过高，夏季施工可以适当降低掺量节约成本；夏湿冬干地区应尽量避免冬季施工，同时应适当提高掺量；在全年干燥地区可考虑适当增加 SAE 掺量以提高强度。此外，还可结合掺量和施工季节来确定实际工程中乳胶粉的选择，如在冬湿夏干地区夏季施工时，尽量选用 VAE；在干燥地区冬季施工时，若掺量适中可优先选用 SAE。

3.2　养护条件对黏结强度的影响

图 5 是三个气候区冬夏循环条件下 VAE 和 SAE 改性砂浆的黏结强度。由图 5 可见，VAE 改性砂浆在夏冬循环条件下，掺量低于 6%时，全年干燥地区的黏结强度最低，全年潮湿和夏湿冬干地区的黏结强度基本相等；而在掺量高于 9%时，全年潮湿地区和全年干燥地区的黏结强度均较低掺量时有所增长，而夏湿冬干地区的黏结强度下降明显，低于全年干燥地区成为最低。这可能是在夏湿冬干冬夏循环条件下，初始干燥且低温环境难以使高掺量 EVA 完全或很好的连续成膜，存在较多分散的聚合物颗粒，后阶段的潮湿环境阻碍聚合物膜增强或使聚合物颗粒直接溶解导致强度明显下降[9-12]。SAE 改性砂浆在冬夏循环条件下，除 9%掺量时全年潮湿地区的砂浆强度高于夏湿冬干地区外，其他掺量下两个气候区的砂浆强度十分接近；掺量低于 6%时，夏湿冬干地区砂浆强度明显高于全年干燥地区，掺量高于 9%时，两个气候区砂浆强度接近。可见在冬夏循环条件下，两种改性砂浆均有在全年潮湿地区的黏结强度最优，VAE 改性砂浆低掺量时在全年干燥地区的强度最差，高掺量时在夏湿冬干地区的强度最差；SAE 改性砂浆在全年干燥地区强度最差。

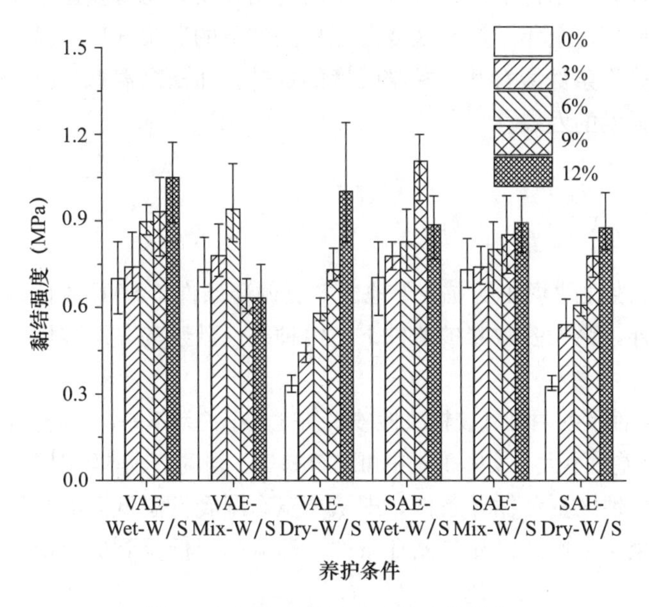

图 5　冬夏循环条件下改性砂浆强度

图 6 是三个气候区夏冬循环条件下 VAE 和 SAE 改性砂浆的黏结强度。由图 6 可见，VAE 改性砂浆在夏冬循环条件下，无论掺量为何，夏湿冬干地区的砂浆强度明显

高于另两个气候区，全年干燥地区砂浆强度最低。SAE改性砂浆在夏冬循环条件下，无论SAE掺量为何，全年干燥地区的砂浆强度始终最低，掺量为0%、9%和12%时，夏湿冬干地区黏结强度最高，掺量为3%和6%时，全年潮湿地区黏结强度最高，但与夏湿冬干地区砂浆强度差值不大。可见在夏冬循环条件下，两种改性砂浆均在冬干夏湿地区的黏结强度最优，在全年干燥地区的黏结强度最差。

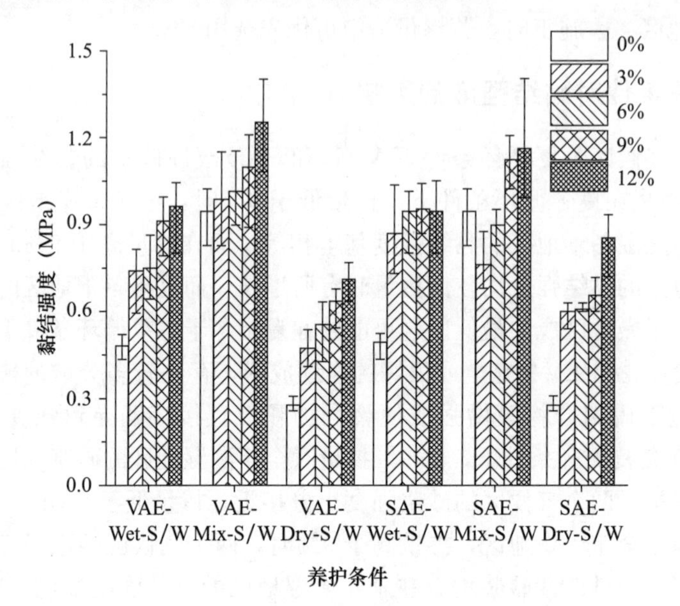

图6　夏冬循环条件下改性砂浆强度

总体比较6种养护条件下两种改性砂浆的黏结强度，易得夏湿冬干地区夏冬循环条件下的黏结强度最高，全年干燥地区夏冬循环条件下的砂浆强度最低。表明从高温高湿再到低温低湿的养护条件最有利于黏结强度的提升，而从高温低湿到低温低湿的养护条件最不利于黏结强度的发展。

4　结论

（1）除VAE改性砂浆在夏湿冬干地区冬夏循环条件、SAE改性砂浆在夏湿冬干地区夏冬循环条件外，绝大多数养护条件下，两种改性砂浆的黏结强度随乳胶粉掺量的增加而增长。

（2）各养护条件下的两种乳胶粉改性砂浆强度大小关系不一，且随掺量变化表现出不同的变化规律，但是差值不大，实际工程中可结合掺量、强度、成本等因素进行综合考虑。

（3）夏湿冬干地区夏冬循环条件，即从高温高湿到低温低湿的养护条件最有利于黏结强度发展，而全年干燥地区夏冬循环条件，即从高温低湿到低温低湿的养护条件对黏结强度最不利。

（4）在全年潮湿和全年干燥地区，采用VAE乳胶粉时，应尽可能于秋冬季施工，在成本可控的前提下，可适当增加VAE掺量来提升黏结强度；在夏湿冬干地区无论采用VAE乳胶粉还是SAE乳胶粉，夏季施工对黏结强度更有利。

参考文献

[1] JO Y-K. Adhesion in tension of polymer cement mortar by curing conditions using polymer dispersions as cement modifier [J]. Construction and Building Materials，2020，242.

[2] 黎凡. 养护条件对水泥基陶瓷砖黏结剂性能的影响及其机理 [J]. 广东建材，2011，27 (10)：97-99.

[3] 何代华. EVA 砂浆与基体结合的界面性能及界面改性机理 [D]. 上海：同济大学，2007.

[4] 李芳，杨玉颖，吴建国，等. 养护条件对桥面用聚合物改性水泥砂浆力学性能的影响 [J]. 建材技术与应用，2002 (05)：7-9.

[5] EL BITOURI Y，JAMIN F，PÉLISSOU C，et al. Tensile and shear bond strength between cement paste and aggregate subjected to high temperature [J]. Materials and Structures，2017，50 (6).

[6] 徐建军，丁常正，赵大军. 瓷砖背胶的研制及其在瓷砖铺贴系统中的应用研究 [J]. 砖瓦，2018 (09)：50-52.

[7] 李光球，陈晓龙，郭一锋. 瓷砖背胶在瓷砖铺贴系统中的应用研究 [J]. 新型建筑材料，2016，43 (09)：69-72.

[8] 陈剑伟，李鸿坚，杨灿. 瓷砖背胶的应用力学性能研究 [J]. 中国胶粘剂，2017，26 (12)：38-41.

[9] FELTON L A. Mechanisms of polymeric film formation [J]. International Journal of Pharmaceutics，2013，457 (2)：423-427.

[10] FELTON L A，MCGINITY J W. Aqueous polymeric coatings for pharmaceutical dosage forms [M]. CRC Press，2008.

[11] KNAPEN E，VAN GEMERT D. Polymer film formation in cement mortars modified with water-soluble polymers [J]. Cement and Concrete Composites，2015，58：23-28.

[12] WETZEL A，ZURBRIGGEN R，HERWEGH M. Spatially resolved evolution of adhesion properties of large porcelain tiles [J]. Cement and Concrete Composites，2010，32 (5)：327-338.

基金项目：国家自然科学基金（51872203）

通讯作者：王茹，女，博士生导师，教授，主要从事聚合物水泥基复合材料、辅助胶凝材料方面的研究。邮箱：ruwang@tongji. edu. cn。

不同三相组成脱硫石膏基自流平砂浆性能研究

李　超　范树景*　杭法付　叶　勇
（浙江忠信新型建材股份有限公司杭州研发分公司，杭州 310052）

摘　要：利用不同三相组成的脱硫石膏制备了石膏基自流平砂浆（以下简称自流平石膏），研究了脱硫石膏三相组成对其工作性能和力学性能的影响，对比了不掺和掺蛋白衍生物缓凝剂前后，自流平石膏性能随着脱硫石膏三相组成的变化规律。结果表明，未掺加缓凝剂时，自流平石膏 30min 流动度损失和凝结时间，受到脱硫石膏中二水石膏相和半水石膏相含量的影响较大，与无水石膏相及附着水含量关系并不明显；随着脱硫石膏中二水石膏相含量增多，自流平石膏的 1d 强度（抗折、抗压）和 28d 强度（绝干抗折、抗压和烘干拉伸黏结强度）呈降低的趋势，与半水石膏相含量对之影响表现相反，而与无水石膏相及附着水含量呈先降低后升高关系。掺入缓凝剂后，自流平石膏 30min 流动损失得到改善，凝结时间明显延长，降低了 1d 和 28d 强度，并显著地改变了自流平石膏 1d 强度随着脱硫石膏三相组成的变化规律，而对 28d 强度随着三相组成的变化规律无影响。

关键词：自流平石膏；工作性能；力学性能；石膏相组成；蛋白衍生物缓凝剂

Performance of Gypsum-Based Self-Leveling with Different Three-Phases Constitute Desulfurization Gypsum

Li Chao　Fan Shujing*　Hang Fafu　Ye Yong
（Hangzhou R & D Branch，Zhejiang Zhongxin New Building Materials Co.，Ltd. Hangzhou 310052）

Abstract：Gypsum based self-leveling mortar（hereinafter referred to as self-leveling gypsum) was prepared by using desulfurization gypsum with different three-phase composition, the effect of three-phase composition of desulfurized gypsum on its working and mechanical properties was studied, the changes of properties of self-leveling gypsum before and after the addition of protein derivative retarder were compared. The results show that the 30 min fluidity loss and setting time of self-leveling gypsum without retarder are greatly affected by the content of dihydrate gypsum phase and hemihydrate gypsum phase in desulfurization gypsum, it has no obvious relationship with anhydrous gypsum phase and attached water content. With the increase of dihydrate gypsum phase content in desulfurization gypsum, the 1d strength (flexural/compressive) and 28d absolute dry strength (flexural/compressive and tensile bond strength) decreased, it is opposite to the effect of hemihydrate gypsum phase content, it decreased first and then increased with anhydrous gypsum phase and attached water. After adding protein derivative retarder, the 30 min flow loss was improved and the setting time was significantly prolonged. The 1d strength and 28d absolute dry strength were reduced, the change law of 1d strength of self-leveling gypsum with three-phase composition of desulfurization gypsum is significantly changed, but it has no effect on the change law of 28d strength with three-phase composition.

Keywords: self-flowing Plaster; Working Performance; Mechanical Performance; Gypsum Phase Composition; Protein Derivative Retarder

0　引言

脱硫石膏是大型电厂采用烟气脱硫技术处理工业废气中的SO_2过程中产生的工业副产品[1-4]，在自流平材料中的研究和应用较多。徐亚玲[5]和彭明强[6]等人以脱硫石膏为原料配制了石膏基自流平砂浆，权刘权[7]等人研究发现适量的有机酸类缓凝剂有利于提高石膏基自流平流动性能，也有学者[8]对纤维素醚与脱硫石膏基自流平砂浆的相容性进行了研究，发现纤维素醚能显著延长脱硫石膏基自流平的凝结时间，但会降低其力学性能。上述研究多为采用某一脱硫石膏制备自流平石膏，未考虑其三相组成的差异对自流平石膏性能的影响，也少有蛋白质衍生物缓凝剂在自流平石膏中应用的报道。

众所周知，脱硫石膏在生产加工过程中因原材料来源和生产煅烧工艺的不同，引起二水石膏相、半水石膏相和无水石膏相及附着水三相组成的差异[9-13]。不同石膏相物化性质差异，造成水化过程明显不同，使得其在建筑工程中的应用也不尽相同。

基于此，本文使用三相组成不同的脱硫石膏作为自流平石膏的胶凝材料，探讨其三相组成对自流平石膏性能的影响，并研究蛋白质衍生物在其中的作用，为自流平石膏的应用提供一定的理论基础。

1 原材料及试验方法

1.1 原材料

脱硫石膏：市售，三相组成和基本性能见表1和表2；石英砂：细度模数1.2；蛋白衍生物，上海舜水化工有限公司；可再分散性乳胶粉：瓦克化学（中国）有限公司；羟丙基甲基纤维素：黏度为400mPa·s，广东龙湖科技股份有限公司；聚羧酸高效减水剂：巴斯夫（中国）有限公司；消泡剂：德国明凌化工集团；拌和水为自来水。

表1 脱硫石膏的三相组成 %

标记	组成		
	半水石膏相	二水石膏相	无水石膏相及附着水
DG1	93.7	2.7	0.27
DG2	88.8	3.9	0.64
DG3	86.7	4.4	1.63
DG4	82.4	5.7	0.94
DG5	70.6	10.2	0.86

表2 脱硫石膏的基本性能

标记	性能					
	凝结时间（min）		1d强度（MPa）		28d绝干强度（MPa）	
	初凝时间	终凝时间	抗折强度	抗压强度	抗折强度	抗压强度
DG1	25.0	30.0	9.8	38.0	11.0	47.0
DG2	10.0	13.0	3.4	12.3	7.9	28.5
DG3	6.0	7.0	3.3	13.5	7.7	26.7
DG4	5.0	6.0	3.2	11.8	7.6	25.6
DG5	3.0	3.5	1.7	8.7	2.1	16.5

1.2 试验方法

参照《石膏基自流平砂浆》（JC/T 1023—2021）中7.4节中规定的方法进行成型和测试初始流动度和30min流动度，计算两者差值作为30min流动度损失。参照《建筑石膏》（GB/T 17669.4—1999）中第七章中规定的方法进行成型并测试凝结时间；参照《建筑石膏》（GB/T 17669.3—1999）中第五章和第六章中规定的方法进行成型并测试抗折强度、抗压强度；参照JC/T 1023—2021中7.7节中规定的方法进行成型并测试28d烘干拉伸黏结强度。

2　结果与讨论

2.1　30min 流动度损失

表 3 显示的是未掺与掺蛋白衍生物时，脱硫石膏三相组成对自流平石膏 30min 流动度损失的影响。

结合表 1 由表 3 可知，当未掺缓凝剂时，随着脱硫石膏中二水石膏相含量增多和半水石膏相含量降低，自流平石膏的 30min 流动度损失增大，与含量较低的无水石膏相及附着水含量关系不大。当脱硫石膏中二水石膏相的含量低于 3.9％时，自流平石膏 30min 流动度损失在 5mm 以下；随着脱硫石膏中二水石膏相的含量逐渐增加，达到 4.4％时，自流平石膏的 30min 流动度损失达到 10mm；当脱硫石膏中二水石膏相的含量进一步提高时，自流平石膏在 30min 时已凝结硬化，远不能满足行业标准和施工要求。而半水石膏相的含量对流动度损失的影响与二水石膏相刚好相反，当含量高于 88.8％，自流平石膏 30min 流动度损失小，当含量低于 82.4％时，自流平石膏浆体在 30min 时达到凝结硬化状态，已计算不出流动度损失数据。

表 3　脱硫石膏三相组成对自流平石膏 30min 流动度损失的影响

标记	性能					
	蛋白衍生物掺量					
	0			0.08％		
	初始流动度（mm）	30min 流动度（mm）	30min 流动损失（mm）	初始流动度（mm）	30min 流动度（mm）	30min 流动损失（mm）
DG1	143	143	0	143	143	0
DG2	143	138	5	144	143	1
DG3	145	135	10	144	143	1
DG4	145	凝结硬化	凝结硬化	143	133	10
DG5	144	凝结硬化	凝结硬化	143	80	63

当掺入 0.08％的缓凝剂后，自流平石膏的 30min 流动度损失得到明显改善。脱硫石膏中半水石膏相含量低于 82.4％和二水石膏含量高于 5.7％时，自流平石膏 30min 流动度损失达到 10mm；当脱硫石膏中半水石膏相含量降低至 70.6％，二水石膏含量增大到 10.2％时，自流平石膏 30min 流动度损失可达到 63mm。由此可看出，蛋白衍生物缓凝剂对自流平石膏 30min 流动度有明显改善作用。同样地，脱硫石膏中无水石膏相及附着水含量对其影响不明显。

2.2　凝结时间

表 4 显示的是未掺/掺蛋白衍生物时，脱硫石膏三相组成对自流平石膏凝结时间的影响。

结合表1和表4可知，未掺蛋白衍生物缓凝剂时，当脱硫石膏中二水石膏相的含量较低和半水石膏相的含量较高，分别为2.7%和93.7%时，所制备的自流平石膏凝结时间长，初凝时间甚至达到4.5h，终凝时间为4.83h；随着脱硫石膏中二水石膏相的含量增加和半水石膏相的含量降低，自流平石膏的凝结时间迅速缩短，尤其是脱硫石膏中二水石膏相的含量超过5.7%和半水石膏相的含量低于82.4%时，其制备的自流平石膏凝结时间大大缩短，初凝时间和终凝时间均已不足0.5h。而无水石膏相及附着水含量与自流平石膏凝结时间关系不明显。

表4　脱硫石膏三相组成对自流平石膏凝结时间的影响

蛋白衍生物掺量(%)	凝结时间(h)	石膏种类				
		DG1	DG2	DG3	DG4	DG5
0	初凝时间	4.50	0.83	0.73	0.38	0.17
0.08		95.00	23.00	10.75	0.92	0.73
0	终凝时间	4.83	1.00	0.83	0.42	0.18
0.08		100.00	25.10	11.52	1.05	0.78

当掺入蛋白衍生物缓凝剂后，自流平石膏的初凝时间和终凝时间都被大幅度延长，尤其是当脱硫石膏中半水石膏相含量为93.7%、二水石膏相含量为2.7%时，自流平石膏初凝时间甚至达到了95h，终凝时间更是达到了100h。当半水石膏相含量降低为70.6%、二水石膏相含量为10.2%时，自流平石膏初凝时间为0.73h，终凝时间为0.78h。同样地，无水石膏相及附着水含量对掺有蛋白衍生物缓凝剂的自流平石膏凝结时间的影响不大。

与未掺蛋白衍生物缓凝剂时相比，掺入缓凝剂后自流平石膏的凝结时间大幅度延长，尤其是当脱硫石膏中二水石膏相含量较低和半水石膏相含量较高时，其延长幅度甚至超出若干数量级。随着脱硫石膏中二水石膏相含量增大和半水石膏相含量降低时，分别达到5.7%和82.4%时，这种延长效应逐渐趋于平缓稳定。

2.3　1d抗折强度、抗压强度

图1、图2分别显示的是未掺与掺蛋白衍生物时，脱硫石膏三相组成对自流平石膏1d抗折强度、抗压强度的影响。

结合表1，从图1和图2中可以看出，未掺加缓凝剂时，脱硫石膏中半水石膏相的含量较高和二水石膏相的含量较低，分别为93.7%和2.7%时，所制备的自流平石膏1d抗折强度、抗压强度分别达到5MPa、20MPa；随着脱硫石膏中半水石膏相含量的降低和二水石膏相含量的增加，自流平石膏的抗折强度和抗压强度都有所降低，尤其是当半水石膏相的含量低于70.6%和二水石膏相的含量超过10.2%时，1d抗折强度仅有1.5MPa，1d抗压强度不到7.5MPa。结合表1，从图1（c）和图2（c）中还可以看出，随着无水石膏相及附着水含量的增加，自流平石膏的1d抗折强度和1d抗压强度出现先减小后增大的规律。当脱硫石膏中无水石膏相及附着水含量为0.86%时，自流平石膏的1d抗折强度和1d抗压强度出现极小值。

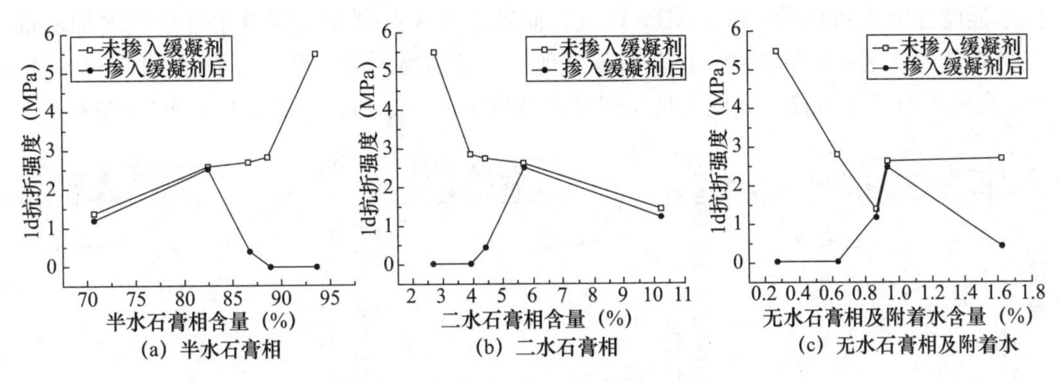

图1 脱硫石膏三相对自流平石膏1d抗折强度的影响

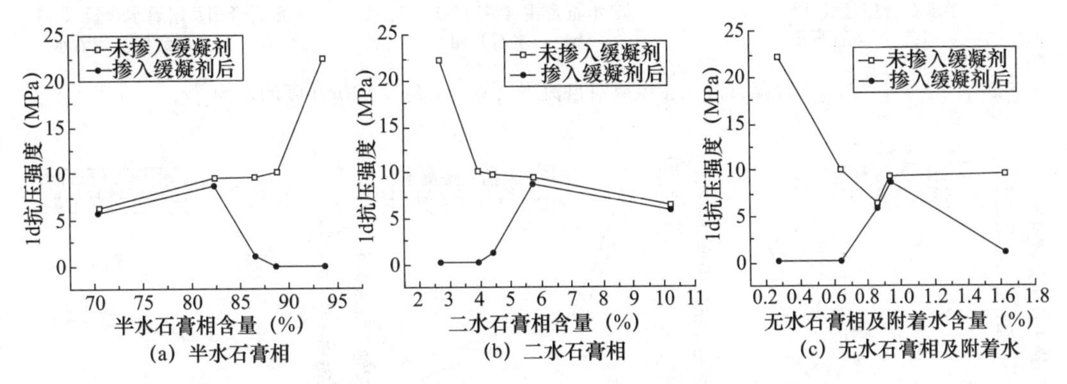

图2 脱硫石膏三相组成对自流平石膏1d抗压强度的影响

加入蛋白衍生物缓凝剂后，改变了脱硫石膏三相组成对1d强度的影响规律。随着石膏的三相组成含量的增加，1d抗折强度和抗压强度都呈现先增加后降低的趋势。在半水石膏相、二水石膏相、无水石膏相及附着水含量分别为82.4%、5.7%和0.94%时，自流平石膏的1d抗折强度和1d抗压强度出现峰值。这一表现与未掺蛋白衍生物缓凝剂时相比自流平石膏1d抗折强度、抗压强度的变化有明显差异。

还发现，与未掺蛋白衍生物缓凝剂时相比，掺入缓凝剂的自流平石膏1d抗折强度、抗压强度有所降低，降低幅度的大小与半水石膏相、二水石膏相和无水石膏相及附着水的含量有很大关系，当半水石膏相含量高于82.4%，二水石膏相含量低于5.7%和无水石膏相及附着水的含量低于0.94%时，1d抗折强度、抗压强度降低幅度越明显。

2.4 28d绝干抗折强度、抗压强度

未掺入与掺入蛋白衍生物时，脱硫石膏三相组成对自流平石膏28d绝干抗折强度、抗压强度的影响，分别如图3和图4所示。

结合表1，从图3和图4可以看出，脱硫石膏三相组成对28d绝干抗折强度、抗压强度的影响显著不同，但变化趋势与蛋白衍生物缓凝剂掺加与否无明显关系。

当未掺蛋白衍生物缓凝剂时，随着脱硫石膏中半水石膏相含量的增加和二水石膏相含量的降低，自流平石膏28d绝干抗折强度、抗压强度呈增大的趋势；当脱硫石膏中半水石膏相和二水石膏相含量分别为93.7%和2.7%时，自流平石膏28d绝干抗折强度、

抗压强度分别达到 9MPa 和 40MPa 以上。而随着无水石膏相及附着水含量的增加，自流平石膏 28d 绝干抗折强度、抗压强度呈现先降低后增大的趋势，在含量为 0.86％时，28d 自流平石膏绝干抗折强度、抗压强度出现极小值，分别为 5MPa 和 15MPa 左右。

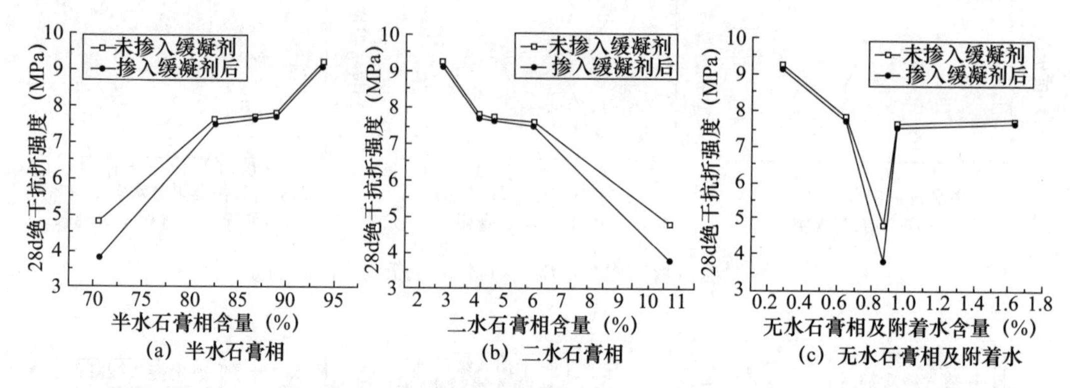

图 3　脱硫石膏三相组成对自流平石膏 28d 绝干抗折强度的影响

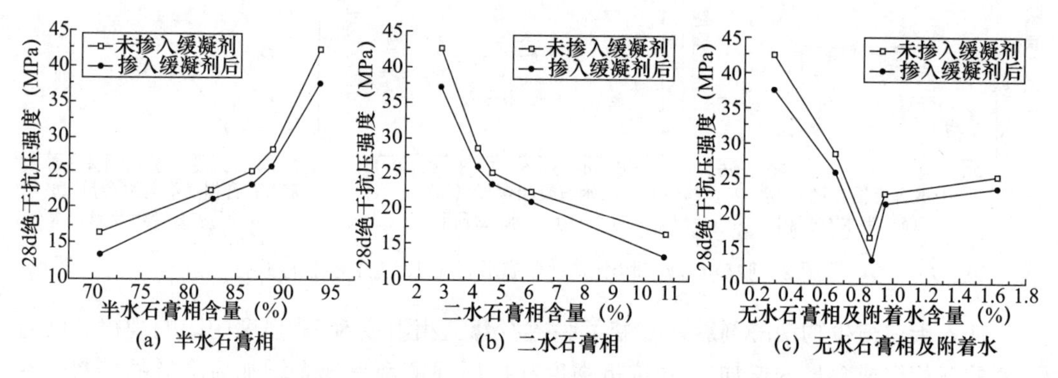

图 4　脱硫石膏三相组成对自流平石膏 28d 绝干抗压强度的影响

从图 3 和图 4 中可以看到，掺入蛋白衍生物缓凝剂后，自流平石膏 28d 绝干抗折强度、抗压强度随着石膏三相组成含量的变化规律，与未掺蛋白衍生物缓凝剂时类似；但掺加缓凝剂后，自流平石膏 28d 绝干抗折强度、抗压强度均有所降低。

2.5　28d 烘干拉伸黏结强度

图 5 显示的是未掺与掺蛋白衍生物时，脱硫石膏三相组成对自流平石膏 28d 烘干拉伸黏结强度的影响，可见脱硫石膏三相组成对其影响差异明显，但与是否掺加蛋白衍生物缓凝剂无关。

结合表 1，从图 5（a）和（b）可以看出，未掺加蛋白衍生物缓凝剂时，随着脱硫石膏中半水石膏相含量增多和二水石膏相含量减少，自流平石膏的 28d 烘干拉伸黏结强度逐渐增大，当含量分别为 70.6％和 10.2％时，自流平石膏的 28d 烘干拉伸黏结强度仅有 0.6MPa；随着半水石膏相的含量进一步增多和二水石膏相的含量进一步降低，分别为 93.7％和 2.7％时，自流平石膏 28d 烘干拉伸黏结强度可达 1.6MPa 以上。从图 5（c)还可以看出，随着脱硫石膏中无水石膏相及附着水含量的增加，自流平石膏的 28d 烘干拉伸黏结强度呈现先降低后增加的趋势，在含量为 0.86％时存在极小值，仅为

0.6MPa 左右。

从图 5 中还可以看出，加入蛋白衍生物缓凝剂后，自流平石膏的 28d 烘干拉伸黏结强度随着石膏三相组成的变化规律，与未掺缓凝剂时类似。随着脱硫石膏中半水石膏相含量增多和二水石膏相含量减少，28d 烘干拉伸黏结强度呈增加的趋势；还发现，随着无水石膏相及附着水含量的增多呈先降低后增大的趋势；但掺入缓凝剂后，自流平石膏的 28d 烘干拉伸黏结强度却有所下降，降低幅度在 0.3MPa 以内。

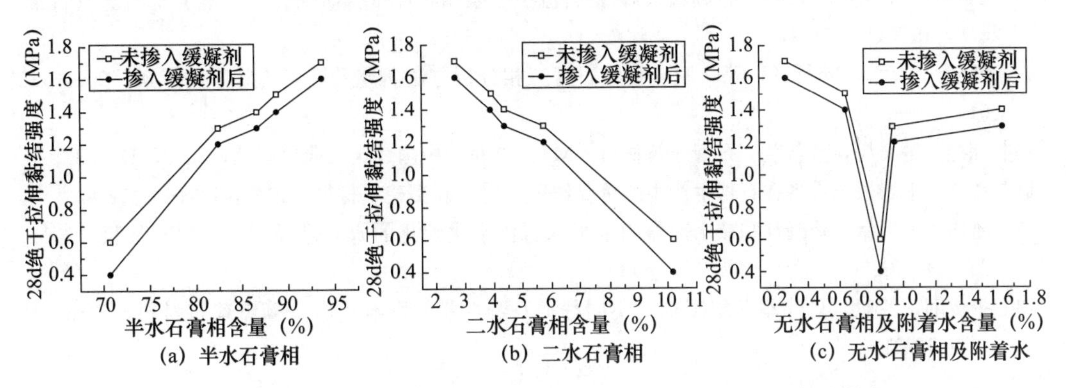

图 5　脱硫石膏三相组成对自流平石膏 28d 烘干拉伸黏结强度的影响

3　结论

(1) 蛋白衍生物缓凝剂的掺加，显著改变了脱硫石膏三相组成对自流平石膏性能的影响。

(2) 未掺入蛋白衍生物缓凝剂时，随着脱硫石膏中半水石膏相含量的增多和二水石膏相含量的减少，自流平石膏的 30min 流动度损失降低，凝结时间缩短，强度增大；随着无水石膏相及附着水的含量增多，自流平石膏的 30min 流动度损失和凝结时间与之关系不大，但强度呈先降低后增加的趋势。

(3) 蛋白衍生物缓凝剂使自流平石膏 30min 流动度损失有所降低，显著延长了其凝结时间，还改变了脱硫石膏三相组成对力学性能的影响，对自流平石膏 1d 强度影响较大，对自流平石膏 28d 强度有较小的削弱作用。

参考文献

[1] STEFFAN P，GOLDEN K. FGD gypsum utilization：survey of current practices and assessment of market porential [C]. 2nd International Conference on FGD and Chemical Gypsum，1991，12-15.

[2] 李传炽，俞新浩. 排烟脱硫石膏利用的工业生产 [J]. 新型建筑材料，1998，5 (11)：13-16.

[3] AL-ABED S R，JEGADEESAN G，SCHECKEL K G，et al. Speciation，characterization，and mobility of As，Se，and Hg in flue gas desulphurization residues [J]. Environmental Science and Technology，2008，42：1693-1698.

[4] 曾爱斌. 烟气脱硫石膏应用于自流平材料的研究 [D]. 杭州：浙江大学，2008，43-44.

[5] 徐亚玲，陈柯柯，施嘉霖，等．脱硫石膏用于自流平地坪的应用研究［J］．粉煤灰，2011，18（4）：18-21.
[6] 彭明强，叶蓓红．脱硫石膏用于自流平砂浆的研究［J］．建筑材料学报，2012，15（3）：406-421.
[7] 权刘权，李东旭．材料组成对石膏基自流平材料性能的影响［C］．第二届全国商品砂浆学术交流会论文集，北京：中国建材工业出版社，2007，310-317.
[8] 吴金明，唐凯靖．纤维素醚与脱硫石膏基自流平砂浆相容性试验研究［J］．混凝土与水泥制品，2018，45（11）：74-77.
[9] 谈晓青，曹禹，叶蓓红，等．脱硫建筑石膏三相分析方法研究及应用［J］．粉煤灰，2011，15（6）：15-18.
[10] 陈燕，岳文海，董若兰．石膏建筑材料［M］．北京：中国建筑工业出版社，2003，130-132.
[11] 肖洁．干燥煅烧设备在石膏生产中的重要作用［J］．新型建筑材料，2007，14（4）：78-80.
[12] 潘伟，王培铭．缓凝剂和减水剂作用于半水石膏水化硬化的研究进展［J］．材料导报，2011，25（7）：91-96.
[13] 张伶俐，罗慧，夏伟军．缓凝剂对不同种类石膏性能的影响［J］．新型建筑材料，2016，18（9）：18-21.

第一作者：李超（1995.3—），男，湖南郴州人，学士。主要从事特种砂浆的研究。E-mail：m15544627897@163.com。

通信作者：范树景（1980.7—），女，河北定州人，博士。主要从事商品砂浆和固体废弃物研究，中国建筑硅酸盐学会房建分会干混砂浆专业委员会委员。E-mail：liuluorenjiantree@163.com。

渗透型无机防水剂的综合性能研究

郑　薇[1]　应灵慧[1]　冯淑瑶[2]　张国防[2]
（1 上海伟星新材料科技有限公司，上海 201401；
2 同济大学材料科学与工程学院，上海 201804）

摘　要：本文研究了一种渗透型无机防水剂的物理力学性能、耐久性能以及抗盐析性能等各项性能。研究结果表明，该渗透型无机防水剂具有优异的防水性，能显著提高水泥砂浆抗静态水和抗压力水渗透能力；涂刷防水剂后水泥砂浆的抗压强度一定程度上有所提高；渗透型无机防水剂表现出优异的耐热性、耐碱性、耐酸性和抗冻融性能等耐久性能；渗透型无机防水剂也具有优异的抗盐析性能，避免水泥砂浆基材产生盐析现象。由于具有优异的综合性能，该渗透型无机防水剂可赋予水泥砂浆（混凝土）优异的长期防水抗渗效果。

关键词：渗透型无机防水剂；抗压强度比；防水抗渗性能；耐久性；抗盐析性能

Study on Comprehensive Properties of Water Based Capillary Inorganic Waterproofer

Zheng Wei[1]　Ying Linghui[1]　Feng Shuyao[2]　Zhang Guofang[2]
(1 Shanghai Weixing New Building Materials Technology Co. , Ltd. ,
Shanghai 201401; 2 School of Materials Science
and Engineer, Tongji University, Shanghai 201804)

Abstract: The properties of water based capillary inorganic waterproofer (waterproofer) were studied, including physical properties, mechanical properties, durability and efflorescence resistance. The results show that the waterproofer has excellent water resistance, to bring the great improvement of the resistance ability to water penetration of cement mortar. The waterproofer shows excellent durability such as heat resistance, alkali resistance, acid resistance and freeze-thaw resistance, to bring the strength improvement of cement mortar under these above conditions. The waterproofer also has excellent efflorescence resistance to avoid the salt precipitation from cement mortar. The excellent comprehensive performances of the waterproofer can ensure the cement mortar to have excellent long-term waterproof ability and impermeability.

Keywords: water based capillary inorganic waterproofer; compressive strength ratio; water resistance; durability; efflorescence resistance

1 引言

为提高混凝土抗渗性和耐碱性，多种混凝土表面处理技术已得到广泛应用和研究[1]。渗透型无机防水剂作为一种特殊的刚性防水材料，因直接涂刷在水泥砂浆或者水泥混凝土表面，通过化学反应、堵塞表面孔隙等，实现高防水效果，具有工程施工方便、防水效果持久、单位面积用量少等特点，可有效减少混凝土结构的渗漏问题，而被广泛应用于各类建（构）筑物防水防护工程[2-7]。已有一些关于渗透型无机防水剂的产品研发及性能研究报道[5-7]，但现有产品存在或多或少的问题，综合性能仍有待提高。基于此，渗透型无机防水剂的综合性能提升成为研发重点。上海伟星新材料科技有限公司研发出一种渗透型无机防水剂，为了评估其综合性能及应用效果，指导其在实际工程中更好地应用，本文重点进行了该防水剂的综合性能研究。

2 试验

2.1 材料

本文研究的渗透型无机防水剂为上海伟星新材料科技有限公司生产的一款高效渗透型无机防水剂，绿色环保、无异味，呈白色乳液状，如图1所示。该渗透型无机防水剂在防水工程应用时进行三遍刷涂，达到涂刷饱和即可，每遍之间涂刷间隔一般为0.5～1h，确保上一道涂刷层干燥。用作制备基准砂浆的原材料包括P·O42.5水泥、ISO标准砂和自来水。

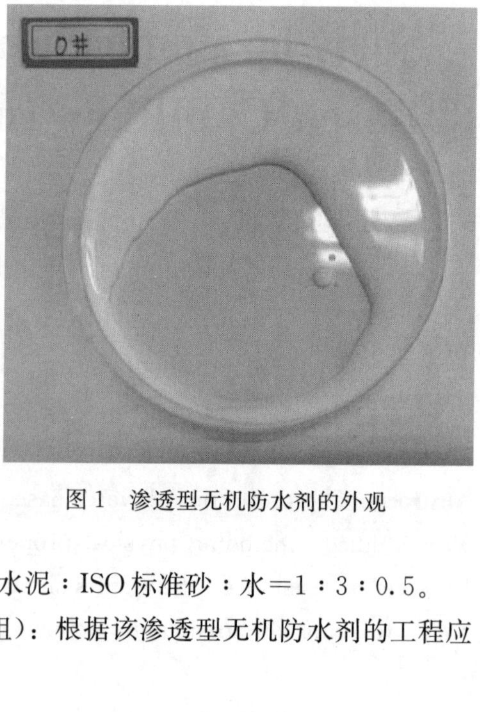

图1 渗透型无机防水剂的外观

2.2 样品制备

基准砂浆（基准组）配合比为：P·O42.5水泥：ISO标准砂：水=1：3：0.5。

涂刷渗透型无机防水剂的受检砂浆（受检组）：根据该渗透型无机防水剂的工程应

用程序，在上述基准砂浆表面涂刷三遍防水剂，涂刷饱和，每遍涂刷间隔一般0.5～1h。

上述样品均按照相应的性能试验方法养护到规定龄期。

2.3　试验方法

48h 吸水量：参照北京市地方标准《界面渗透型防水涂料质量检验评定标准》（DBJ 01-54-2001）中 B.4 节的试验方法进行。

抗渗透压力比：参照北京市地方标准《界面渗透型防水涂料质量检验评定标准》（DBJ 01-54-2001）中 B.5 节的试验方法进行。

抗压强度比：参照北京市地方标准《界面渗透型防水涂料质量检验评定标准》（DBJ 01-54-2001）中 B.2 节的试验方法进行。

耐热性、耐碱性、耐酸性等参照北京市地方标准《界面渗透型防水涂料质量检验评定标准》（DBJ 01-54-2001）中的测试方法。

抗冻融循环性能：参照北京市地方标准《界面渗透型防水涂料质量检验评定标准》（DBJ 01-54-2001）中的测试方法进行了 30 次冻融循环。

抗盐析性能：参照国家行业标准《墙体饰面砂浆》（JC/T 1024—2019）中 7.8 节的抗泛碱性测试方法。将基准砂浆制备成直径 100mm、厚度 10mm 的圆饼状，为了清晰地反映出抗盐析性能，砂浆中掺入 0.5％氧化铁红颜料，养护 7d 后，砂浆表面喷刷三遍渗透型无机防水剂至饱和，之后再养护 7d，然后测试抗盐析性。测试时，为了比对同一个样品的盐析效果，利用塑料膜将样品一半面积覆盖，避免受到水分影响；另一半面积裸露在外。利用喷壶，对试块进行喷洒去离子水，直至试块底部湿透，然后在实验室环境下存放 24h（喷水湿透＋24h 自然干燥养护）；循环进行 3 次“喷水湿透＋24h 自然干燥养护”。经过干湿效应，基于干湿交替导致离子迁移的原理，观察样品表面颜色变化情况，从而评价渗透型无机防水剂的抗盐析性能。

3　结果分析与讨论

3.1　抗压强度比

抗压强度比是喷涂渗透型无机防水剂的受检砂浆相对于基准砂浆的强度之比值，反映了渗透型无机防水剂是否影响到水泥砂浆（混凝土）基材的抗压强度。基准组和喷涂渗透型无机防水剂受检砂浆（受检组）的抗压强度以及相对于基准的抗压强度比如图 2 所示。可以看出，养护 14d 后，基准组的抗压强度和抗压强度比分别为 18.9MPa 和 100％；受检组的抗压强度和抗压强度比分别为 19.9MPa 和 105.7％，相对于基准组，受检组的抗压强度增幅为 5.7％。这表明，该渗透型无机防水剂对水泥砂浆和混凝土具有一定的增强效果，喷涂后能一定程度上提高水泥砂浆和混凝土的抗压强度。

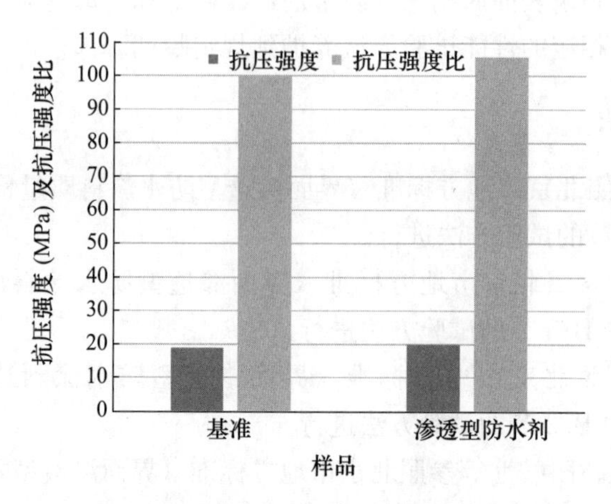

图 2　基准组和受检组的抗压强度及抗压强度比

3.2　防水性能

3.2.1　48h 吸水量

渗透型无机防水剂的防水性能利用 48h 吸水量和最大抗水渗透压力两种方法进行了综合评价。基准组和受检组 48h 毛细孔吸水率变化趋势如图 3 所示。可以看出，随着吸水时间的延长，基准组和受检组的毛细孔吸水率均逐渐增大。但在不同吸水时间情况下，受检组吸水率均明显低于基准组，6h 以内时吸水率仅相当于基准组的 60%左右；6～12h 内的吸水率仅相当于基准组的 65%左右；12～36h 内的吸水率为基准组的 75%左右；48h 时受检组吸水率相对于基准砂浆的 78%，降幅仍高达 22%。这表明，该渗透型无机防水剂能填充封堵水泥砂浆表面的毛细孔，显著降低水泥砂浆毛细孔吸水率；其作用效果在吸水早期时尤为显著。随着吸水时间延长，渗透型无机防水剂对毛细孔吸水的屏蔽效果虽有所降低，仍能显著降低砂浆表面的毛细孔吸水率，提高水泥砂浆抵抗外界水分进入的能力。

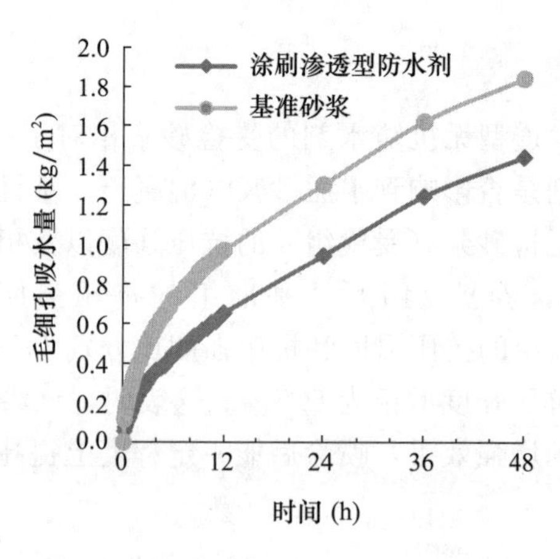

图 3　基准组和受检组的毛细孔吸水率

3.2.2　最大抗渗透压力

基准组和受检组的最大抗水渗压力如图 4 所示。可以看出，基准组的最大抗渗压力为 0.3MPa，涂刷渗透型无机防水剂的受检组砂浆最大抗渗压力为 0.6MPa，为基准组的 200%。这表明，该渗透型无机防水剂能提高水泥砂浆抗水渗性能，显著提高水泥砂浆抵抗压力水渗透能力。

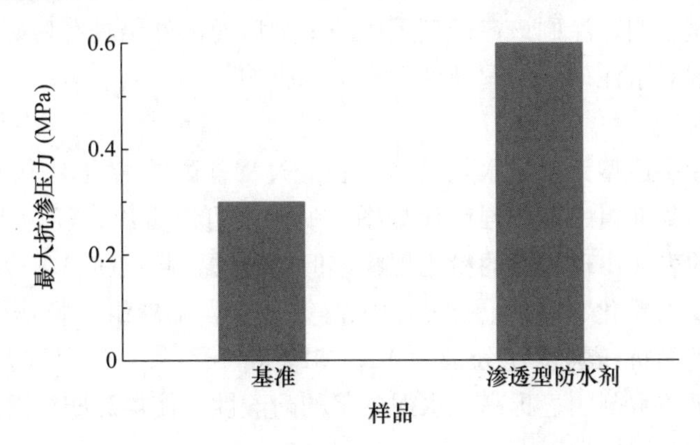

图 4　基准组和受检组的最大抗水渗压力

3.3　耐久性

3.3.1　耐热性

良好的耐久性是确保渗透型无机防水剂能够长期服役应用的关键性能之一，常通过其耐热性、抗冻融循环能力、耐碱性和耐酸性来评价。基准组和喷涂渗透型无机防水剂受检组在经过 72h 高温后的外观、抗压强度以及相对于基准组的抗压强度比如图 5 所示。可以看出，经历 72h 高温后，基准组和受检组两组试件表面完好，未发生粉化、裂纹、起皮和脱落等现象。基准组的抗压强度为 13.0MPa，而涂刷渗透型无机防水剂的受检组抗压强度和抗压强度比分别为 13.9MPa 和 106.9%，明显高于基准组。这表明，涂刷渗透型无机防水剂后的试件具有良好的耐温性能，该渗透型无机防水剂对水泥砂浆的耐热性具有一定的增强效果，能一定程度上提高水泥砂浆耐高温性能。

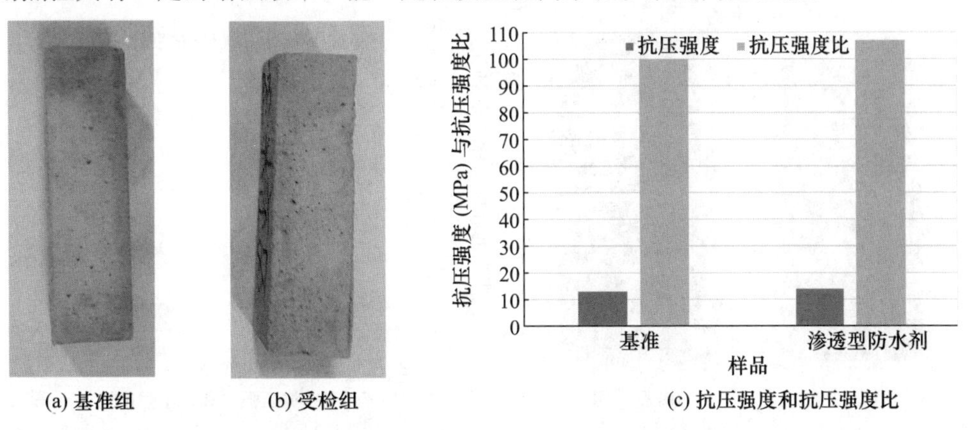

(a) 基准组　(b) 受检组　(c) 抗压强度和抗压强度比

图 5　耐热后的两组试件表面状况及抗压强度（比）

3.3.2 耐碱性

基准组和喷涂渗透型无机防水剂受检组在经过碱溶液浸泡168h后的外观、抗压强度以及相对于基准组的抗压强度比如图6所示。可以看出，经历168h碱溶液浸泡后，基准组和受检组两组试件表面完好，未发生粉化、裂纹、起皮和脱落等现象。基准组的抗压强度为10.3MPa，而受检组抗压强度和抗压强度比分别为10.3MPa和100.0%，与基准组相同。这表明，涂刷该渗透型无机防水剂后的试件仍具有良好的耐碱性能，该渗透型无机防水剂对水泥砂浆的耐碱性没有不良影响。

3.3.3 耐酸性

基准组和喷涂渗透型无机防水剂受检组在经过稀盐酸溶液浸泡168h后的外观、抗压强度以及相对于基准组的抗压强度比如图7所示。可以看出，经历168h酸溶液浸泡后，基准组试件的表面出现轻微的粉化现象，但无裂纹、起皮和脱落等现象；受检组试件表面完好，未发生粉化、裂纹、起皮和脱落等现象。基准组的抗压强度为9.6MPa，而受检组抗压强度和抗压强度比分别为10.4MPa和108.3%，明显高于基准组。这表明，该渗透型无机防水剂明显提高了水泥砂浆的耐酸性，使得涂刷渗透型无机防水剂的试件具有良好的耐酸侵蚀性。

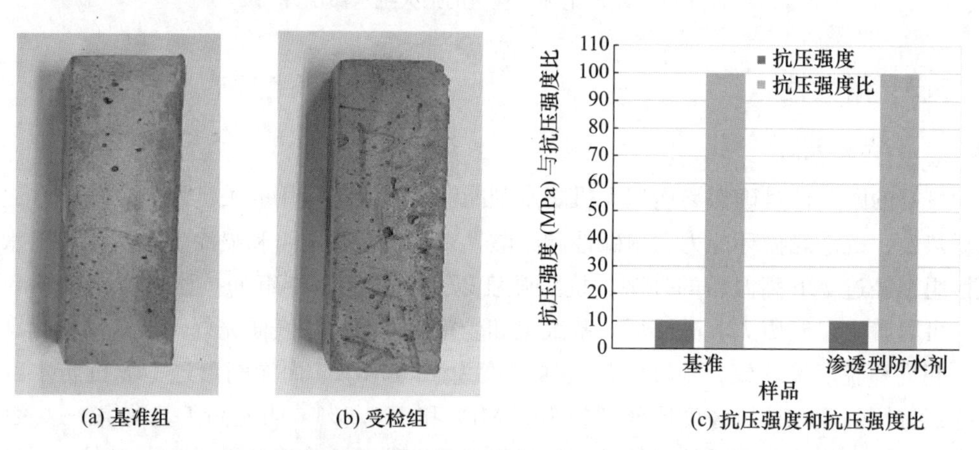

图6 耐碱后的两组试件表面状况及抗压强度（比）

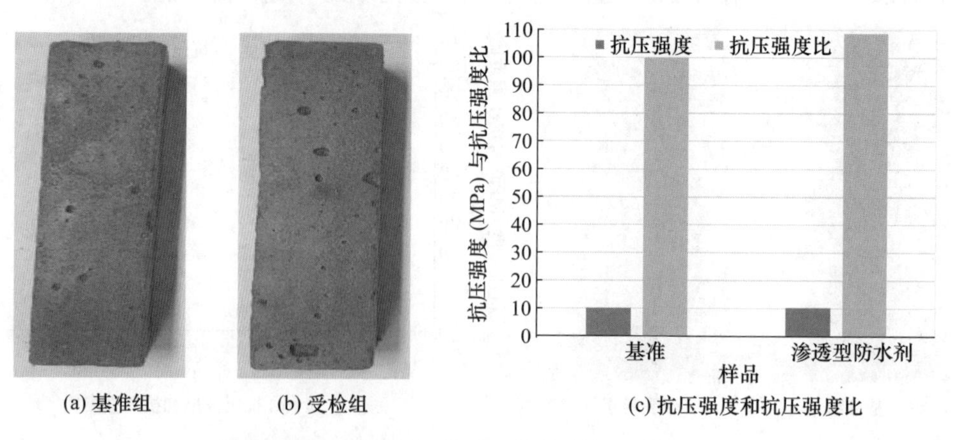

图7 耐酸后的两组试件表面状况及抗压强度（比）

3.3.4　抗冻性

基准组和喷涂渗透型无机防水剂的受检组在经过15次冻融循环后，表面均无粉化、裂纹、起皮和脱落等现象。因此，为进一步探讨抗冻性，继续将两组试件经历冻融循环至30次。两组试件经历30次冻融循环后的外观、抗压强度以及相对于基准组的抗压强度比如图8所示。可以看出，经历30次冻融循环后，基准组和受检组两组试件表面已均发生粉化、起皮和脱落等现象。基准组的抗压强度为10.1MPa，而受检组抗压强度和抗压强度比分别为10.3MPa和102.0%，略高于基准组。这表明，该渗透型无机防水剂对水泥砂浆的抗冻性具有良好的增强效果，能一定程度上提高水泥砂浆抗冻性。

(a) 基准组　　(b) 受检组　　(c) 抗压强度和抗压强度比

图8　30次冻融循环后的两组试件表面状况及抗压强度（比）

3.4　抗盐析性

基准砂浆和喷涂渗透型无机防水剂的受检组的盐析效果如图9所示。由图9（a）可以看出，经过抗盐析试验后，基准砂浆接触到水分部位已产生显著的盐析现象，表面颜色呈现为白色，与塑料膜覆盖后未接触水分的面积颜色差异显著。这表明基准砂浆极易产生盐析现象。由图9（b）可以看出，经过抗盐析试验后，涂刷渗透型无机防水剂的受检砂浆接触到水分的部位基本没有产生盐析现象，表面颜色与塑料膜覆盖后未接触水分的面积颜色基本相同，这表明涂刷渗透型无机防水剂的水泥砂浆难以产生盐析现象。以上分析表明，该渗透型无机防水剂具有优异的抗盐析、抗泛碱性能，能显著改善水泥砂浆基材的盐析现象。

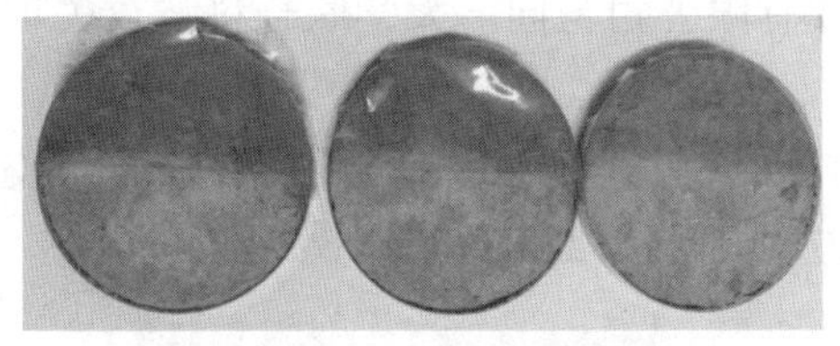

(a) 基准组接触水分与部位盐析现象比对

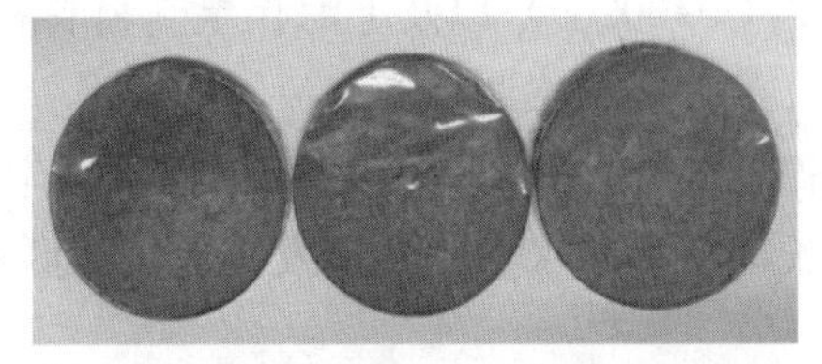

(b) 受检组接触水分与否的部位盐析现象

图9　抗盐析性能测试结果

4 结论

通过对渗透型无机防水剂的综合性能研究可知，该渗透型无机防水剂具有优异的防水性，能显著提高水泥砂浆抗静态水和压力水的渗透能力；涂刷该防水剂后水泥砂浆的抗压强度一定程度上有所提高。渗透型无机防水剂表现出优异的抗冻融性能，以及良好的耐热性、耐碱性、耐酸性，使得涂刷防水剂的受检砂浆在这些因素作用下的抗压强度均高于基准砂浆。渗透型无机防水剂也具有优异的抗盐析性能，很大程度上避免水泥砂浆基材产生盐析现象。综合来看，该渗透型无机防水剂具有优异的性能，适用于水泥砂浆（混凝土）表面的渗透型防水处理应用，赋予优异的防水效果和耐久效果。

参考文献

[1] 史才军，汪越，潘晓颖，等．混凝土无机表面处理技术研究进展［J］．材料导报，2017，31（13）：113-119.

[2] MIRCEA C，TOADER T，HEGYI A，et al. Early age sealing capacity of structural mortar with integral crystalline waterproofing admixture［J］. Materials，2021，14（17）：4951.

[3] AL-RASHED R，AL-JABARI M. Multi-crystallization enhancer for concrete waterproofing by pore blocking［J］. Construction and Building Materials，2021，272：121668.

[4] SONG ZN，XUE X，LI YW，et al. Experimental exploration of the waterproofing mechanism of inorganic sodium silicate-based concrete sealers［J］. Construction and Building Materials，2016，104：276-283.

[5] JIANG LH，XUE X，ZHANG WD，et al. The investigation of factors affecting the water impermeability of inorganic sodium silicate-based concrete sealers［J］. Construction and Building Materials，2015，93：729-736.

[6] KHASHAYAR E，JAVAD D M，MOHAMMAD Z，et al. A review of the impact of micro- and nanoparticles on freeze-thaw durability of hardened concrete：Mechanism perspective［J］. Construction and Building Materials，2018，186：1105-1113.

[7] LIU Z，HANSEN W. Effect of hydrophobic surface treatment on freeze-thaw durability of concrete［J］. Cement and Concrete Composites，2016，69：49-60.

项目资助：本文受到国家“十三五”重点研发计划项目课题（2018YFD1101003，2016YFC0700905）以及上海伟星新材料科技有限公司与同济大学联合科技攻关项目的资助，一并表示感谢。

作者简介：郑薇，女，工程师，工学硕士，上海伟星新材料科技有限公司技术总监。长期从事防水材料的研发与应用。联系方式：535827315@qq. com。

外加剂对水下抗分散硫铝酸盐水泥浆体工作性能的影响

杨　肯[1,2]　宋法成[1,2]　张国防[1,2]　王培铭[1,2]　徐玲琳[1,2]
(1 同济大学先进土木工程材料教育部重点实验室，上海 201804；
2 同济大学材料科学与工程学院，上海 201804)

摘　要：研究了UWBⅡ抗分散剂、酒石酸、聚羧酸减水剂及水灰比对水下抗分散硫铝酸盐水泥浆体流变性、流动性、凝结时间的影响。结果表明，聚羧酸减水剂增加了浆体的流动性、降低了浆体黏度，且随着掺量增加，作用效果更为显著。抗分散剂则降低了浆体的流动性并增大了浆体黏度，但影响程度随着掺量增加而减弱，且抗分散剂削弱了减水剂对浆体流动性的影响。浆体含水量对工作性能亦有重要影响，浆体的初凝和终凝时间随水灰比增大而延长，但时间间隔始终为10～25min。总体上，酒石酸、聚羧酸高效减水剂和抗分散剂均有一定的缓凝效果。

关键词：硫铝酸盐水泥；水下抗分散；外加剂

Effect of Additives on the Performance of Underwater Anti-dispersing Sulfoaluminate Cement Paste

Yang Ken[1,2]　Song Facheng[1,2]　Zhang Guofang[1,2]
Wang Peiming[1,2]　Xu Linglin[1,2]
(1 Key Laboratory of Advanced Civil Engineering Materials of Ministry of Education, Tongji University, Shanghai 201804; 2 School of Materials Science and Engineering, Tongji University, Shanghai 201804)

Abstract: This paper investigated the impact of UWB Ⅱ dispersion resisting agent

(DRA), tartaric acid (TA), polycarboxylate superplasticizer (PS) and water to cement ratio on the rheology, flowability and setting time of sulfoaluminate cement pastes. The results showed that PS increases the flowability but decreases the viscosity of paste, which becomes more effective with an increasing dosage. Inversely, DRA decreases the flowability while increases the viscosity of paste, which becomes less effective with the growing dosage. Water content in paste also plays an important role. The initial and final setting time increases along with the increasing water to cement ratio. However, the interval between initial and final setting time remain between 10～25min. Generally, TA, PS, and DRA retard the setting of paste to some extent.

Keywords: sulfoaluminate cement; underwater anti-dispersion; additives

1 引言

随着我国近海资源大量开发，日益增多的海洋工程对混凝土水下浇筑施工质量提出了更高要求。通过在混凝土中掺入抗分散剂[1-3]制得水下抗分散混凝土，可实现水下浇筑自流平、自密实以及免振捣[3-5]等，对水下混凝土施工具有重要意义。抗分散剂可在水泥颗粒表面形成离子键或共价键，阻碍或延缓水泥颗粒的凝聚[6]。我国已先后成功研制聚丙烯系（UWBⅠ型）、纤维素系（SCR型）和多糖（UWBⅡ型）抗分散剂。

目前，水下抗分散混凝土工程多使用硅酸盐水泥，但受限于水泥凝结时间较长、早期强度较低，难以满足某些特种工程需求。相比之下，硫铝酸盐水泥烧成温度更低、熟料更易磨、水化热集中，且兼具快硬早强、高强、耐蚀、抗渗等诸多优点[7-12]。但硫铝酸盐水泥水化速度快，浆体经时损失较大，因此实际应用中往往需要掺入缓凝剂和减水剂等多种外加剂。因此，本文研究了UWBⅡ抗分散剂、酒石酸缓凝剂、聚羧酸减水剂及水灰比对水泥浆体流变性、流动性、凝结时间等性能的影响。

2 试验

2.1 原材料

所用水泥为河北唐山北极熊建材有限公司®生产的高贝利特硫铝酸盐水泥（SAC）；抗分散剂为中国石油集团工程技术研究院®研制的UWBⅡ多糖型絮凝剂（粉末状）；缓凝剂为酒石酸（2,3-二羟基丁二酸）；减水剂为上海尚南贸易有限公司®生产的三瑞SD-600P-01型聚羧酸减水剂；拌和用水为自来水。水灰比为0.4，缓凝剂掺量为水泥的0.2%，抗分散剂和减水剂的掺量见表1（均以占水泥质量分数计）。

表1　不同配合比中抗分散剂及减水剂的掺量

试样编号	抗分散剂（%）	减水剂（%）
U0P0	0	0
U0P4		0.44

续表

试样编号	抗分散剂（%）	减水剂（%）
U20P0	2.0	0
U20P2		0.22
U20P4		0.44
U20P8		0.88
U25P2	2.5	0.22
U25P4		0.44
U25P8		0.88
U30P2	3.0	0.22
U30P4		0.44
U30P8		0.88

2.2 试验方法

2.2.1 流动度

根据《混凝土外加剂匀质性试验方法》（GB/T 8077—2012）测试新拌水泥浆体流动度，并同步观察其保水性。

2.2.2 流变性

采用DV-2 Pro数字式黏度仪测试新拌水泥浆体的黏度。用标准转子配普通型号黏度计测量，每隔1min记录1次，测试时长为10min，取10个数据的平均值。

2.2.3 凝结时间

按照《水泥标准稠度用水量、凝结时间、安定性检验方法》（GB/T 1346—2011），在（20±2）℃、（60±5）%下测试水泥浆体的凝结时间。

3 结果与讨论

3.1 流动度和保水性

新拌水泥浆体的流动度及和易性见表2。掺入2.0%缓凝剂后，浆体黏性提升，与试模接触紧密，难以从试模中脱出。而掺入减水剂后，浆体变稀，严重泌水。这是由于减水剂分子在水化初期包裹并分散了水泥颗粒，阻碍了水泥颗粒之间的黏聚，延缓了水泥水化，提高了水泥浆体的稳定性，在不增加用水量的条件下，提高了流动性并降低了保水性。

新拌水泥浆体流动度随抗分散剂掺量的变化如图1（a）所示。随着抗分散剂掺量增加，水泥浆体流动度持续降低；在3.0%抗分散剂的作用下，水泥浆体不再泌水，可见抗分散剂能够显著降低浆体流动度并提升保水性。图1（b）为新拌水泥浆体流动度随减水剂掺量的变化（其中不含减水剂试样的流动度记为100mm），由图可见减水剂显著提升了浆体的流动度。然而，随着减水剂掺量从0.22%增加至0.88%，浆体流动度变化微弱，这可能是由于抗分散剂增加了浆体的黏度；减水剂虽然能改善流动性，但对掺加抗分散剂所得黏稠浆体的影响较小。因此，后续固定减水剂掺量在 0.44%。

表 2　新拌浆体的和易性

试样编号	流动性	保水性
U0P0	试模提起后，净浆静止不动，不会散开，流动性差	无泌水
U0P4	流动度 387mm	严重泌水
U20P0	试模较难提起，净浆静止不动，不会散开，流动性差	无泌水
U20P2	流动度 200mm	无泌水
U20P4	流动度 195mm	无泌水
U20P8	流动度 211mm	无泌水
U25P4	流动度 174mm	无泌水
U30P4	流动度 170mm	无泌水

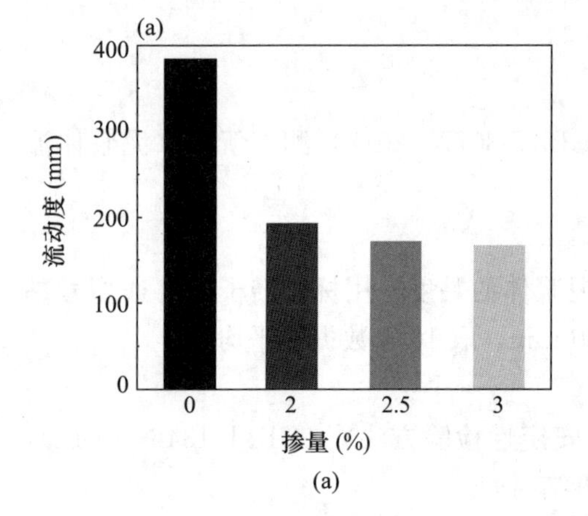

(a)

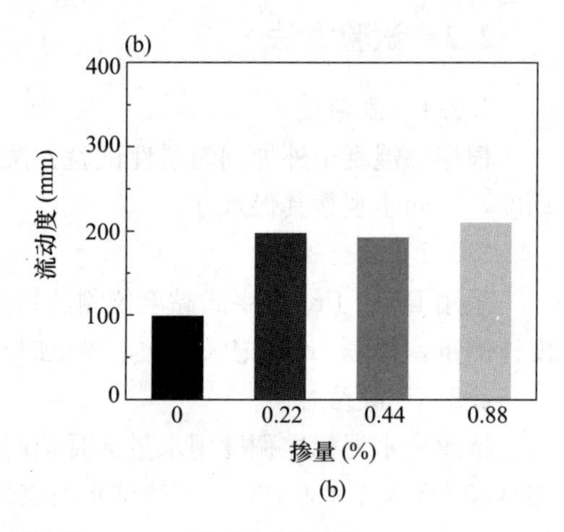

(b)

图 1　浆体流动度：(a) 不同抗分散剂掺量；(b) 不同减水剂掺量

3.2　流变性能

将各个不同转速下的水泥浆体流变性数据按照 Bingham 模型进行线性回归拟合，得到各组浆体的流变性参数。作为一种 Bingham 材料，水泥浆体的实际剪切应力 τ 可以用屈服应力 τ_0 和塑性黏度 μ 来表示，如下式所示：

$$\tau=\tau_0+\mu\frac{dv}{dt}$$

式中，τ 为材料的实际剪切应力，τ_0 为材料的极限剪切应力或屈服极限，μ 为材料的拟合塑性黏度，dv/dt 为材料受剪切时的剪切速率。

将剪切速率 dv/dt 作为横轴，实际剪切应力 τ 作为纵轴，对水泥浆体的流变性能数据按照 Bingham 模型进行线性回归拟合，拟合方式以 U20P4 组浆体为例，如图 2 (a) 所示。如果在式 (1) 中，屈服极限为零，则符合牛顿流体模型。在水泥基材料中，极限剪切应力 τ_0 是材料本身阻止被剪切形变的最大应力，而拟合塑性黏度 τ 则是材料内部的固体颗粒、固体与液体、液体分子之间内摩擦力的反映。τ_0 和 μ 越小，即黏度越小，流动性越好。各组水泥浆体流变试验结果如图 2（b）所示。

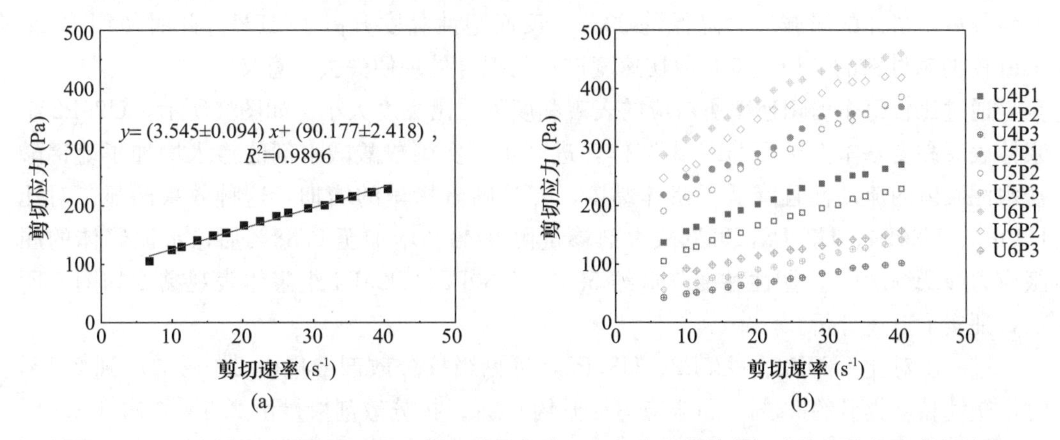

图 2　（a）U20P4 试样的 Bingham 模型线性拟合；（b）水泥浆体剪切应力和剪切速率的关系

如图 2（a）所示，散点图拟合结果有材料的极限剪切应力 μ_0、材料的拟合塑性黏度 μ 和拟合分析方差三个参数。结合所用设备，最终材料塑性黏度 μ_1 应由拟合塑性黏度 μ 乘以比例系数 k，所得水泥浆体流变学试验数据散点图拟合结果见表 3。

表 3　水下抗分散硫铝酸盐水泥浆体的流变性能

试样编号	拟合塑性黏度 μ (Pa·s)	塑性黏度 μ_1 (Pa·s)	屈服应力 μ_0 (Pa)	R^2
U20P4	3.533	3.533 * k	91.023	0.990
U20P2	3.858	3.858 * k	121.990	0.983
U20P8	1.794	1.794 * k	32.904	0.993
U25P4	5.719	5.719 * k	157.221	0.997
U25P2	4.722	4.722 * k	196.231	0.968
U25P8	2.511	2.511 * k	40.592	0.998
U30P4	5.343	5.343 * k	228.888	0.939
U30P2	5.141	5.141 * k	268.676	0.960
U30P8	2.195	2.195 * k	68.631	0.996

当固定抗分散剂掺量为 2.0%、酒石酸掺量为 0.2%，可见减水剂掺量由 0.22%（U20P2）增加至 0.44%（U20P4）后，水泥浆体的塑性黏度降低约 8.4%，屈服应力降低约 25%；减水剂掺量由 0.44%（U20P4）增加至 0.88%（U20P8）后，水泥浆体的塑性黏度降低约 49%，屈服应力降低约 64%。由于塑性黏度值和屈服应力值越小，浆体流动性越好，因此聚羧酸减水剂的掺入增加了硫铝酸盐水泥浆体的流动性且降低了浆体黏度，且影响程度随着掺量的增加愈发显现。这可能是由于减水剂的憎水基团定向吸附于水泥颗粒表面，使水泥颗粒表面带有相同的电荷。由羧基负离子电斥力及主链和侧链的立体位阻作用同时发挥作用，减水剂的这种分散作用使浆体在不增加用水量的情况下，增加了流动性，改善了流变性能。

对比U25P2、U25P4、U25P8，可见减水剂掺量由0.44%增加至0.88%后，浆体的塑性黏度降低了约56%，屈服应力降低了约74%。减水剂掺量由0.22%增加至0.44%后，浆体的屈服应力降低约20%，反而塑性黏度升高了21%。此时使用Bingham模型对材料的剪切速率和剪切速度进行的拟合处理便失去了意义。

通过比较每个剪切速率所对应的表观黏度可看出黏度大小。如图3所示，U25P2组浆体表观黏度基本大于U25P4组浆体，进一步证实聚羧酸减水剂的掺入增加了硫铝酸盐水泥浆体的流动性且降低了浆体黏度，并且随着掺量的增加，这种效果凸显。对比U30P2、U30P4、U30P8，可见减水剂掺量由0.44%增加至0.88%后，水泥浆体的屈服应力降低约70%，塑性黏度降低约59%。U30P2、U25P4组浆体表观黏度如图3所示，证实了上述分析。

进一步对比U20P2、U25P2、U30P2，可见当抗分散剂掺量由2.0%增加到2.5%时，塑性黏度提升约22%，屈服应力提升约61%；抗分散剂掺量由2.5%增加到3.0%时，塑性黏度提升约8.9%，屈服应力提升约37%。由此可见，抗分散剂的掺入降低了浆体的流动性，增大了浆体的黏度，但随着掺量的增加，二者变化的趋势放缓。这可能是由于抗分散剂在与水接触后，加快了絮凝结构的形成；絮凝结构增多又使水泥浆体更加黏稠，在受到外力作用产生塑性剪切变形时，这些絮凝结构使屈服应力和塑性黏度同时增加。

而当对比U25P4、U30P4、U25P8、U30P8时，又会出现屈服应力和塑性黏度变化趋势不同的情况，即此时Bingham模型失效，四组浆体的表观黏度值随剪切速率的变化图，如图3所示。U30P4组浆体表观黏度大于U25P4组，U30P8组浆体表观黏度大于U25P8组。这印证了抗分散剂的掺入降低了浆体的流动性，增大了浆体黏度的结论。因此，掺加聚羧酸减水剂能够改善水泥浆体流变性，增加流动性，掺加抗分散剂主要起到增稠效果，对浆体流变性的塑性黏度和屈服应力都有影响。

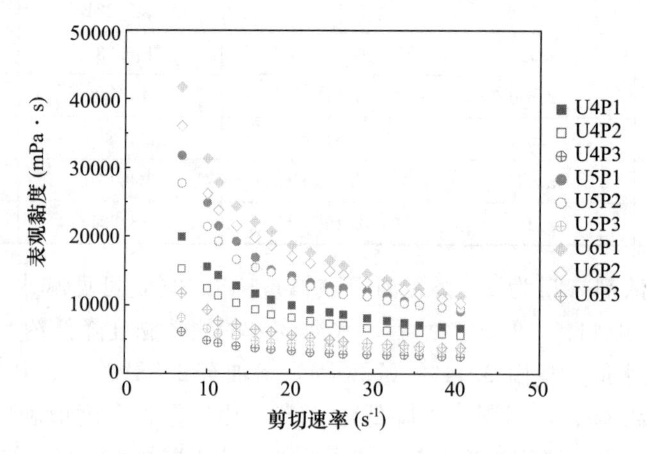

图3　新拌水泥浆体的表观黏度

3.3　凝结时间

图4显示了水灰比分别为0.3、0.4、0.5的水泥浆体的凝结时间。随着水灰比增

大，初凝和终凝时间延长，但二者相隔较短，始终保持在 10～25min。水灰比为 0.5 时，初凝时间更是达到了 1h 以上。综合工作性和后期力学性能，采用 0.4 的水灰比作为后续试验的基准配比，以期获得性能良好的水下抗分散硫铝酸盐水泥浆体的配比。

采用 0.4 的水灰比后，由于水泥浆体凝结时间较短，添加了酒石酸以延长其凝结时间。由图 5 可知，酒石酸作为缓凝剂加入水泥浆体后，当掺量为 0.01%或 0.05%时甚至发挥了轻微的促凝作用，使得初凝时间缩短了几分钟，终凝时间与 0%掺量大致相同。在掺量增大到 0.1%以后时，缓凝效果显现——当掺量从 0.1%到 0.3%，初凝、终凝皆逐渐延长。总体来看，无论加入酒石酸与否，硫铝酸盐水泥浆体的初凝和终凝之间都相隔 15～25min。

图 6（a）显示了固定酒石酸掺量为 0.2%，固定抗分散剂掺量为 1.5%且分别掺入 0.22%、0.44%、0.88%聚羧酸减水剂后得到的水泥浆体的凝结时间，而图 6（b）则显示了固定酒石酸掺量为 0.2%，固定抗分散剂掺量为 2.0%且分别掺入 0.22%、0.44%、0.88%聚羧酸减水剂后水泥浆体的凝结时间。由图 6 可知，聚羧酸减水剂进一步加入后，无论抗分散剂的掺量为 1.5%还是 2.0%，浆体的凝结时间都随减水剂掺量的增大而逐渐延长。相比仅掺 0.2%酒石酸的水泥浆体，当减水剂掺量为 0.44%，抗分散剂掺量为 1.5%时，初凝时间由 81min 延至 93min，终凝时间由 101min 延至 124min。当聚羧酸减水剂掺量继续增加至 0.88%时，初凝时间为 126min，终凝时间为 158min。这或是由于减水剂容易吸附在硫铝酸盐水泥矿物表面，一定程度上阻止了水泥颗粒的絮凝结构的形成。掺量增加，对浆体水泥颗粒及水化颗粒的分散作用逐渐提高，延缓了硫铝酸盐水泥的水化进程。且在酒石酸掺量相同、减水剂掺量为 0.44%的情况下，随着抗分散剂掺量的增加，初凝时间由 93min 延至 110min，终凝时间由 124min 延至 158min。这或是由于抗分散剂中含有延缓硫铝酸盐水泥水化进程的组分，故对水泥也有一定的缓凝效果。

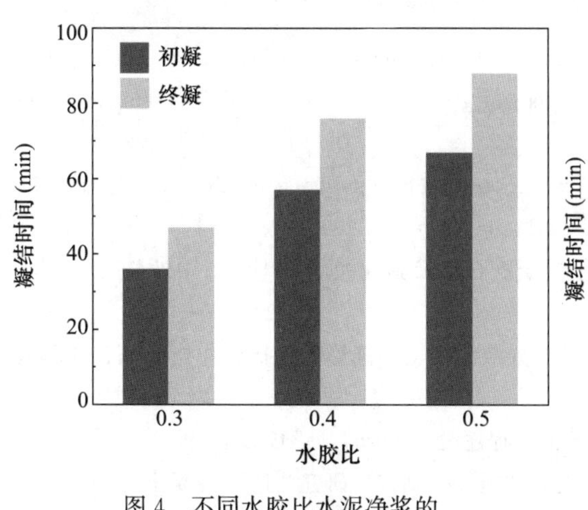

图 4　不同水胶比水泥净浆的凝结时间

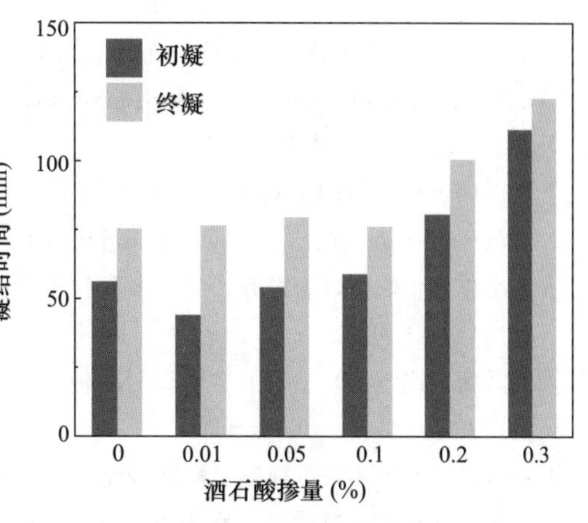

图 5　掺酒石酸时水泥浆体的凝结时间

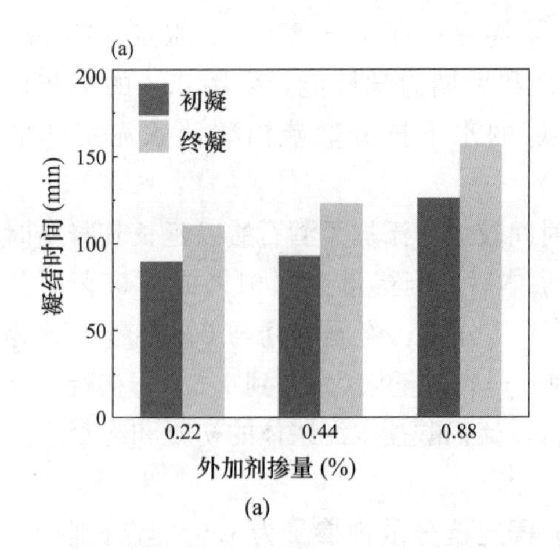

(a)

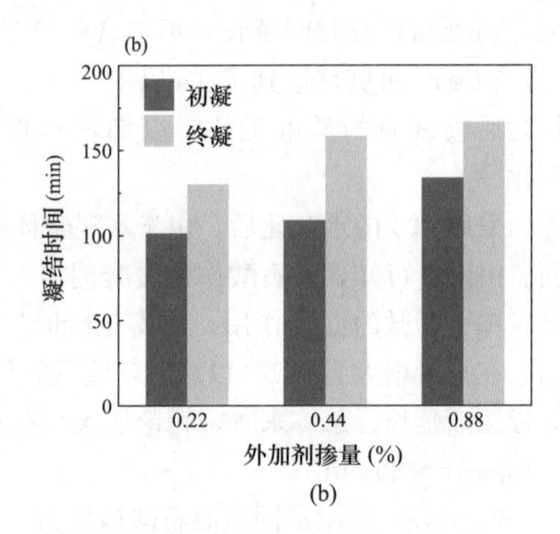

(b)

图 6　(a) 掺 1.5%或 (b) 2.0%抗分散剂、0.2%酒石酸和减水剂时水泥浆体的凝结时间

4 结论

(1) 聚羧酸减水剂能增加硫铝酸盐水泥浆体的流动性并降低浆体黏度，且作用效果随着掺量的增加而增强。而抗分散剂能降低水泥浆体的流动性并增大浆体黏度，但随着掺量的增加，二者的趋势变缓；抗分散剂的掺入使减水剂对水泥浆体流动性的影响降低。

(2) 所用三种外加剂对硫铝酸盐水泥均有一定的缓凝效果。其中，酒石酸的掺量增大到 0.1%后，才显现出缓凝效果。

(3) 随着水灰比的增大，硫铝酸盐水泥初凝和终凝都延长，但始终间隔 10～25min。

参考文献

[1] YAHIA A，KHAYAT K H. Experiment design to evaluate interaction of high-range water-reducer and antiwashout admixture in high-performance cement grout [J]. Cement and Concrete Research，2001，31 (5)：749-757.

[2] SONEBI M，KHAYAT K H. Effect of mixture composition on relative strength of highly flowable underwater concrete [J]. Materials Journal，2001，98 (3)：233-239.

[3] 王文忠，韦灼彬，唐军务，等. 水下不分散混凝土配合比及其性能研究 [J]. 中外公路，2012，32 (1)：265-267.

[4] 冯爱丽，覃维祖，王宗玉. 絮凝剂品种对水下不分散混凝土性能影响的比较 [J]. 石油工程建设，2002 (4)：6-10，2.

[5] 陆泉林. 水下不分散混凝土性能研究 [J]. 石油工程建设，1994 (4)：17-23，59.

[6] 沙林浩，林鲜，冯爱丽. 水下不分散混凝土流动性损失控制技术研究 [J]. 混凝土，2001 (8)：3-5.

[7] GARCÍA-MATÉ M，DE LA TORRE A G，LEÓN-REINA L，et al. Effect of calcium sulfate source on the hydration of calcium sulfoaluminate eco-cement [J]. Cement and Concrete Compos-

ites，2015，55：53-61.

[8] ALLEVI S，MARCHI M，SCOTTI F，et al. Hydration of calcium sulphoaluminate clinker with additions of different calcium sulphate sources [J]. Materials and Structures，2016，49 (1)：453-466.

[9] POP A，BADEA C，ARDELEAN I. Monitoring the ettringite formation in cement paste using low field T2-NMR [J]. AIP Conference Proceedings，2013，1565 (1)：141-144.

[10] 周华新，刘加平，刘建忠. 低碱硫铝酸盐水泥水化硬化历程调控及其微结构分析 [J]. 新型建筑材料，2012，39 (1)：4-8，31.

[11] CHEUMANI Y A M，NDIKONTAR M，DE JÉSO B，et al. Probing of wood-cement interactions during hydration of wood-cement composites by proton low-field NMR relaxometry [J]. Journal of Materials Science，2011，46 (5)：1167-1175.

[12] MULLER A C A，SCRIVENER K L，SKIBSTED J，et al. Influence of silica fume on the microstructure of cement pastes：New insights from ^{1}H NMR relaxometry [J]. Cement and Concrete Research，2015，74：116-125.

[13] 刘从振，范英儒，王磊，等. 聚羧酸减水剂对硫铝酸盐水泥水化及硬化的影响 [J]. 材料导报，2019，33 (4)：625-629.

基金资助：近海公路建设与养护新材料技术应用交通运输行业研发中心（福建省交通规划设计院有限公司）开放基金。

作者简介：

第一作者：杨肯，男，同济大学材料科学与工程学院博士生，联系方式：15874539286。

通信作者：徐玲琳，女，同济大学材料科学与工程学院副教授，主要从事特种砂浆相关研究，联系方式：13681746856。

第三部分
产品研发与应用

机制砂干混砂浆的配合比设计方法

武双磊[1]　季军荣[2]　刘　翠[2]　丁文东[3]　陈胡星[1]
（1 浙江大学材料科学与工程学院，杭州 310027；
2 崇左南方水泥有限公司，崇左 532200；
3 杭州临安正翔建材有限公司，杭州 311300）

摘　要：机制砂取代天然砂制备干混砂浆，已成为行业主流，与天然砂相比机制砂有其特殊性，干混砂浆配合比设计不能完全照搬天然砂。本文结合机制砂的特点，从充分利用机制砂粉料出发，对天然砂干混砂浆配合比设计方法进行了修正和完善，提出一种较为切合实际的机制砂干混砂浆配合比设计方法。

关键词：机制砂；干混砂浆；配合比；设计方法

Mix Proportion Design Method of Dry Mix Mortar with Manufactured Sand as Aggregate

Wu Shuanglei[1]　Ji Junrong[2]　Liu Cui[2]　Ding Wendong[3]　Chen Huxing[1]
（1 School of Materials Science and Engineering，Zhejiang University，Hangzhou 310027；2 Chongzuo Nanfang Cement Co.，Ltd.，Chongzuo 532200；3 Hangzhou Linan Zhengxiang Building Materials Co.，Ltd.，Hangzhou 311300）

Abstract：It has been the trend to prepare dry mix mortar through the replacement of manufactured sand with natural sand as aggregates. Due to the particularity of manufactured sand，the mix proportion design method of dry mix mortar with manufactured sand is also different. In the paper，based on the characteristics of manufactured sand and complete utilization of its stone powder，the mix proportion design method of dry

mix mortar with natural sand was revised and improved, to present the feasible mix proportion design method for dry mix mortar with manufactured sand as aggregates.
Keywords: manufactured sand; dry mix mortar; mix proportion; design method

1 引言

随着建筑技术的不断发展，绿色节能环保施工的要求也逐步提高，干混砂浆以其多重的产品优势，获得了现代新型建筑的青睐。干混砂浆配合比直接影响到砂浆产品的质量。然而很多砂浆生产企业对配合比的设计方法了解不足，行业内部也没有一种通用的、较为切合实际生产的配合比设计方法。早前作者已经提出了一种天然砂干混砂浆配合比的设计方法，而今采用机制砂制备干混砂浆已成为主流，作者结合机制砂的特点，综合考虑其他情况，对原来的天然砂干混砂浆配合比设计方法进行了修正和完善，提出一种较为切合实际的机制砂干混砂浆配合比设计方法。

2 机制砂干混砂浆配合比设计思路

部分或全部利用机制砂配制砂浆，与天然砂配制基本相似，配合比设计基本上可参照天然砂的设计步骤进行。但是，机制砂配制砂浆也有其特殊性，尤其是针对自带制砂工艺的干混砂浆企业，须对某些配合比设计步骤进行相应的修正，以更好切合企业生产实际情况。

采用机制砂配制干混砂浆的特殊性主要表现在以下几个方面：

（1）采用机制砂时，机制砂本身含有一定量的石粉（机制砂中粒径 75μm 以下的颗粒称为石粉），同时，制砂过程中选出的粉料中也含有较多的石粉，这些石粉可以当作掺和料。花岗岩、石灰岩等制砂产生的石粉活性较低，一般不用于取代水泥，即取代水泥率为零，仅用于补偿砂浆的和易性。

（2）制砂过程中选出的粉料中粗颗粒（粒径大于 75μm），可近似地当作细砂，应在确定砂的用量时进行修正，即在原来的砂用量基础上减去粉料中的粗颗粒的量。

（3）通常情况下，制砂过程中选出的石粉较多，处置压力大，为了尽量在砂浆中多用石粉，少用甚至不用粉煤灰、矿渣粉等掺和料，对砂浆（尤其是砌筑砂浆）的某些性能指标可适当放宽。

另外，建筑垃圾再生砂的应用实践日益增多，用自制再生砂生产砂浆时，可参照机制砂配制砂浆的配合比设计方法进行设计。当再生砂石粉活性较高时，则可以替代粉煤灰来计算配合比。

3 机制砂干混砂浆配合比设计步骤

（1）试配砂浆目标值的确定

根据砂浆品种和等级，参照《预拌砂浆》（GB/T 25181），并考虑具体的施工墙体、环境温湿度、施工方式，以及考虑生产、储运和施工水平等具体情况，确定试配砂浆的各项性能指标目标值。

其中，试配砂浆的28d抗压强度和14d黏结拉伸强度（抹灰砂浆）目标值分别按式(1)和式(2)进行计算：

$$f_{m,0}=kf_2 \tag{1}$$

$$f'_{m,0}=kf_2' \tag{2}$$

式中　$f_{m,0}$——试配砂浆的28d抗压强度目标值（MPa），精确至0.1MPa；

f_2——砂浆强度等级值（MPa）；

$f'_{m,0}$——试配砂浆的14d拉伸强度目标值（MPa），精确至0.1MPa；

f'_2——抹灰砂浆14d拉伸黏结强度标准值（MPa）；

k——砂浆生产与施工质量水平系数，取1.15～1.25。

砂浆生产与施工质量水平优良、一般、较差时，k值分别取为1.15、1.20、1.25。生产与施工质量水平与出厂砂浆强度偏差、储运过程的离析及拌制水平等有关，最终反映在施工时拌和砂浆的强度偏差大小。k取值可参照《砌筑砂浆配合比设计规程》(JGJ/T 98—2010) 中表5.1.1。

(2) 初始水泥用量的计算

① $1m^3$干混砂浆中的初始水泥用量Q_{C0}按式(3)进行计算：

$$Q_{C0}=\frac{1000\ (f_{m,0}-\beta)}{\alpha\cdot f_{ce}} \tag{3}$$

式中　Q_{C0}——$1m^3$砂浆的水泥初始用量（kg），精确至1kg；

f_{ce}——水泥的实测强度（MPa），精确至0.1MPa；

α、β——砂浆的特征系数，其中α取3.03，β取−15.09。

注：也可根据本地区试验资料确定α、β值，统计用的试验组数不得少于30组。

② 在无水泥的实测强度数据时，可按式(4)计算：

$$f_{ce}=\gamma_c\cdot f_{ce,k} \tag{4}$$

式中　$f_{ce,k}$——水泥强度等级值（MPa）；

γ_c——水泥强度等级值富余系数，宜按实际统计资料确定；无统计资料取1.0。

(3) 保水增稠材料用量的确定

可根据保水增稠材料供应商提供的参考数据初步确定保水增稠材料的用量Q_t。

(4) 修正后水泥用量的计算

修正后$1m^3$干混砂浆中的水泥用量Q_{Ct}按式(5)进行计算：

$$Q_{Ct}=Q_{C0}\times\omega_1\times\omega_2\times\cdots\times\omega_i \tag{5}$$

式中　Q_{Ct}——修正后$1m^3$干混砂浆中的水泥用量（kg），精确至1kg；

ω_1——砂浆品种修正系数，砌筑砂浆取1.00，抹灰砂浆取1.05；

ω_2——保水增稠材料修正系数，根据砂浆强度损失率来确定，强度损失率数据可通过试验、经验总结或供应商提供等途径获得，若没有可参考的数据，强度损失率取25%；

ω_i——其他因素修正系数，除了砂浆品种、保水增稠材料修正系数以外，引入的其他因素的修正系数，可以通过试验、经验总结或厂家提供的强度损失率数据来确定。

(5) 取代水泥率和取代系数的选择

取代水泥率指干混砂浆中的水泥被掺和料取代的百分率，主要有粉煤灰取代水泥率和矿渣粉取代水泥率，分别用 β_f 和 β_k 表示；取代系数是指掺和料掺入量与其取代水泥量的比值，主要有粉煤灰取代系数和矿渣粉取代系数，分别用 δ_f 和 δ_k 表示。

砂浆中掺和料的较为适宜的取代水泥率和取代系数见表1。

其他活性掺和料也可参照粉煤灰或矿渣粉进行取代，取代水泥率和取代系数根据它的活性情况而定。

(6) 水泥实际用量的计算

表1 砂浆中的取代水泥率和取代系数

取代率与取代系数		砂浆强度等级						
		M5	M7.5	M10	M15	M20	M25	M30
矿渣粉	取代水泥率 β_k (%)	0～5	0～5	0～10	0～15	0～15	0～20	0～20
	取代系数 δ_k	1.0						
粉煤灰	取代水泥率 β_f (%)	15～25	15～25	10～20	5～15	5～10	0～5	0～5
	取代系数 δ_f	1.3～1.7						

掺和料用量的确定是以砂浆中基准水泥用量为基础的，根据粉煤灰（矿渣粉）取代水泥率按式（6）求出 $1m^3$ 砂浆中水泥的用量 Q_C。

$$Q_C = Q_{Ct}(1-\beta_k-\beta_f) \tag{6}$$

式中 Q_C——$1m^3$ 砂浆中水泥的实际用量（kg），精确至1kg；

Q_{Ct}——修正后水泥用量（kg）；

β_k——矿渣粉的取代水泥率；

β_f——粉煤灰的取代水泥率。

(7) 机制砂带入的石粉量的计算

直接采用 $1m^3$ 机制砂的堆积质量作为 $1m^3$ 干混砂浆中砂的用量，即干混砂浆中砂的用量 Q_s 的数值可取砂的堆积密度 ρ_s 的数值。

机制砂带入的石粉量按式（7）进行计算：

$$Q_{spl} = Q_s \times \theta_{spl} \tag{7}$$

式中 Q_{spl}——机制砂带入的石粉量（kg），精确至1kg；

θ_{spl}——机制砂中石粉含量的百分比（%）。

(8) 掺和料用量的计算

① 取代水泥的粉煤灰用量按式（8）进行计算。

$$Q_f = Q_{Ct} \times \beta_f \times \delta_f \tag{8}$$

式中 Q_{f1}——$1m^3$ 砂浆中粉煤灰的实际用量（kg），精确至1kg；

δ_f——矿物掺和料的取代水泥率。

② 取代水泥的矿渣粉用量按式（9）进行计算。

$$Q_k = Q_{Ct} \times \beta_k \times \delta_k \tag{9}$$

式中　Q_k——$1m^3$砂浆中矿渣粉的实际用量（kg），精确至1kg；

δ_k——矿物掺和料的取代水泥率。

③ 当砂浆中水泥、粉煤灰、矿渣粉、保水增稠材料和石粉总量小于$350kg/m^3$时，应进行砂浆和易性补偿。采用石粉补偿和易性时，所需的石粉用量按式（10）进行计算。

$$Q_{sp2} = 350 - Q_C - Q_f - Q_k - Q_t - Q_{sp1} \tag{10}$$

式中　Q_{sp2}——$1m^3$砂浆中补偿和易性所需的石粉用量（kg），精确至1kg。

（9）机制砂实际用量的计算

机制砂粉料用量按式（11）进行计算。

$$Q_{sp} = Q_{sp2} \div \theta_{sp2} \tag{11}$$

式中　Q_{sp}——机制砂粉料用量（kg），精确至1kg；

θ_{sp2}——机制砂粉料中石粉含量的百分比（%）。

$1m^3$砂浆中机制砂的实际用量Q'_s按式（12）计算。

$$Q'_s = Q_s - (Q_{sp} - Q_{sp2}) \tag{12}$$

⑤ 当采用其他矿物掺和料时，也可掺照粉煤灰进行计算，只是其取代率和取代系数根据它的活性情况酌情取值。

（10）初步配合比的计算

根据上述$1m^3$干混砂浆中各组成材料的用量，换算成砂浆质量比例，即干混砂浆的初步配合比。

（11）配合比的试配与校核

① 和易性校核。根据工程实际使用的材料，按设计的初步配合比试拌砂浆，根据不同品种砂浆稠度范围的要求确定用水量Q_w。

以计算出的初步配合比为基准组，调整保水增稠材料的用量，试配时其浮动量一般为掺量的±10%。测定新拌砂浆的稠度和保水率，得到满足设计性能指标要求时的最小保水增稠材料用量。

② 强度校核。水泥用量和掺和料取代水泥率都会影响到干混砂浆的强度。试配时至少采用三个不同的配合比。其中一个为基准配合比，另外两个配合比的水泥用量按基准配合比分别增减10%，相应调整粉煤灰或矿渣粉的用量（不足时可调整砂的用量）。根据这三个配合比，参照《建筑砂浆基本性能试验方法标准》（JGJ/T 70—2009）中“立方体抗压强度”试验方法测试砂浆的28d抗压强度等各项性能，从中选择符合质量要求和经济性较佳的配合比作为最终的生产配合比。

（12）配合比的进一步优化

根据计算（修正后）所得的$1m^3$干混砂浆中各组成材料的用量，换算成砂浆质量比例，得到干混砂浆的初步配合比。不仅需要对初步配合比进行试配和校核，还必须尽可能多用制砂过程中选出的粉料对配合比进行进一步的优化。

4 机制砂干混砂浆配合比设计举例

4.1 基本情况

（1）砂浆品种和强度等级：DP M10 和 DM M5。

（2）原材料

① 水泥：普通硅酸盐水泥（42.5 级），28d 实测强度为 50.0MPa；

② 砂：自制机制砂，细度模数为 2.5，堆积密度为 1620kg/m³，其中石粉含量为 2%；

③ 掺和料：机制砂粉料（制砂过程中选粉而得），其中石粉含量为 60%；

④ 保水增稠材料：企业自制，掺量为 25kg/m³。

（3）其他

施工时间主要集中在 10～11 月份。生产、运输及施工质量水平一般。

4.2 DP M10 配合比设计过程

（1）试配砂浆性能指标目标值确定

该抹灰砂浆的应用时段为秋季，温度与湿度相对适宜。考虑到抹灰施工的可操作性，应适当控制砂浆拌和物的表观密度。考虑到砂浆生产、运输及施工质量水平一般，质量水平系数 k 取 1.20。试配砂浆的 28d 抗压强度目标值按式（1）计算：

$f_{m,0}=kf_2=1.20\times10.0=12.0$（MPa）

试配砂浆的 14d 黏结拉伸强度目标值按式（2）计算：

$f_{m,0}'=kf_2'=1.20\times0.20=0.24$（MPa）

设计的抹灰砂浆主要性能指标的标准值及目标值列于表 2。

表 2 设计砂浆主要性能指标的标准值和目标值

性能指标	稠度（mm）	保水率（%）	表观密度（kg/m³）	2h 稠度损失率（%）	凝结时间（min）	14d 拉伸黏结强度（MPa）	28d 抗压强度（MPa）
标准值	90～100	≥88	—	≤30	180～720	≥0.2	≥10.0
目标值	90～100	≥88	1800～2000	≤30	180～540	≥0.24	≥12.0

（2）计算初步配合比

① 取得水泥的实测强度

已知水泥的实测抗压强度值为 50.0MPa，即：

$f_{ce}=50.0$（MPa）

② 计算每 1m³ 抹灰砂浆中的初始水泥用量

已知干混抹灰砂浆的试配强度 $f_{m,0}=12.0$MPa，$f_{ce}=50.0$MPa，α 取 3.03，β 取−15.09，按式（3）计算 1m³ 砂浆中水泥的初始用量 Q_{C0}：

$$Q_{C0}=\frac{1000\ (f_{m,0}-\beta)}{\alpha\cdot f_{ce}}=\frac{1000\times\ (12.0+15.09)}{3.03\times50.0}=179\ (\text{kg})$$

确定每 1m³ 抹灰砂浆中保水增稠材料的用量：

保水增稠材料用量为 25kg/m^3，即：Q_t＝25（kg）

计算修正后每 1m^3 抹灰砂浆中水泥用量：

已知 1m^{3}抹灰砂浆初始水泥用量 Q_{C0}＝179kg。砂浆品种修正系数为 ω_1 取 1.05。保水增稠材料强度损失率无试验数据和厂家提供数据，ω_2 取 1.25。按式（5）计算修正后 1m^3 砂浆中水泥用量 Q_{Ct}：

$Q_{Ct}=Q_{C0}\times\omega_1\times\omega_2=179\times1.05\times1.25=235$（kg）

计算每 1m^3 抹灰砂浆中的水泥实际用量：

已知修正后 1m^{3}干混抹灰砂浆中水泥用量 Q_{Ct}＝235kg，机制砂中的石粉一般不取代水泥，即修正后的水泥用量就是水泥的实际用量，即 $Q_C=Q_{Ct}$＝235kg。

计算每 1m^3 抹灰砂浆中机制砂带入的石粉量：

已知砂的堆积密度为 1620kg/m^3，可直接取砂的堆积密度得到每 1m^{3}砂浆中砂的用量 Q_s＝1620kg，机制砂中石粉含量 θ_{sp1}＝2%，按式（7）计算每 1m^3 砂浆中机制砂带入的石粉量 Q_{sp1}：

$Q_{sp1}=Q_s\times\theta_{sp1}=1620\times2\%=32$（kg）

计算每 1m^3 抹灰砂浆中补偿和易性所需的石粉量：

已知砂浆中水泥的实际用量 Q_C＝235kg，机制砂带入的石粉量 Q_{sp1}＝32kg，按式（10）计算 1m^{3}砂浆中补偿和易性所需的石粉量 Q_{sp2}：

$Q_{sp2}=350-Q_C-Q_{sp1}-Q_t=350-235-32-25=58$（kg）

计算每 1m^3 抹灰砂浆中机制砂粉料的用量：

已知机制砂粉料中石粉含量 θ_{sp2}＝60%，补偿和易性所需的石粉量 Q_{sp2}＝58kg，按式（11）计算砂浆中机制砂粉料的用量 Q_{sp}：

$Q_{sp}=Q_{sp2}\div\theta_{sp2}=58\div60\%=97$（kg）

计算每 1m^3 抹灰砂浆中机制砂的实际用量：

已知 1m^{3}砂浆中机制砂的初始用量 Q_s＝1620kg，掺入的机制砂粉料用量 Q_{sp}＝97kg，其中石粉量Q_{sp2}＝58kg，按式（12）计算每 1m^3 砂浆中机制砂的实际用量 Q'_s：

$Q'_s=Q_s-(Q_{sp}-Q_{sp2})=1620-(97-58)=1581$（kg）

计算初步配合比：

根据上述计算得出每 1m^{3}DP M10 砂浆中的水泥实际用量为 235kg；机制砂粉料的用量为 97kg；砂用量为 1581kg；保水增稠材料用量为 25kg。将上述每 1m^{3}砂浆中各组成材料的用量换算成质量比例，即该干混砂浆的初步配合比（表 3）。

表 3　DP M10 初步配合比　　%

原材料	水泥	机制砂粉料	保水增稠材料	机制砂
配合比	12.12	5.00	1.30	81.58

（3）生产配合比确定

① 和易性校核

配制三组砂浆和易性校核试样，每组 10kg，其中一组为和易性校核基准组，另两组分别在基准组的基础上增减 10%保水增稠材料用量，试样配合比见表 4。

表4　砂浆和易性校核试样配合比　　%

编号	水泥	机制砂粉料	保水增稠材料	机制砂
基准组	12.12	5.00	1.30	81.58
+10%组	12.12	4.87	1.43	81.58
−10%组	12.12	5.13	1.17	81.58

每组砂浆试样初步混合均匀后加入适量的水，拌制均匀后立即进行稠度测定，保证稠度介于90～100mm间。按《建筑砂浆基本性能试验方法标准》(JGJ/T 70—2009) 测定砂浆拌和物的保水率、表观密度、2h稠度损失率和凝结时间，结果见表5。

表5　砂浆和易性校核试样的性能测试结果

编号	稠度(mm)	保水率(%)	表观密度(kg/m^3)	2h稠度损失率(%)	凝结时间(min)
目标值	90～100	≥88	1800～2000	≤30	180～720
基准组	92	92	1870	18	330
+10%组	91	95	1820	15	360
−10%组	92	90	1900	20	350

对比三组砂浆的保水率、表观密度、2h稠度损失率和凝结时间与目标值的符合程度，可见三组均满足要求，从经济性等角度综合考虑，以和易性校核-10%组配合比为后续的强度校核基准配合比。

② 强度校核

确定强度校核基准配合比后，以此配合比为基础，分别增加和减少10%水泥用量，相应调整机制砂粉料用量（表6），配制三组干混砂浆强度校核试样，每组10kg，按《建筑砂浆基本性能试验方法标准》(JGJ/T 70—2009) 测试各试样的稠度、保水率、表观密度、2h稠度损失率、凝结时间、14d拉伸黏结强度和28d抗压强度，测试结果见表7。

表6　砂浆强度校核试样配合比　　%

编号	水泥	机制砂粉料	保水增稠材料	机制砂
基准组	12.12	5.13	1.17	81.58
+10%组	13.33	3.92	1.17	81.58
−10%组	10.91	6.34	1.17	81.58

表7　砂浆强度校核试样的性能测试结果

编号	稠度(mm)	保水率(%)	表观密度(kg/m^3)	2h稠度损失率(%)	凝结时间(min)	14d拉伸黏结强度(MPa)	28d抗压强度(MPa)
目标值	90～100	≥88	1800～2000	≤30	180～720	≥0.24	≥12.0
基准组	92	90	1900	20	350	0.26	12.3
+10%组	93	91	1910	22	360	0.31	13.9
−10%组	94	91	1890	19	340	0.20	10.6

比较三组砂浆的稠度、保水率、表观密度、2h稠度损失率、凝结时间、14d拉伸黏结强度以及28d抗压强度可知，基准组合+10%组的砂浆各性能符合设计要求。因此，可以认为基准组的配合比较为理想。

③ 配合比的确定

根据初步配合比的计算及后续的试配试验结果，设计的DP M10生产配合比见表8。

表8　设计的DP M10生产配合比　%

原材料	水泥	机制砂粉料	保水增稠材料	机制砂
配合比	12.12	5.13	1.17	81.58

4.3　DM M5配合比设计过程

(1) 生产配合比的获得

设置DM M5的目标值，计算出初步配合比，并进行和易性校核和强度校核，得到初步的生产配合比，见表9。具体步骤参照4.2小节中DP M10设计。

表9　DM M5初步生产配合比　%

原材料	水泥	机制砂粉料	保水增稠材料	机制砂
配合比	9.88	9.32	1.29	79.51

(2) 生产配合比的进一步优化

对于自带机制砂制备工艺的干混砂浆企业，通常在制砂过程中产生较多的粉料，若按上述设计的生产配合比进行生产，粉料会有大量富余，带来处置的压力。此时，可以从企业的具体情况出发，对以上设计的生产配合比进一步优化，或者直接对初步配合比进行优化；思路如下：

① 保证砂浆和易性所需的水泥、石粉、保水增稠材料总量应不低于350kg/m^3。从和易性的角度看，适当提高砂浆中石粉含量，从而提高砂浆中水泥、石粉、保水增稠材料的总量也是可以考虑的。

② 砂浆中石粉含量提高，使得砂浆中细粉增加，会提高砂浆和物的黏聚性，若黏聚性过高，会造成黏刀、摊铺困难等问题。但是，砌筑砂浆对黏聚性的敏感程度比抹灰砂浆低，而且适当提高黏聚性，对砌筑砂浆的施工反而有利。

③ 砂浆中石粉含量提高，会导致砂浆水化硬化过程中的收缩加大，但是，砌筑砂浆对收缩要求相对较宽，在《预拌砂浆》(GB/T 25181—2019) 中也没有明确的收缩率指标，因此，从考虑充分利用粉料出发，可适当提高砂浆中石粉含量。

④ 一般而言，砂浆中石粉含量提高，对砂浆的强度是不利的，为了保证砂浆的强度，需要相应地增加水泥用量，这样虽然会提高水泥的成本，但是从综合效益的角度出发，也是可以考虑的。

总之，生产配合比进一步优化需要进行较多的试配试验。限于篇幅，这里不再详述，仅做简单的如下举例。

在以上的生产配合比基础上，以粉料适量取代砂，并适当增加水泥用量，试配的配合比见表10，试配样品的性能测试结果见表11。

表10 DM M5优化过程中试配的配合比 %

配合比编号	水泥	机制砂粉料	保水增稠材料	机制砂
S0	9.88	9.32	1.29	79.51
S1	10.38	14.32	1.29	74.01
S2	10.88	19.32	1.29	68.51

表11 试配样品的性能测试结果

编号	稠度(mm)	保水率(%)	表观密度(kg/m^3)	2h稠度损失率(%)	凝结时间(min)	28d抗压强度(MPa)
目标值	70～80	≥88	—	≤30	180～720	≥6.0
S0	76	92	1950	20	360	7.0
S1	74	92	1960	24	340	7.3
S2	73	93	1960	32	310	7.1

比较试配样品的各项性能，S1的稠度、保水率、表观密度、2h稠度损失率、凝结时间、28d抗压强度均满足设计目标值要求，S2的2h稠度损失率偏高。另外，根据观察，S2的拌和物有明显的黏刀和黏搅拌锅现象。综合考虑砂浆性能和多用机制砂粉料要求，选取S1组的配合比为优化后的生产配合比，见表12。

表12 优化的DM M5生产配合比 %

原材料	水泥	机制砂粉料	保水增稠材料	机制砂
配合比	10.38	14.32	1.29	74.01

优化后的生产配合比，还应进行和易性校核和强度校核，以期得到最佳的保水增稠材料用量和水泥用量，这里不再赘述。以上优化过程只是一种简单的示意，企业应根据自身的具体情况，如粉料特性、粉料处置压力、水泥成本等因素，进行综合考虑。

5 结论

本文在天然砂制备干混砂浆配合比设计方法的基础上，结合机制砂的特点，综合考虑其他情况，对原来的设计方法进行了修正和完善，提出一种较为切合实际的机制砂干混砂浆配合比设计方法，供干混砂浆生产企业参考应用。

参考文献

[1] 武双磊，施小龙，丁文东，等．干混砂浆的配合比设计方法［C］．第八届全国商品砂浆学术交流会论文集，北京：中国建材工业出版社，2020，218-225.

[2] 中华人民共和国国家质量监督检验检疫总局，中国国家标准化管理委员会．预拌砂浆：GB/T 25181—2019［S］．北京：中国标准出版社，2019.

[3] 叶茂．预拌砂浆配合比设计及应用研究［J］．四川水泥，2016（9）：279-281.

[4] 黄秀弟，叶廷审，叶青．预拌干混砌筑砂浆配合比的设计与讨论［J］．新型建筑材料，2014，41（12）：31-34.
[5] 中华人民共和国住房和城乡建设部．砌筑砂浆配合比设计规程：JGJ 98—2010［S］．北京：中国建筑工业出版社，2010.
[6] 中华人民共和国住房和城乡建设部．抹灰砂浆技术规程：JGJ/T 220—2010［S］．北京：中国建筑工业出版社，2010.

作者简介：武双磊（1988—），男，工程师，主要从事水泥材料研究。邮箱：wushuanglei@zju. edu. cn。

基于防水层瓷砖铺贴系统的探究

胡　乾　杨春红　王纯利

［雷帝（中国）建筑材料有限公司，上海 201605］

摘　要：研究了基于防水层瓷砖铺贴系统，试验发现在使用双组分玻化砖背胶的情况下，聚合物改性的柔性防水涂料搭配高等级的瓷砖胶，刚性的防水浆料搭配低等级的瓷砖，黏结强度较高，能够减少玻化砖掉砖的风险。基于防水层上铺贴玻化砖瓷砖背胶的选择：双组分的背胶黏结效果好于单组分乳液型背胶。

关键词：聚合物基复合材料；防水涂料；瓷砖胶；瓷砖背胶

Research on Tile Paving System Based on Waterproof Layer

Qian Hu　Charles Yang　Fred Wang

［Laticrete (China) Building Materials Co.，Ltd.，Shanghai 201605］

Abstract：Researched the tile paving system based on the waterproof layer. The experiment found that under the use of two-component vitrified tile adhesive，polymer-modified flexible waterproof coating is matched with high-grade tile glue，and rigid waterproof grout is matched with low-grade ceramic tile. The bonding strength is high，which can reduce the risk of vitrified tiles falling off. Based on the choice of adhesive for vitrified tiles on the waterproof layer：the bonding effect of two-component backside-glue is better than that of single-component emulsion backside-glue.

Keywords：polymer-based composite materials；waterproof coatings；tile adhesives；tile backside-glue

1　引言

玻化砖是强化后的抛光砖，与传统的抛光砖相比，这种瓷砖的硬度和耐磨性都非常好，特别受广大业主的青睐。但是，玻化砖的吸水率低（<0.5%）、背部致密、空隙较少，从而导致玻化砖在铺贴中，瓷砖胶很难渗入，黏结强度较低，导致玻化砖铺贴后大面积空鼓、掉砖[1-2]。由于厨房、卫生间的防水越来越引起大家的重视，在其地面与墙面也会做防水层，并且还要在防水层上铺贴玻化砖，因此基于防水层瓷砖铺贴体系应运而生，其铺贴系统的构造图，如图1所示。

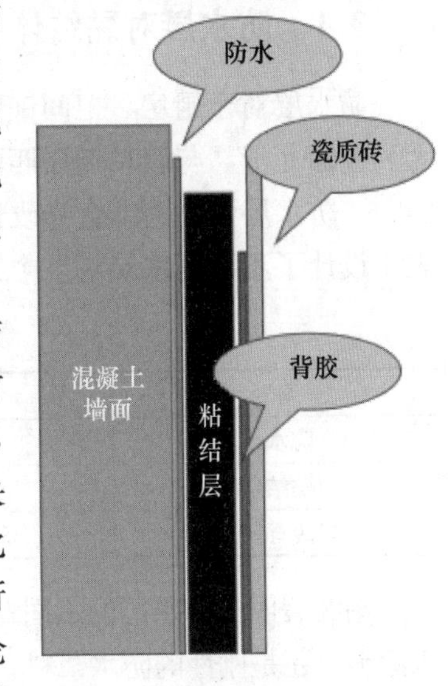

图1　防水层上铺贴玻化砖系统构造图

从图1可以看出容易出现问题的部分：(1) 防水层与胶黏结层之间。防水层大多为聚合物改性水泥基防水材料，受温度影响变化比较大。由于黏结层为刚性的砂浆，形变较小，所以防水层与胶粘剂层之间匹配性与否，决定了铺贴系统的稳定性是否长久。(2) 胶粘剂层与玻化砖之间。由于玻化砖的特点决定了玻化砖很难黏结，所以引入背胶改善玻化砖与胶粘剂之间的黏结性能。本论文主要研究从防水层、胶粘剂层、背胶层分别对防水层铺贴系统黏结强度的影响。

2　原材料与测试方法

2.1　原材料

(1) 柔性防水涂料：符合 GB/T 23445—2009 Ⅱ型；
(2) 刚性防水浆料：符合 JC/T 2090—2011 Ⅰ型；
(3) 柔性瓷砖胶：符合 JC/T 547—2017 C1；
(4) 刚性瓷砖胶：符合 GB/T 25181—2020 室内Ⅰ型；
(5) 混凝土板：符合 JC/T 547—2017 规定要求；
(6) 瓷砖：符合 JC/T 547—2005 规定的 V1 型瓷砖；
(7) 陶砖：符合 JC/T 547—2005 规定的 P1 型瓷砖；
(8) 双组分背胶；单组分背胶。

2.2　测试方法

(1) 黏结体系的粘度强度的测试，参考《陶瓷砖胶粘剂》(JC/T 547—2017) 中的测试方法。

(2) 防水层滚涂在混凝土板两次，间隔 24h，在室温下养护 7d。

（3）背胶滚涂在玻化砖背面，实验室环境下养护 24h。

（4）玻化砖的铺贴采用薄贴法。

3 试验结果与讨论

3.1 防水层对黏结体系性能的影响

防水层对于厨房、卫间铺贴系统的影响比较大，由于防水层的弹性模量较大、收缩大、表面光滑，与胶粘剂层匹配性差异较大，往往是导致玻化砖空鼓、脱落的主要原因[3]。防水层主要为聚合物改性的水泥基柔性防水涂料、聚合物改性的刚性防水浆料。表 1 设计了不同防水层对整个铺贴系统的影响。

表 1　不同防水层组成的铺贴系统

编号	L1	L2	L3
防水层	—	柔性防水层	刚性防水层
黏结层	刚性瓷砖胶	刚性瓷砖胶	刚性瓷砖胶
瓷砖背胶层	双组分背胶	双组分背胶	双组分背胶

图 2 表明了防水层的不同对防水层上铺贴影响较大。从强度上来看，无论是柔性的防水涂料、还是刚性的防水浆料，对整个瓷砖的铺贴都会起到一个副作用，大大降低了瓷砖与胶黏结层的黏结强度。特别是柔性防水涂料对整个铺贴体系黏结强度影响最大，主要是因为柔性防水涂料成膜后表面比较光滑、平整、防水，导致胶粘剂不能有效地渗入到防水涂料的内部，不能形成机械锚固，只能靠胶粘剂层与防水膜之间的分子间作用力，所以最终导致其无论是 28d 强度，还是开放时间、热养护、水养护的强度都在 0.5MPa 以下，并且瓷砖的玻化模式均发生在胶粘剂层与防水层之间的破坏，大大增加了瓷砖脱落的风险。与此同时，对于刚性的防水浆料在同样的测试条件下，相对于柔性防水涂料在强度上有明显的改善。主要在于刚性的防水浆料，其粉料占比高，固化成型后表面相对较粗糙，能够与胶粘剂层形成机械锚固[4]。另外，刚性的防水浆料在外界环境变化时，收缩形变相对于柔性防水涂料小，与胶黏结层的匹配性好，减少内部应力，所以其黏结强度比较高，各种养护条件下的强度均大于 0.5MPa，大大降低了瓷砖脱落的风险。

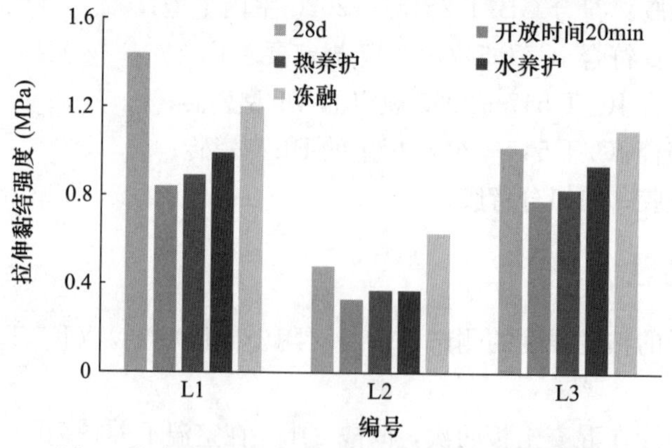

图 2　防水层对整个铺贴系统拉伸黏结强度的影响

3.2　胶粘剂等级对黏结体系性能的影响

胶粘剂等级的划分最大的区别在于聚合物乳胶粉的含量，等级越高，聚合物乳胶粉含量越高，其黏结强度越高，柔性越强。表 2 设计了不同等级的瓷砖胶与防水层搭配测试其强度。

表 2　不同等级胶粘剂组成的铺贴系统

编号	S1	S2	S3	S4
防水层	柔性防水层	柔性防水层	刚性防水层	刚性防水层
黏结层	刚性瓷砖胶	柔性瓷砖胶	刚性瓷砖胶	柔性瓷砖胶
瓷砖背胶层	双组分背胶	双组分背胶	双组分背胶	双组分背胶

图 3 表明了不同等级的瓷砖胶对防水层铺贴强度的影响：总体来讲，在黏结强度方面，高等级的胶粘剂能够使防水铺贴系统的黏结强度增加。从 S3、S4 可以得出柔性防水膜铺贴系统的黏结强度，使用高等级胶粘剂对体系的黏结强度提高明显。而对于刚性的防水浆料铺贴系统的黏结强度，使用高等级胶粘剂对体系的黏结强度影响不大，在水养护方面出现了黏结强度的降低。其根本原因在于：高等级的胶粘剂中聚合物含量较高，聚合物能够在胶粘剂与防水层之间形成桥梁作用，增加了胶粘剂层与防水层之间的黏结力，特别是对于热养护的黏结强度的提高比较明显。对于柔性的防水膜组成的铺贴系统，除了增加系统的黏结强度，而且由于高等级的胶粘剂自身聚合物含量较高，柔性强，还能够缓解系统由于防水膜与瓷砖之间因受外界环境变化引起应力和应变，保证了系统的稳定性。对于刚性的防水铺贴系统，高等级胶粘剂的使用系统更加稳定，其破坏模式基本上发生在胶粘剂的内部破坏，即胶粘剂的内聚破坏，所以测试出的黏结强度就是胶粘剂的内聚力强度。

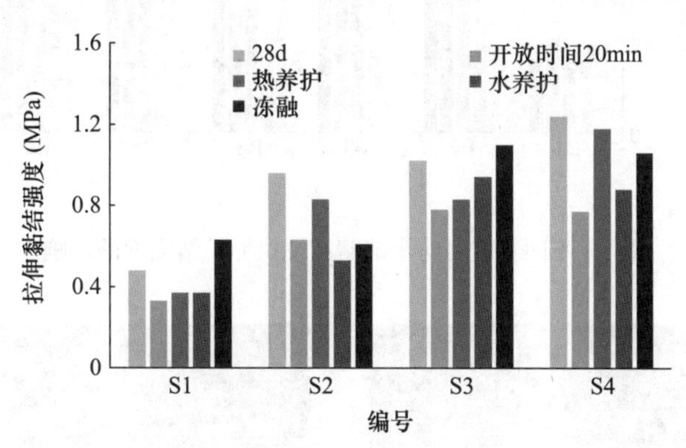

图 3　不同胶粘剂对防水铺贴系统拉伸黏结强度的影响

3.3　背胶的种类对铺贴系统强度的影响

随着玻化砖在厨卫间铺贴中应用的增加，再加上玻化砖尺寸的增加，玻化砖背面的致密度增加，玻化砖的铺贴难度不断增加。与此同时，玻化砖铺贴后大面积空鼓、掉砖的负面消息层出不穷。为了增加玻化砖的黏结稳定性，与玻化砖相配套的玻化砖背胶应运而生，市面上比较流行的背胶为单组分乳液型背胶、双组分背胶。表 3 设计了不同类型的背胶对防水铺贴系统强度的影响。

表 3　不同背胶对防水铺贴系统的影响

编号	B1	B2	B3	B4	B5	B6
防水层	刚性防水层	刚性防水层	刚性防水层	刚性防水层	刚性防水层	刚性防水层
黏结层	刚性瓷砖胶	刚性瓷砖胶	刚性瓷砖胶	柔性瓷砖胶	柔性瓷砖胶	柔性瓷砖胶
瓷砖背胶层	—	双组分背胶	单组分背胶	—	双组分背胶	单组分背胶

图 4 表明：首先，无论是单组分乳液型背胶还是双组分背胶都能明显地比不使用背胶黏结强度高。玻化砖的破坏模式如图 5 所示。不使用背胶基本上是瓷砖与胶粘剂之间的界面破坏，而使用界面剂破坏发生在背胶与胶粘剂或者胶粘剂内部。通过 B2、B3、B5、B6 的数据发现，开放时间、浸水、热养护，以及冻融循环条件下的强度的保持率还是比较高的，黏结强度均在 0.5MPa 以上，主要是背胶起到了主要的作用。背胶在瓷砖和瓷砖胶之间构建了桥梁纽带：(1) 增加玻化砖与瓷砖胶之间的黏结强度；(2) 背胶在瓷砖与瓷砖胶之间提供了柔性，能够有效地缓解瓷砖与瓷砖胶之间的应力。其次，对于单组分背胶在系统中的一些条件下黏结强度比双组分背胶稍差一点，但是单组分背胶相比双组分背胶方便施工。

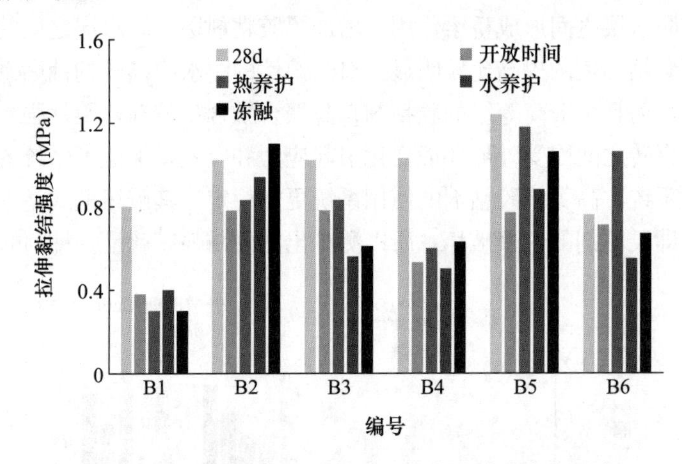

图 4　不同背胶对防水铺贴系统拉伸黏结强度的影响

(a) 没有使用背胶的破坏模式

(b) 使用背胶的破坏模式

图 5　背胶对防水铺贴系统破坏模式的影响

4　结论

在厨房、卫生间防水层上铺贴玻化砖系统中，为了减少玻化砖的空鼓、掉砖，通过试验数据，对于防水层、黏结层、背胶层的选择如下：

（1）对于防水层，刚性防水浆料相对于柔性防水涂料更适合在其表面铺贴玻化砖。

（2）对于胶粘剂层，高等级的胶粘剂相对于低等级的胶粘剂黏结强度更好一点。

（3）对于玻化砖背胶层，双组分的背胶在一些条件下黏结强度上略好于单组分乳液型背胶。

总体来讲，基于厨房、卫生间墙面防水层铺贴玻化砖的系统中最优的选择：搭配双组分玻化砖背胶的前提下，聚合物改性的柔性防水涂料搭配高等级的瓷砖胶，刚性的防水浆料搭配低等级的瓷砖，黏结强度较高，能够减少玻化砖掉砖的风险。

参考文献

[1] 江红申．中国瓷砖胶现状及解决方案［A］．第五届全国商品砂浆学术交流会论文集［C］．南京：2013，33-38.

[2] 王恒煜，张军，杨洪涛，等．各组分对瓷砖胶拉伸胶粘强度影响研究［J］．新型建筑材料，2015（10）：14-16.

[3] ANDIO O，RAMYAR K，KORKUT O. Effect of fly ash addition on the mechanical properties of tile adhesive［J］. Construction and Building Materials，2005，19（7）：564-569.

[4] 武红霞，任红晓，徐建民．水泥基胶粘剂在不同吸水率瓷砖上的应用研究［J］．新型建筑材料，2014，41（4）：83-85.

作者简介：胡乾，男，硕士，研发工程师，主要从事防水、胶粘剂等相关工作的研究，邮箱：huqian@laticrete. com. cn。

施工工艺及养护条件对瓷砖黏结体系性能的影响

黄雨辰　张永明
（同济大学材料科学与工程学院，先进土木工程材料教育部
重点实验室，上海 201804）

摘　要： 本文研究了基底润湿度、防水层成膜次数、防水层养护时间以及养护条件对瓷砖黏结体系性能的影响。结果表明，对基底适度的润湿有助于提高体系的性能。在涂刷防水涂层时，尽量选择 2～3 次成膜，并在涂刷后养护至少 24h 再粘贴瓷砖，可以有效提高体系的拉伸黏结强度。此外，施工时应尽量控制温湿度，避免浸水以及高温老化。

关键词： 聚合物水泥防水涂料；瓷砖黏结体系；拉伸黏结强度

Influence of construction craft and curing condition on properties of ceramic tile bonding system

Huang Yuchen　Zhang Yongming
(Key Laboratory of Advanced Civil Engineering Materials of Ministry of Education, School of Materials Science and Engineering, Tongji University, Shanghai 201804)

Abstract: This paper analyzes the influence of substrate wettability, film formation times of waterproof layer, curing time of waterproof layer and curing conditions on the performance of ceramic tile bonding system. The results show that moderate wetting of the substrate will help improve the performance of the system. When painting the waterproof coating，try to choose 2～3 times of film formation，and after painting，curing for at least 24 hours before sticking the tiles，can effectively improve the tensile bonding strength of the system. In addition，the temperature and humidity should be controlled during construction to avoid water immersion and high temperature aging.

Keywords：polymer cement waterproof coating；ceramic tile bonding system；tensile adhesive strength

0　引言

随着经济的发展，人们越来越注重室内的舒适和美观，更多的瓷砖被用于墙面及地面装饰。同时，聚合物水泥防水涂料在屋面、地下建筑、室内厨浴间等各类防水场所的应用也越来越多[1-2]。但是，玻化砖、水泥基瓷砖胶浆体和聚合物水泥防水涂料之间的黏结强度经常达不到要求，使得瓷砖空鼓、掉砖的新闻屡见不鲜，更有脱落砸伤人的情况。此外，建筑渗漏也是一个很常见的问题。根据《2013年全国建筑渗漏状况调查项目报告》显示，在其抽样调查的3881个住户样本中，有1579个出现不同程度渗漏，渗漏率达到40.69%，尤其是卫生间、客厅和卧室等场所，对住户造成了很大的困扰[3]。

值得注意的是，除了防水涂料自身的性能外，更常见的是由于施工过程不严格而造成的房屋渗漏水以及掉砖。Winnefeld等研究表明，聚合物水泥基防水涂料的拉伸强度随着养护龄期的增长而增长，瓷砖和砂浆之间的界面处会根据湿度（和温度）条件产生屈曲和凹陷情况，从而产生拉伸和压缩应力[4]。在现实施工中，由于工期限制或其他原因，很难达到完整的养护龄期，且养护条件也往往不符合要求，因此，本课题设计试验研究基面湿润度、防水层养护时间、成膜次数以及养护条件对瓷砖黏结体系性能的影响，根据标准《用于陶瓷砖黏结层下的防水涂膜》（JC/T 2415－2017）[5]的检测方式，结合施工现场常见的陶瓷砖黏结层下防水涂膜失效模式进行机理分析，并提出工程上较为合理的施工及养护建议。

1　试验

1.1　原材料

苯丙乳液：巴斯夫公司；P·O42.5水泥：太仓海螺水泥有限责任公司；消泡剂：NXZ，深圳市吉田化工有限公司；杀菌剂：卡松，市售；玻化砖：吸水率＜0.5%，市售；瓷砖黏结剂：市售；重质碳酸钙：400目，市售；石英砂：100目，市售。

1.2　试样制备

称取聚合物乳液，按表1配方依次加入一定量添加剂搅拌分散均匀制成液料；称取一定量水泥、重质碳酸钙、石英砂填料，搅拌分散均匀制成粉料。将液料与粉料低速搅拌分散至体系中无明显团聚颗粒即制成聚合物水泥防水涂料，将制得的聚合物水泥防水涂料涂刷在200mm×400mm标准混凝土板上，将涂刷好的试样在环境温度（23±2)℃、相对湿度（50±5)%的标准试验条件下养护24h；用直边抹刀在养护好的防水涂膜上涂抹一层瓷砖黏结剂，并用齿形抹刀梳理成6mm×6mm（中心距12mm）的齿形刻痕，粘贴上玻化砖，在标准试验条件下养护至规定龄期，得到瓷砖体系拉伸黏结强度测试样品（表1)。

表1　聚合物水泥防水涂膜的试验配方

液料配方		粉料配方	
原材料名称	质量百分比（%）	原材料名称	质量百分比（%）
聚合物乳液	89	P·O42.5水泥	50
清水	10.3	重钙粉	30
消泡剂	0.6	石英砂	20
卡松	0.1		
合计	100	合计	100
液粉比		1∶1.4	

1.3　测试方法

采用《用于陶瓷砖粘结层下的防水涂膜》(JC/T 2415—2017）标准方法测试试验制备的瓷砖黏结体系的拉伸黏结强度；采用《聚合物水泥防水涂料》(GB/T 23445—2009）标准方法测试试验制备的防水涂膜的黏结强度；采用德国ZEISS公司的扫描电子显微镜(SEM，Zeiss Sigma 300 VP）对防水涂膜的微观结构进行观测。

2　结果与分析

2.1　基面润湿度对瓷砖黏结体系性能的影响

基层的润湿情况是实际施工中重要的影响因素。这里通过固定试验配比，改变基面润湿度，测试不同基层含水率情况下瓷砖黏结体系的性能，结果见表2。从整个体系的拉伸黏结强度来说，由图1所示，当基面含水率低于3%时，随着润湿度的增加，体系的拉伸黏结强度提高，标准环境下养护的试件在2%时拉伸黏结强度最高为1.43MPa，浸水养护试件最高为1.35MPa；当含水率继续上升时，强度降低，而热老化环境下养护的样品强度未出现下降，在3%时达到最大值1.36MPa。图2为聚合物水泥防水涂膜层的黏结强度，可以看到在标准环境和热老化环境下养护的防水涂膜黏结强度在2%含水率时达到最高值，而浸水养护的防水涂膜在3%含水率时达到最大值。这是因为当混凝土基板表面未经润湿时，水分会通过基板中的微裂缝向下渗透，影响防水层和瓷砖黏结剂的流动性，降低了机械咬合力，所以黏结强度较低。而少量的润湿则可以有效避免水分流失，从而提高强度。但当含水量过高时，防水涂膜使用的苯丙乳液乳胶颗粒吸水溶胀导致强度降低。Wetzel 等人对玻化砖脱落情况做的研究表明[6]，在浸水养护条件下，水渗透到瓷砖黏结剂层和防水涂膜层的边缘区域，界面的裂缝表明这些区域是力学薄弱区域，水可以沿着这些裂缝进入系统导致砂浆、防水层和基体膨胀，加速分层过程。而热老化使得嵌入防水涂膜内部的瓷砖黏结剂发生松动，其握裹力大幅度降低，从而降低了涂膜与黏结剂的黏结力，这也解释了表 2 中各试样在热老化及浸水环境下性能的下降。

表 2　基面润湿度对瓷砖黏结体系性能的影响

编号	润湿次数	含水率（%）	养护环境	拉伸黏结强度（MPa）	黏结强度（MPa）
1	0	0	标准条件	1.27	1.67
2		0	水处理	1.21	1.71
3		0	热处理	1.19	1.53
4	1	0.87	标准条件	1.34	1.77
5		1.02	水处理	1.23	1.73
6		0.9	热处理	1.28	1.62
7	2	2.24	标准条件	1.43	1.82
8		2.13	水处理	1.35	1.64
9		2.11	热处理	1.33	1.76
10	3	3.19	标准条件	1.32	1.72
11		3.05	水处理	1.16	1.55
12		3.26	热处理	1.36	1.7

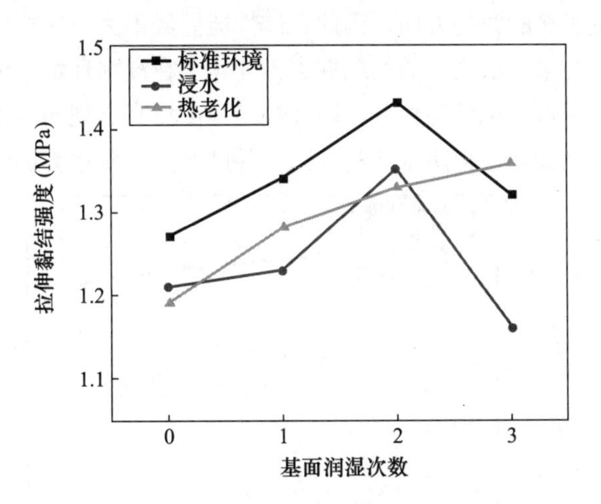

图 1　不同润湿次数的瓷砖体系在不同养护条件下的拉伸黏结强度

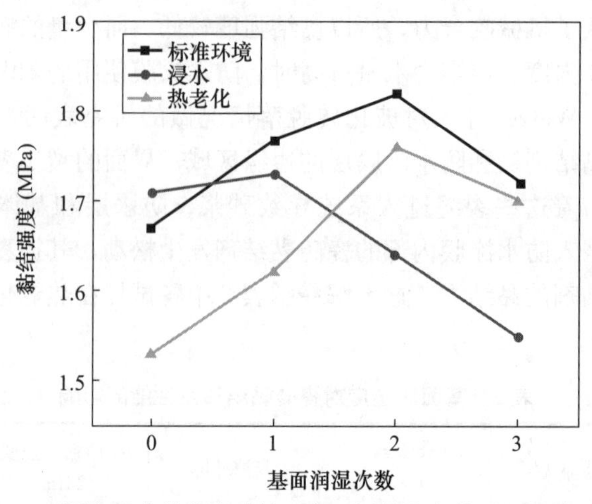

不同润湿次数的瓷砖体系在不同养护条件下的黏结强度

2.2 防水层成膜次数对瓷砖黏结体系性能的影响

在施工，中工人们为了追求速度，往往将防水涂料直接一次涂刷。这里改变涂刷次数，保证总膜厚不变，研究成膜次数对性能的影响。由图 3 可以看到，整个瓷砖体系的拉伸黏结性能之间差异不大，标准环境和浸水环境下养护的试件使用 2 次成膜时的黏结性能最高，1 次成膜和 3 次成膜黏结性能较低。图 4 显示当成膜次数从 1 次提高到 3 次时，防水涂料的黏结强度明显提高，其中标准环境下养护试件的黏结强度在 2 次同向成膜时最高为 1.81MPa，浸水养护试件的黏结强度在 2 次同向成膜时最高为 1.72MPa，热老化养护试件的黏结强度在 2 次交叉成膜时最高为 1.73MPa。由于 1 次成膜的厚度较厚，涂膜干燥相对变慢，有利于水泥充分水化反应，当成膜次数增加时，单次成膜的厚度降低，涂膜干燥相对较快，因此会有利于聚合物的物理挥发从而成膜。而 2 次交叉成膜和 2 次同向成膜均为 2 次成膜，只改变了涂刷时的方向，因此总体性能差异不大，主要的差异来源于交叉成膜时第 2 层防水涂膜与第 1 层之间的物理握裹力变化。在浸水环境下的防水涂膜即使单次成膜的厚度降低，水泥水化也较为充分，因此黏结强度没有出现明显的降低。高温使得乳胶颗粒之间的黏附性增大，使得防水涂料的黏结强度要高于浸水养护的强度[7]。

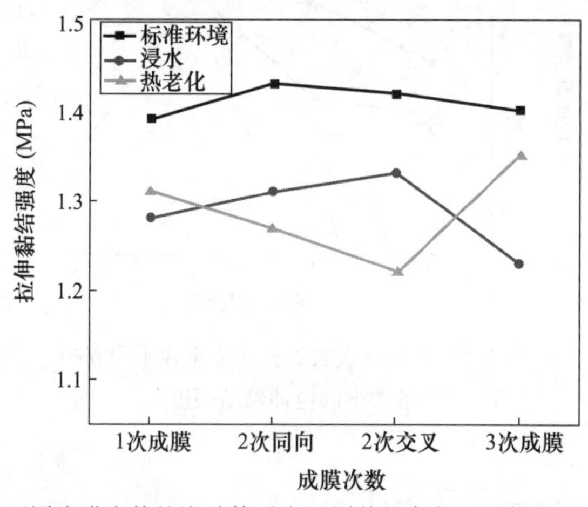

图 3　不同成膜次数的瓷砖体系在不同养护条件下的拉伸黏结强度

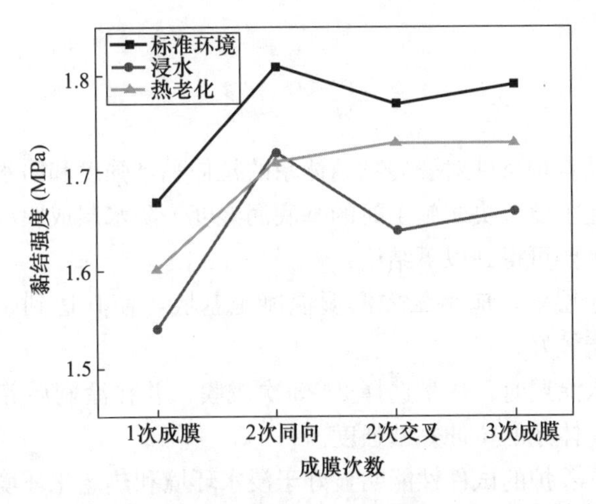

图 4　不同成膜次数的瓷砖体系在不同养护条件下的黏结强度

2.3　防水层养护时间对瓷砖黏结体系性能的影响

除了以上两个因素外，在实际施工中，防水涂层涂刷后的养护时间也是一个重要因素。图 5 展示了不同防水层养护时间的瓷砖体系在不同养护条件下的拉伸黏结强度。可以看到在三种养护环境下，随着防水层开放养护的时间增长，瓷砖体系的拉伸黏结强度均提高。在标准养护环境下，当养护 8h 后就涂刷瓷砖胶时，体系的拉伸黏结强度仅为 1.09MPa；当养护时间为 24h 时，拉伸黏结强度提高到 1.32MPa；而当养护时间为 72h 和 168h 时，拉伸黏结强度仅提高到 1.35MPa 和 1.36MPa。这表明养护时间对体系拉伸黏结强度的提高是有限的，而在浸水环境和热老化环境下养护的试件也出现了相同的规律。当养护时间太短时，聚合物防水涂层表面还未形成连续的膜结构，且无机胶凝材料的水化反应尚不完全，还未形成连续的空间网络结构。此时涂刷瓷砖黏结剂与防水层之间的黏结力较低。当增加养护时间后，聚合物防水涂层表面逐渐形成连续的膜结构，且无机胶凝材料的水化反应尚充分，利于聚合物乳液的成膜，使样品的拉伸变形能力提高，使瓷砖黏结体系的拉伸黏结强度增大。

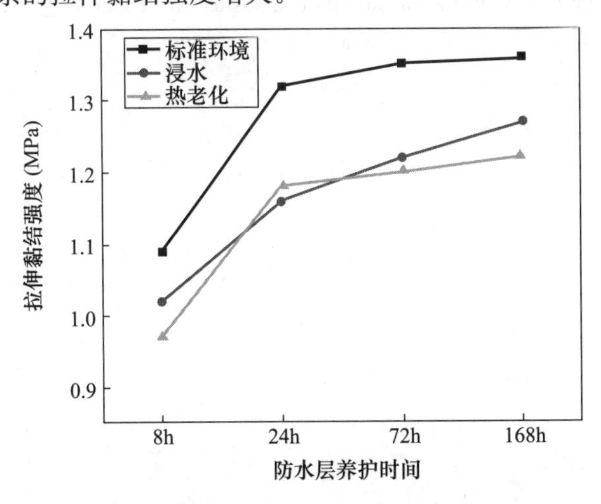

图 5　不同防水层养护时间的瓷砖体系在不同养护条件下的拉伸黏结强度

3 结论

结合施工工艺及养护条件对瓷砖黏结体系的拉伸黏结强度和防水涂层的黏结强度的影响可知，宏观性能主要取决于施工时的基底润湿度、防水层成膜次数、防水层养护时间以及养护条件。主要可得到以下结论：

（1）涂刷防水涂层前，应尽量先润湿混凝土基底，使其达到1%～2%的润湿度，此时体系的整体性能较好。

（2）在涂刷防水涂层时，尽量选择2～3次成膜，并在涂刷后养护至少24h再粘贴瓷砖，可以有效提高体系的拉伸黏结强度。

（3）标准环境下养护的试件性能明显好于浸水环境和热老化环境下的试件性能，施工时应尽量控制温湿度。

参考文献

[1] 余剑英，董连宝，孔宪明．我国建筑防水涂料的现状与发展［J］．新型建筑材料，2004，31（10）：28-32.

[2] Y OHAMA. Polymer-based admixtures［J］. Cement and Concrete Composites，1998，20（2-3）：189-212.

[3] 方圆．基于柔韧型水泥基防水层的瓷砖黏结体系研究［D］．上海：上海交通大学，2019.

[4] WINNEFELD F，KAUFMANN J，HACK E，et al. Moisture induced length changes of tile adhesive mortars and their impact on adhesion strength［J］. Construction and Building Materials，2012，30：426-438.

[5] JC/T 2415—2017. 用于陶瓷砖黏结层下的防水涂膜［S］.

[6] WETZEL A，ZURBRIGGEN R，HERWEGH M. Spatially resolved evolution of adhesion properties of large porcelain tiles［J］. Cement and Concrete Composites，2010，32（5）：327-338.

[7] RASHID K，WANG Y，UEDA T. Influence of continuous and cyclic temperature durations on the performance of polymer cement mortar and its composite with concrete［J］. Composite Structures，2019，215：116504.

无机石英石用黏结砂浆产品研发与性能研究

史正洪[1]　张国防[2]　徐　凯[3]　林治国[3]

（1 上海申通地铁建设集团有限公司，上海 200070；2 同济大学材料科学与工程学院，上海 201804；3 上海美创建筑材料有限公司，上海 200090）

摘　要：本文针对无机石英石铺贴时对黏结砂浆性能要求明显不同于天然石材和瓷砖的问题，研究了黏结砂浆不同配合比的物理力学性能，以期获得适用于无机石英石铺贴的黏结砂浆优化配合比。研究结果表明，石英砂掺量增大，一定程度上会导致黏结砂浆的拉伸黏结强度和抗压强度降低；重钙粉在合理掺量范围内有利于提高拉伸黏结强度，但不利于抗压强度；乳胶粉和乳液均能显著提高各种拉伸黏结强度，但明显不利于抗压强度；在此基础上，研究提出了地面常规铺贴时的无机石英石用黏结砂浆配合比范围。

关键词：无机石英石；黏结砂浆；优化配合比；黏结性能

Study on the Properties and Mix Design of Adhesives for Inorganic Agglomeration Quartz Stone

Shi Zhenghong[1]　Zhang Guofang[2]　Xu Kai[3]　Lin Zhiguo[3]

(1 Shanghai Shentong Metro Construction Group Co., Ltd., Shanghai 200070; 2 School of Materials Science and Engineering, Tongji University, Shanghai 201804; 3 Shanghai Meichuang Building Materials Co., Ltd., Shanghai 200090)

Abstract: Due to the different property requirements for adhesives of inorganic agglomeration quartz stone (IAQS) from those of the natural stones and ceramic tiles, the properties of several adhesives with different mix proportions are studied, aiming to present the optimum mix proportions of the adhesive for IAQS. The results show that with the content increase, quartz sand brings the decrease of the tensile bond strength and compressive strength, the heavy calcium powder is beneficial to improving the tensile bond strength but not conducive to the compressive strength, both redispersible polymer powder and latex can significantly improve the tensile bond strength but decrease the compressive strength. Accordingly, the optimum adhesive mix proportions for IAQS during the conventional paving projects are proposed.

Keywords: inorganic agglomeration quartz stone; adhesives; optimum mix proportion; tensile bond strength

1 引言

无机石英石是不掺加任何有机材料而全部利用无机胶凝材料、精选石英砂、无机颜料等为组成材料，基于高频振荡进行成型养护制备出的一种新型的高强度人造石材，具有低吸水率、高强度、高耐磨、高耐污、防滑、抗老化、防火、美观环保等特点。上海地铁十五号线地铁车站选用无机石英石试点用作地面铺贴材料，替代天然石材和瓷砖，以实现高耐磨防滑和低碳环保。相比于天然花岗岩和瓷砖，无机石英石的吸水率和线膨胀系数略高，黏结砂浆作为核心铺贴辅材，是确保其能牢固粘贴在地面基层从而实现良好铺贴效果的关键材料。笔者尝试采用市场上常见的各种用于石材和瓷砖的黏结砂浆进行铺贴，然而都不能达到良好的铺贴效果，因此研发无机石英石专用的黏结砂浆迫在眉睫。

拉伸黏结强度是黏结砂浆至关重要的性能，在国家标准《饰面石材用胶粘剂》（GB 24264—2009）中规定，饰面石材用黏结砂浆的性能要求主要是在不同环境条件下的拉伸黏结强度应达到 0.5MPa 以上；重荷载地面、特殊环境地面和墙面用黏结砂浆的拉伸黏结强度则应不小于 1.0MPa。由此可见，无机石英石专用黏结砂浆也应该为具有较高拉伸黏结强度的水泥砂浆。考虑到铺贴后承受荷载以客流通行为主，基本不涉及重荷载作用，因此也应具有一定的抗压强度。

基于上海市的气候特点以及试点地铁车站地面特点，无机石英石铺贴系统甚少涉及冻融循环的不利影响，相应地，拉伸黏结强度也不涉及冻融循环后的性能要求。由此，本文在参考已有研究[1-7]的基础上，主要研究了不同配合比的无机石英石铺贴用黏结砂浆的拉伸黏结原强度、浸水后、热老化后和晾置 20min 后拉伸黏结强度以及抗压强度，以期获得适用于无机石英石专用黏结砂浆的优化配合比，为其在地铁车站地面铺贴工程的推广应用提供一定的技术参考。

2 试验

2.1 原材料

42.5R 普通硅酸盐水泥（OPC），安徽海螺水泥股份有限公司宁国水泥厂生产；比表面积380kg/m²的市售重钙粉（CC）；粒径1.25mm以下的市售级配石英砂（QS）；可再分散聚合物（RDP），最低成膜温度4℃、刚性的醋酸乙烯酯-乙烯共聚物，瓦克化学（中国）有限公司生产；丁苯乳液，巴斯夫化工有限公司生产；黏度40000mPa・s的羟乙基甲基纤维素，陶氏化学（上海）有限公司生产；复配助剂，上海美创建筑材料有限公司生产。

2.2　配合比和试验方法

根据研究目的，设置了九组黏结砂浆的配合比，见表1。

表1　黏结砂浆的配合比

编号	OPC	重钙	石英砂	EVA乳胶粉	丁苯乳液	纤维素醚	助剂	水
A	1000	—	1000	30	—	7	2.5	400
B	1000	—	1250	30	—	7	2.5	400
C	1000	—	1500	30	—	7	2.5	400
D	900	100	1250	30	—	7	2.5	400
E	800	200	1250	30	—	7	2.5	400
F	1000	—	1250	37.5	—	5	2.5	400
G	1000	—	1250	45	—	5	2.5	400
H	1000	—	1250	—	30	3	2.5	400
I	1000	—	1250	—	45	3	2.5	400

拉伸黏结强度按照国家行业标准《饰面石材用胶粘剂》（GB 24264—2009）规定的方法进行。抗压强度参照国家标准《水泥胶砂强度检验方法（ISO法）》（GB/T 17671—1999）的规定进行。

3　结果与讨论

3.1　拉伸黏结原强度

不同配合比的黏结砂浆的拉伸黏结原强度测试结果如图1所示。可以看出，不同配合比的拉伸黏结原强度变化明显不同。配合比A、B、C中，在其他组成材料不变的情况下，随着石英砂含量增大，拉伸黏结原强度略微降低。相比于配合比B，配合比D和E中重钙粉替代部分水泥，随着重钙粉用量增大，拉伸黏结强度先有所增大，而后又有所降低。这表明，石英砂含量大一定程度不利于拉伸黏结原强度，重钙粉对拉伸黏结原强度的影响较小。

相比于配合比B，乳胶粉掺量逐渐增大（配合比F和G），拉伸黏结强度显著增大，配合比G的拉伸黏结原强度达1.55MPa，增幅为86%以上。配合比H为在配合比B的基础上，其他组成材料掺量不变，利用乳液替代乳胶粉，其拉伸黏结原强度略有提高。配合比 I 为乳液掺量进一步增大，其拉伸黏结原强度进一步显著增大，甚至超过同掺量的乳胶粉（配合比 G）。这表明，乳液能够显著提高拉伸黏结原强度，甚至略优于同掺量的乳胶粉。

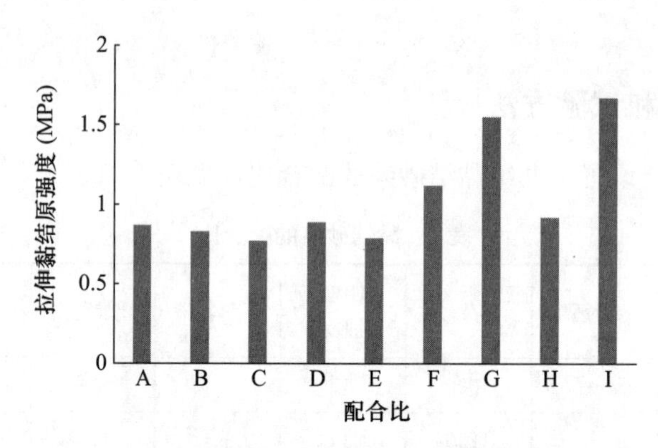

图 1　不同配合比黏结砂浆的拉伸黏结原强度

3.2　浸水后拉伸黏结强度

不同配合比的黏结砂浆在浸水后的拉伸黏结强度测试结果如图 2 所示。可以看出，不同配合比黏结砂浆在浸水后的拉伸黏结强度也明显不同。在其他组成材料不变的情况下，随着石英砂含量增大（配合比 A、B、C），浸水后拉伸黏结强度逐渐降低。相比于配合比 B，重钙粉替代部分水泥（D、E），浸水后拉伸黏结强度有所增大。这表明，石英砂含量大一定程度不利于浸水后拉伸黏结强度，一定掺量范围内的重钙粉有利于提高浸水后拉伸黏结强度。

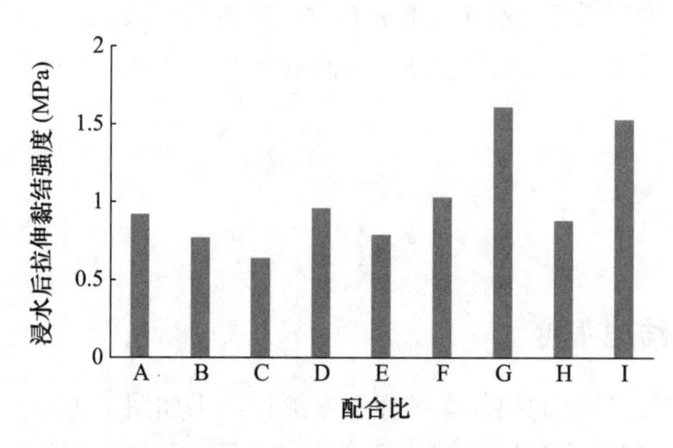

图 2　不同配合比黏结砂浆在浸水后的拉伸黏结强度

相比于配合比 B，乳胶粉掺量逐渐增大（配合比 F 和 G），黏结砂浆的浸水后拉伸黏结强度也显著增大。利用乳液替代乳胶粉，黏结砂浆浸水后拉伸黏结强度略有提高。乳液掺量进一步增大（配合比 I），浸水后拉伸黏结强度显著增大，但略低于同掺量乳胶粉（G）。这表明，乳胶粉和乳液能够显著提高浸水后拉伸黏结强度，二者作用效果相当。

3.3　热老化后拉伸黏结强度

不同配合比的黏结砂浆在热老化后的拉伸黏结强度测试结果如图3所示。可以看出，相比于原强度和浸水后强度，不同配合比黏结砂浆在热老化后的拉伸黏结强度显著降低。其他组成材料不变情况下，随着石英砂含量增大（配合比A、B、C），热老化后拉伸黏结强度基本不变。重钙粉替代部分水泥（D、E），热老化后拉伸黏结强度略高于配合比B。这表明，石英砂含量变化对热老化后拉伸黏结强度的影响很小，一定掺量范围内的重钙粉有利于提高热老化后拉伸黏结强度。

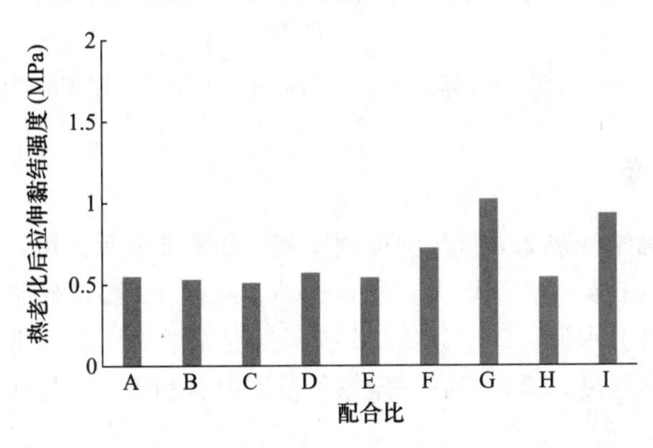

图3　不同配合比黏结砂浆在热老化后的拉伸黏结强度

相比于配合比B，乳胶粉掺量逐渐增大（配合比F和G），黏结砂浆的热老化后拉伸黏结强度也显著增大。利用乳液替代乳胶粉，黏结砂浆热老化后拉伸黏结强度有所降低。乳液掺量进一步增大（配合比I），热老化后拉伸黏结强度显著增大，但仍低于同掺量乳胶粉（G）。这表明，乳胶粉和乳液能够显著提高热老化后拉伸黏结强度，但乳胶粉的改善效果更佳。

3.4　晾置20min后拉伸黏结原强度

晾置时间反映了黏结砂浆涂抹后放置一段时间后再进行铺贴黏结所能达到的效果。晾置时间越长，说明黏结砂浆可铺贴性越好。一般而言，常以20min晾置时间作为评价指标。不同配合比的黏结砂浆在晾置20min后的拉伸黏结强度测试结果如图4所示。可以看出，类似于热老化后拉伸黏结强度，相比于原强度和浸水后强度，不同配合比黏结砂浆在晾置20min后的拉伸黏结强度均显著降低。其他组成材料不变情况下，随着石英砂含量增大（配合比A、B、C），晾置20min后拉伸黏结强度略微降低。重钙粉替代部分水泥（D、E），晾置20min后拉伸黏结强度略高于配合比B。这表明，石英砂含量增大不利于延长晾置时间，一定掺量范围内的重钙粉有利于延长晾置时间。

相比于配合比B，乳胶粉掺量逐渐增大（配合比F和G），黏结砂浆在晾置20min后拉伸黏结强度也显著增大。利用乳液替代乳胶粉，随着乳液掺量增大（配合比H和I），黏结砂浆在晾置20min后拉伸黏结强度也逐渐增大，但仍低于同掺量乳胶粉。这表明，乳胶粉和乳液能够显著改善晾置时间，乳胶粉的改善效果更佳。

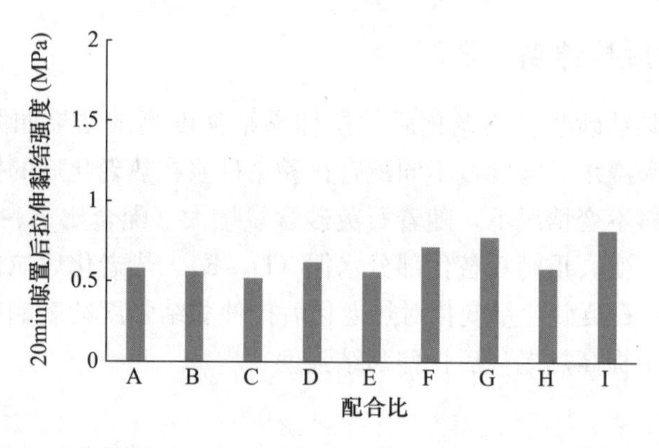

图 4　不同配合比黏结砂浆在晾置时间 20min 的拉伸黏结强度

3.5　抗压强度

不同配合比的黏结砂浆 28d 抗压强度测试结果如图 5 所示。可以看出，其他组成材料不变情况下，随着石英砂含量增大（配合比 A、B、C），黏结砂浆 28d 抗压强度逐渐降低。重钙粉替代部分水泥（D、E），28d 抗压强度先增大而后降低。这表明，石英砂含量增大不利于抗压强度，重钙粉在一定掺量范围内有利于提高抗压强度，但掺量过大反而导致抗压强度降低。

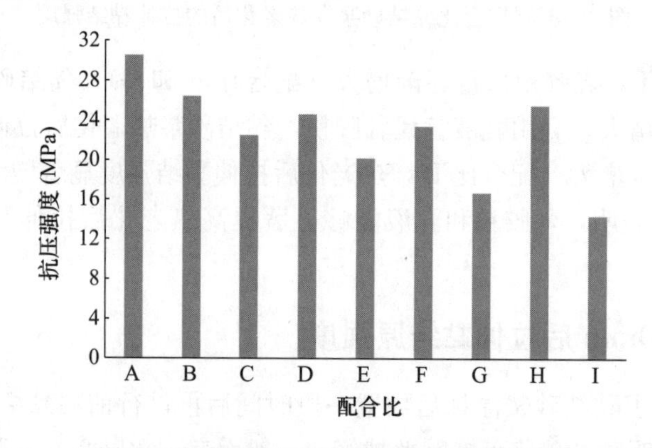

图 5　不同配合比黏结砂浆的 28d 抗压强度

相比于配合比 B，乳胶粉掺量逐渐增大（配合比 F 和 G），黏结砂浆的 28d 抗压强度逐渐降低。利用乳液替代乳胶粉，随着乳液掺量增大（配合比 H 和 I），抗压强度也逐渐降低，高掺量时甚至低于同掺量乳胶粉。这表明，乳胶粉和乳液均不利于改善抗压强度，掺量越大，负面效果越明显。

结合图 1～图 5 可以看出，所有配合比在标准养护条件、浸水后、热老化后和晾置 20min 的拉伸黏结强度虽有所不同，但均在 0.5MPa 以上；28d 抗压强度在 14.4～30.5MPa 之间波动。从实验室测试结果来看，这些配合比均能满足无机石英砂铺贴时对于黏结拉伸强度和抗压强度的要求，可结合铺贴工程部位特点，选用合适的配合比。如需实现高抗压强度，则应严格控制石英砂、重钙粉和聚合物（包括乳胶粉和乳液）用量。如需高拉伸黏结强度时，则应提高聚合物用量。

4 结论

通过研究，得到以下结论：

（1）石英砂掺量增大，一定程度上会导致黏结砂浆的拉伸黏结强度和抗压强度降低。

（2）重钙粉在合理掺量范围内有利于提高黏结砂浆的拉伸黏结强度，但不利于抗压强度；黏结砂浆中应严格控制其掺量范围。

（3）聚合物（乳胶粉和乳液）均能显著提高黏结砂浆的拉伸黏结强度，但明显不利于抗压强度。

（4）试验提出的几个配合比的拉伸黏结原强度、浸水后强度、热老化后强度和20min晾置时间强度均在0.5MPa以上，抗压强度在14～31MPa之间；研究获得了地面常规铺贴时的无机石英石用黏结砂浆配合比范围。

参考文献

[1] 彭家惠，毛靖波，张建新，等．可再分散乳胶粉对水泥砂浆的改性作用［J］．硅酸盐通报，2011，30（4）：915-919.

[2] 张国防，王培铭．E/VC/VL三元共聚物对水泥砂浆孔结构和性能的影响［J］．建筑材料学报，2013（1）：111-114.

[3] 王培铭，刘恩贵．苯丙共聚乳胶粉水泥砂浆的性能研究［J］．建筑材料学报，2009，12（3）：253-258.

[4] JENNI A，HOLZER L，ZURBRIGGEN R，et al. Influence of polymers on microstructure and adhesive strength of cementitious tile adhesive mortars［J］. Cement and Concrete Research，2005，35（1）：35-50.

[5] PATURAL L，MARCHAL P，GPVOM A，et al. Cellulose ethers influence on water retention and consistency in cement-based mortars［J］. Cement and Concrete Research，2011，41（1）：46-55.

[6] JO Y K. Adhesion in tension of polymer cement mortar by curing conditions using polymer dispersions as cement modifier［J］. Construction and Building Materials，2020，242：118134.

[7] WANG M，WANG R，YAO H，et al. Research on the mechanism of polymer latex modified cement［J］. Construction and Building Materials，2016，111：710-718.

基金资助：上海申通地铁集团有限公司科研计划项目（轨15Y-2021-006-十五，JS-KY18R022-6）资助。

120MPa 水泥基灌浆料的性能研究

张　洁[1,2]　王林茂[1,2]　鲁统卫[1,2]　吕金环[1,2]　蔡贵生[1,2]

（1 山东省建筑科学研究院有限公司，济南 250031；
2 山东建科建筑材料有限公司，济南 251600）

摘　要：本文对掺加不同膨胀剂的120MPa水泥基灌浆料性能进行了研究，主要包括流动性能、力学性能、收缩变形性能和抗裂性能。试验结果表明：掺有不同膨胀剂的水泥基灌浆料初始流动度较好，均达到320mm以上，且半小时损失较小，流动度仍超过300mm；水泥基灌浆料力学性能良好，早期1d抗压强度不小于50MPa，28d抗压强度不小于120MPa，28d抗折强度不小于18MPa；掺加膨胀剂和塑性膨胀剂的灌浆料膨胀较好且后期收缩小，此外，该灌浆料抗裂性能良好。

关键词：水泥基灌浆料；膨胀剂；性能

Research on Properties of Cement-based Grouting Material with Strength of 120MPa

Zhang Jie[1,2]　Wang Linmao[1,2]　Lu Tongwei[1,2]
Lv Jinhuan[1,2]　Cai Guisheng[1,2]

(1 Shandong Academy of Building Research Co. Ltd，Ji'nan 250031；
2 Shandong Jianke Building Materials Co. Ltd，Ji'nan 250121)

Abstract：In this paper，properties of cement-based grouting material with strength of 120MPa，doped with different expansion agents are studied. It includes flow properties，mechanical properties，shrinkage deformation properties and properties of resistance to crack. The results show that the initial fluidity of grouting materials mixed with different expansion agents is good，reaching more than 320mm. The loss in half an hour is small， and the fluidity is still up to 300mm. The grouting material has excellent mechanical properties. The compressive strength at the early age of 1d is not less than 50MPa, and the compressive strength of 28d is not less than 120MPa. The flexural strength is not less than 28MPa. The grouting material mixed with expansion agent and plastic expansion agent expands well and shrinks later. In addition, The grouting material with expansion agent and plastic expansion agent displays good expansion and little shrinkage later. In addition, it shows good resistance to crack.

Keywords: Cement-based grout material; Expansion agents; Properties

1　引言

灌浆料作为一种具有早强、高强和微膨胀等诸多优点的新型复合材料，不仅普遍用于混凝土构件及建筑的快速修补、设备基础的二次灌浆等领域，更广泛用于诸多行业的混凝土基础设施维修、土建加固、设备安装等[1-3]。特别是高强灌浆料，随着工民建、公路、水利建设、海上风电工程的不断发展，以及装配式建筑的逐渐推广，其市场需求不断扩大，对灌浆料的研究也在不断深入[4-7]。

目前，国内对水泥基灌浆料，在配制、性能、机理等方面进行了较为深入的研究，但大多集中在工作性能、体积膨胀性能以及早期的力学性能[8-9]。对于高强灌浆料，尤其是28d强度达到100MPa以上的超高强灌浆料的研究已有少量报道，但对于更高早期和后期强度的超高强灌浆料的研制尚未见到报道[4]。此外，除强度达到超高以外，此类材料的体积膨胀性能亦是至关重要的一个指标。基于此，本文重点对掺有不同膨胀剂的120MPa的超高强灌浆料的性能进行了研究。

2　试验部分

2.1　原材料

本文研究的灌浆料主要是采用水泥、矿物掺和料和膨胀剂等组成的胶凝材料与金刚砂、减水剂和化学改性剂等制备而成。

（1）水泥：山东某水泥厂生产的P·O 52.5级普通硅酸盐水泥。

（2）矿物掺和料：超细矿粉、微珠和硅灰等。

（3）膨胀剂：快硬水泥、膨胀剂和一种塑性膨胀剂。

（4）金刚砂：采用粗、中两种金刚砂按一定比例混合。

（5）减水剂：山东建科建筑材料有限公司生产的新型高性能聚羧酸减水剂。

（6）化学改性剂：消泡剂以及黏度改性组分等。

2.2　试验方法

本文重点针对掺有不同膨胀剂的超高强灌浆料的性能进行了研究，具体试验方案见

表1。在基础配方的基础上，将快硬水泥和膨胀剂分别按照推荐掺量采用内掺的方式等量取代水泥的量，塑性膨胀剂则是采用外掺的方式。试验的水料比为0.09。

表1 试验方案

编号	基础配方	塑性膨胀剂	快硬水泥	膨胀剂
E1	√	√		
E2	√		√	
E3	√			√
E4	√	√	√	
E5	√	√		√

超高强灌浆料主要性能指标和试验方法如下：

(1) 截锥流动度：试验参照《水泥基灌浆材料应用技术规范》(GB/T 50448)。

(2) 抗压强度、抗折强度：试验采取非振动成型，按照《水泥基灌浆材料应用技术规范》(GB/T 50448) 中A.0.2条搅拌灌浆料，将拌好的浆体直接灌入尺寸为40mm×40mm×160mm的棱柱体试模，浆体与试模上边缘平齐。从搅拌开始到成型结束，应在6min内完成。抗压强度和抗折强度的检验按照《水泥胶砂强度检验方法（ISO法）》(GB/T 17671) 进行。

(3) 收缩变形：试验采用非接触式测量法进行测量，采用150mm立体钢试模制样，试验方法参考《水泥基灌浆材料应用技术规范》(GB/T 50448)。非接触式测定仪以及具体试验测试如图1所示。

图1 收缩变形测试

(4) 抗裂试验：采用圆环抗裂法，将配制的灌浆料灌入圆环试模中，待终凝硬化后拆除外模，放置在温度为(20±2)℃，湿度为(60±5)%的恒温恒湿养护室中，观察开裂情况。圆环试件及试模平面示意图如图2所示。

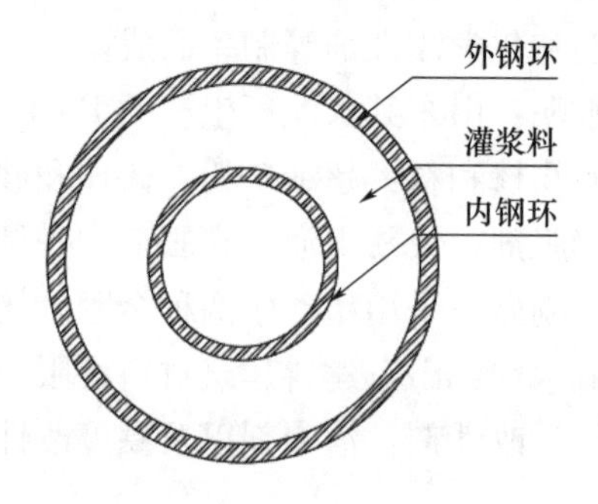

图2 圆环试件及试模平面图

3 试验结果与讨论

3.1 截锥流动度

五组水泥基灌浆料采用水料比为0.09，然后分别测得初始流动度和0.5h流动度，试验数据如图3所示。可以看出，掺有不同膨胀剂的水泥基灌浆料初始流动度均达到320mm以上，其中只掺加塑性膨胀剂的灌浆料初始流动度达到了335mm。0.5h的流动度均超过300mm，并且试验过程浆体和易性好，无离析现象，因此，本文研究的超高强水泥基灌浆料的工作性能良好。对比五组灌浆料流动度，不难发现E2、E4与E1差别不大，而E3和E5的流动度相对低一些，说明快硬水泥对浆体流动度影响不大，而膨胀剂影响略大，这主要是由于膨胀剂遇水反应较快，致使流动度有所下降。

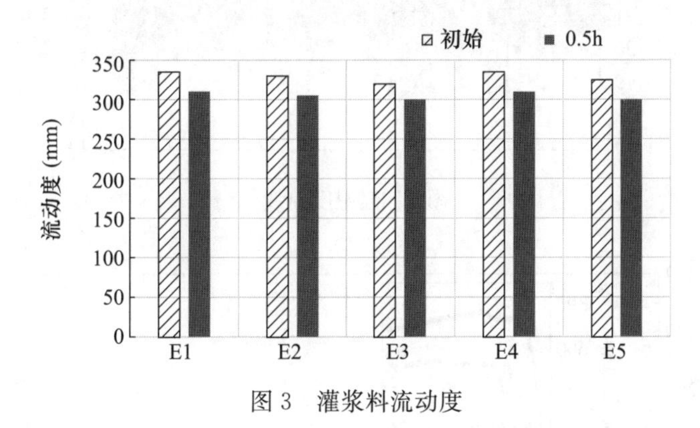

图3 灌浆料流动度

3.2 力学性能

水泥基灌浆料具有优异的力学性能，图4是灌浆料抗压强度柱状图，图5是灌浆料28d的抗折强度曲线。从图4可以看出，单独掺加快硬水泥或膨胀剂的浆体早期1d抗压强度略高于只掺加黄粉的浆体，而复掺快硬水泥和膨胀剂的浆体抗压强度略有降低，从其他三个龄期强度发展来看，同样发现复掺快硬水泥和膨胀剂的浆体（E4和E5）抗压强度比单掺的要低，这可能是由于复掺后，塑性膨胀剂导致灌浆料含气量升高，强度有所下降。然而，E4和E5的28d抗压强度仍旧大于120MPa。整体来看，水泥基灌浆料的1d抗压强度不小于50MPa，3d抗压强度不小于90MPa，7d抗压强度不小于100MPa，28d抗压强度不小于120MPa；28d抗折强度不小于18MPa。

3.3 收缩变形性能

灌浆料浇筑成型后立即放入温度为（20±2）℃，相对湿度为（60±5）%的恒温恒湿室中，从浆体初凝时开始读数，每隔0.5h采集一次数据。实际监测的温湿度曲线如图6所示，温度和湿度整体在上述范围内波动。试验结果如图7所示。

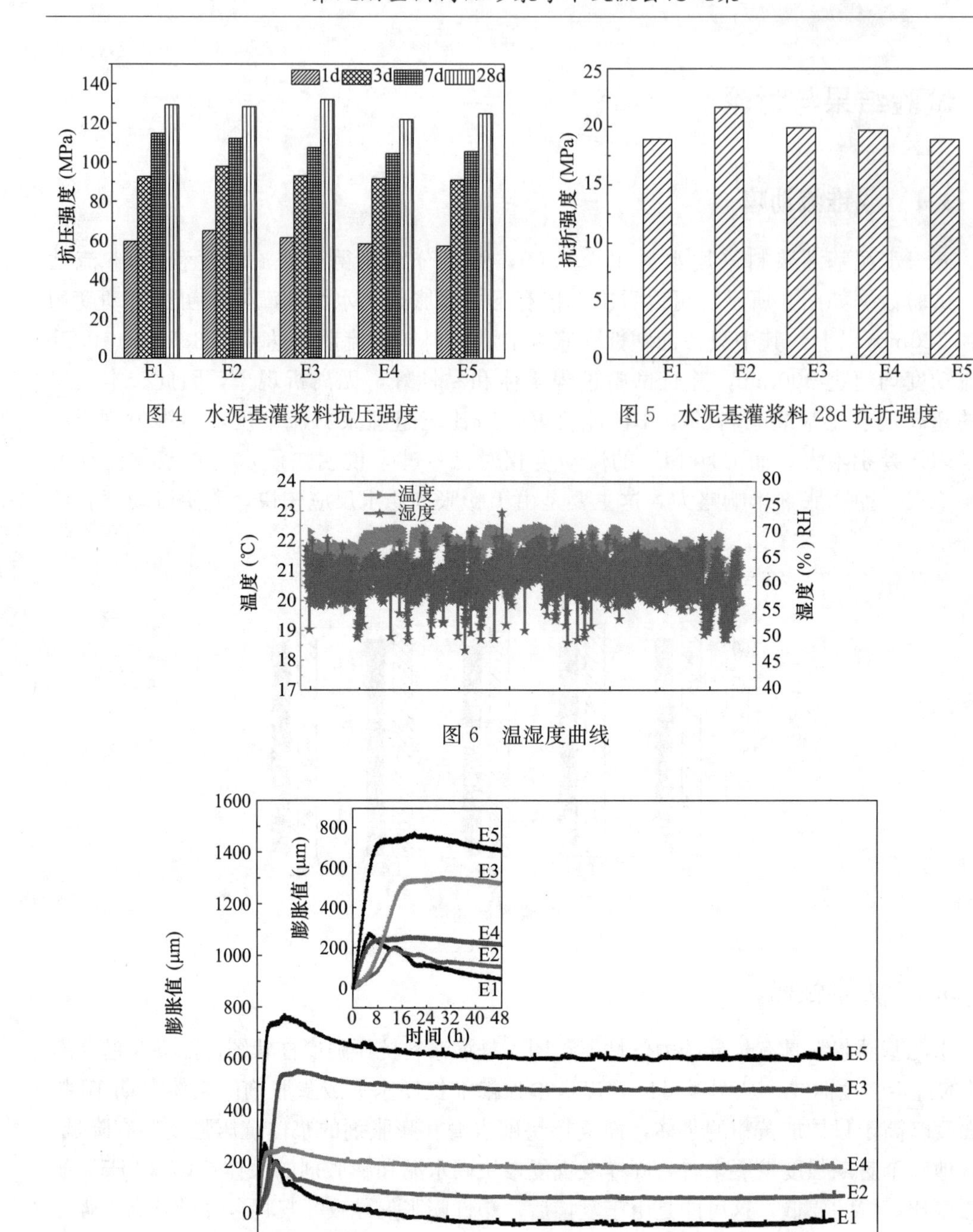

图 4　水泥基灌浆料抗压强度

图 5　水泥基灌浆料 28d 抗折强度

图 6　温湿度曲线

图 7　水泥基灌浆料收缩变形曲线

分析图中曲线可以得到如下结论：

(1) 五组灌浆料的曲线呈现相同的趋势，曲线先增后减最终趋于平缓。曲线在 16h 以内快速增长，说明膨胀速率较快，待膨胀达到最大值后，膨胀速率减缓，同时灌浆料有不同程度的收缩。这主要是因为随着反应的进行，膨胀剂参与水化而逐渐消耗，且随着后期灌浆料弹性模量增大，膨胀阻力增大，膨胀速率降低。

（2）E1 和 E2 组水泥基灌浆料的膨胀和收缩趋势类似，其中 E1 的早期膨胀速率较快，在 8h 内即达到最高峰，比 E2 提前了接近 8h。随后，E1 后期收缩较大，二者最后均呈现收缩的状态，这充分说明了塑型膨胀剂的早期膨胀效果较好，对后期几乎没有作用。

（3）E3、E4 和 E5 则呈现类似的趋势，曲线增长后降低的幅度较小，最终趋于平缓。其中，E4 和 E5 早期膨胀速率比 E3 要快，前两者的膨胀在 10h 以内即达到高峰，而 E4 在 16h 内达到高峰，其与 E2 差别不大。这说明膨胀剂有利于灌浆料的早期和后期膨胀，而快硬水泥对灌浆料的早期膨胀作用相对较小，与前述结论一致。

（4）分别对比 E3 和 E5、E2 和 E4，不难发现，复掺塑性膨胀剂的灌浆料均比单掺的膨胀要好，其中 E5 掺加膨胀剂和塑性膨胀剂的灌浆料膨胀较好，最后整体收缩较小。

3.4　抗裂性能

将 E1、E4 和 E5 进行了抗裂性能的研究，试验结果见表 2。E1 灌浆料在第 2 天出现裂缝，E4 灌浆料在第 13 天出现裂缝，E4 的裂缝宽度比 E1 的小。然而，E5 在 1 年以后仍未出现裂缝。该结果表明同时掺加膨胀剂和塑性膨胀剂的灌浆料具有较好的抗裂性能，这与前面收缩变形的试验结果相吻合。

表 2　水泥基灌浆料的抗裂性能

编号	裂缝情况	裂缝宽度（mm）
E1	第 2 天出现裂缝	0.35～0.65
E4	第 13 天出现裂缝	0.15～0.45
E5	1 年无裂缝	—

4　结论

通过以上研究获得如下结论：

（1）水泥基灌浆料具有良好的工作性能，初始流动度达到 320mm，0.5h 的流动度超过 300mm。

（2）水泥基灌浆料具有优异的力学性能：1d 抗压强度不小于 50MPa，3d 抗压强度不小于 90MPa，7d 抗压强度不小于 100MPa，28d 抗压强度不小于 120MPa；28d 抗折强度不小于 18MPa。

（3）塑性膨胀剂有利于水泥基灌浆料的早期膨胀，复掺膨胀剂和塑性膨胀剂的灌浆料早期膨胀较好，后期收缩小，灌浆料较早达到体积稳定期。

（4）掺加膨胀剂和塑性膨胀剂的灌浆料具有较好的抗裂性能，浆体 1 年后未出现裂缝。

参考文献

[1] 郭勇，黄宗凯．超高强无收缩自密实灌浆料的研究与应用［J］．江西建材，2007（2）：15-16.

[2] 叶显，吴文选，侯维红，等．膨胀剂对高强灌浆料体积稳定性的影响［J］．建筑材料学报，2018，21（6）：950-955.

[3] 陈景，甘戈金，徐芬莲，等．超高强大流态水泥基灌浆材料的配制优化［J］．生态建材，2015（5）：41-44.

[4] 高安庆，朱清华，化子龙．超高强钢筋接头灌浆料的试验研究［J］．混凝土与水泥制品，2013（1）：16-19.

[5] 汪冬冬，张悦然，孙烜，等．海上风电导管架灌浆料产品开发与工程应用研究［J］．海洋开发与管理，2018（S1）：27-33.

[6] 徐立斌，汪继超，陈尚伟，等．抗裂型高强灌浆料的研发［J］．新型建筑材料，2018，45（3）：16-19.

[7] 朱艳超．高流态超早强固化材料的机理与应用研究［D］．武汉：武汉理工大学，2013.

[8] 朱卫华．水泥基灌浆料的发展［J］．施工技术，2009，38（6）：76-79.

[9] 刘小兵．水泥基无收缩灌浆砂浆的配制及性能研究［D］．重庆：重庆大学，2010.

作者简介　张洁（1988—），女，硕士研究生，工程师，主要从事砂浆及外加剂、高性能混凝土及外加剂、防腐蚀混凝土及混凝土耐久性、免蒸养早强混凝土的研究。邮箱：jessiez1212@126.com，电话：13011731905。

无机干粉涂料柔性贴片的研究

潘　伟
（君旺节能科技股份有限公司，上海 200070）

摘　要：本文涉及无机干粉涂料柔性贴片的构造及材料组成与性能，重点研究了立体结构功能性设计对于贴片的抗泛碱性能影响，同时，研究了掺入不同量的表面改性膨胀玻化微珠对于贴片的保温隔热性能的影响。
关键词：无机干粉涂料；贴片；泛碱；保温隔热

Research on Flexible Inorganic Powder Coating Patch

Pan Wei
(Junwon Energy Saving Science and Technology Co.,
Ltd, Shanghai 200070)

Abstract: The paper involves the structure, materials composition and performance of flexible inorganic powder coating patch. In detail, the influence of anti-efflorescence of the patch by structural function design, and the influence of thermal insulation performance of the patch by different amount of glassy micro bead with surface modification were studied.
Keywords: inorganic powder coating; patch; efflorescence; thermal insulation

1　概述

目前，市场上常用的外墙装饰材料主要分为三种体系：瓷砖体系、有机涂料体系、无机干粉涂料体系。三种体系各有优缺点，受制于瓷砖本身的性质（自重、尺寸、吸水率、透气率、可变形性等)，瓷砖体系容易出现黏结失效而造成瓷砖空鼓甚至脱落，并且瓷砖一旦脱落，极有可能造成严重的人员伤害和财产损害，故外墙贴砖尤其是高层建筑外墙贴砖受到严格的限制；有机涂料的黏结强度主要来源于有机材料的范德华力，起皮、脱落时有发生，而透气性不佳导致有机涂料产品的鼓泡现象屡屡出现，有机涂料组分中的有机颜料在紫外线照射下发生黄变也会使产品的保色周期变短（5～10 年）；相比瓷砖体系和有机涂料体系，无机干粉涂料体系在黏结安全性、透气性、颜色保持性等性能方面更具优势[1]，而以无机材料为主的材料组成特点更使得无机干粉涂料完全可以达到与建筑同寿命。因此，无机涂料体系是目前相对最佳的装饰体系。

然而，直至目前，无机干粉涂料的应用仍然不广泛，制约其广泛应用的最大挑战在于泛碱问题。

同时，各地建筑节能的要求逐年提高。相比屋面和地面，建筑墙体是建筑保温隔热的薄弱环节，建筑墙体保温隔热的效果直接决定建筑保温隔热的成功与否。为迎合建筑节能要求的不断提高，最为直接的解决方案是增加墙体保温隔热系统中的保温板厚度，这也给系统黏结安全性等性能带来了更大的威胁（板材自重增加、板材体积变形增大等)。因此，本文也研究了无机干粉涂料柔性贴片的保温隔热性能。

2 抗泛碱性能和保温隔热性能研究

2.1 抗泛碱性能研究

泛碱产生的机理：硅酸盐水泥水化后会产生大量的游离 $Ca(OH)_2$，这些 $Ca(OH)_2$可以被水化体系中的自由水所携带经由硬化体结构的孔隙迁移到硬化体表面并且与空气中的 CO_2反应生成微溶的 $CaCO_3$和 $Ca(HCO_3)_2$，以白色分散的点状或小的片状析出附着在硬化体结构表面[2-3]。砂浆的泛碱可以分为初次泛碱和二次泛碱，初次泛碱一般在成型后一天内便可发生；二次泛碱通常在施工后较长时间发生。泛碱的影响因素包括：胶凝材料的种类及比例、硬化体结构致密度、施工期间的气候条件（温度变化、湿度变化及风力)。

针对泛碱问题，可采取的措施主要包括：①采用三元胶凝材料体系（如普通硅酸盐水泥-硫铝酸盐水泥-硬石膏体系）并确定不同胶凝材料间的最佳比例以最大程度地减少可溶碱的生成量和通过以碱离子作为反应物的水化反应消耗所产生的可溶碱。以铝酸盐水泥为主，硅酸盐水泥和石膏为辅的三元体系表现出较理想的抗泛碱效果[4-6]。主要机理为：三元系统水化时钙矾石快速形成，避免了水分过分挥发[5]，结构密实、吸水量低[7]，通过三种胶凝材料比例的控制，避免了水化产物中出现 $Ca(OH)_2$[4,6]。②优化粉体材料的颗粒级配，以减少颗粒堆积后所形成的孔隙，同时有助于减少拌和用水量即减少水分蒸发所形成的孔隙，共同实现减少硬化体结构能够容许可溶碱迁移的通道。

经过系统试验，笔者研究出一种无可见泛碱的无机干粉涂料柔性贴片，从内至外结构依次为无机干粉涂料基层、无机干粉涂料构型层及抗渗自清洁耐候亚光罩面层。

无机干粉涂料基层由低克重耐碱网格布复合无机涂料组成。耐碱玻璃纤维网格布的厚度为0.2～0.23mm，其经向、纬向网孔的中心距为（2.5±0.5）mm，单位面积质量为60～65g/m^2，含胶量为12.5%，经向、纬向的耐碱断裂强力为≥750N/50mm。无机干粉涂料的材料组成为：可再分散乳胶粉（醋酸乙烯酯-乙烯基酯-乙烯三元共聚物，T_g=5℃）10%～12%、52.5白色硅酸盐水泥15%～20%、石英砂（粒径0.098～0.125mm）60%～70%、重质碳酸钙（粒径0.045mm）5%～10%、4万黏度羟丙基甲基纤维素醚0.1%～0.15%、硬脂酸盐憎水剂0.5%～0.8%、氧化铁颜料1%～2%。

该无机干粉涂料基层通过白色硅酸盐水泥的胶凝作用形成有效胶结，可再分散乳胶粉通过成膜作用进一步提升了黏结强度，同时增加了柔韧性，使得抗裂性能明显提高，胶粉在孔隙和界面区域的成膜也使得硬化体结构密实性和界面密实性得以加强，憎水性助剂的引入使得基层的憎水性及抗返碱性增强，柔性耐碱网格布进一步增强了底层材料的抗裂性和抗冲击性。

无机干粉涂料构型层的材料组成为：可再分散乳胶粉（醋酸乙烯酯-乙烯基酯-乙烯三元共聚物，T_g=5℃）5%～7%、52.5白色硅酸盐水泥4%～6%、硫铝酸盐水泥6%～9%、硬石膏2%～5%、粉煤灰1%～2%、钙基膨润土0.5%～1%、纳米二氧化硅1%～1.5%、气凝胶1%～2%、连续级配石英砂（粒径0.074%～0.18mm）65%～75%、4万黏度羟丙基甲基纤维素醚0.05%～0.1%、聚羧酸铵盐0.1%～0.15%、酒石酸0.1%～0.2%、有机硅憎水剂0.05%～0.1%、氧化铁颜料0.5%～1%。

构型层采用硅酸盐水泥-硫铝酸盐水泥-硬石膏三元复合胶凝体系，具有较强的抑制泛碱的效果：水化时，钙矾石快速形成，结构密实速率提高、吸水量较低；通过三种胶凝材料的质量比例设计，最大程度减少水化产物中的$Ca(OH)_2$含量，同时，石膏能与硫铝酸盐水泥及硅酸盐水泥反应生成钙矾石，消耗硅酸盐水泥水化生成的$Ca(OH)_2$。使用活性矿物掺和料的原因为：①取代部分普通硅酸盐水泥，减少可溶碱的生成量；②活性矿物掺和料可与生成的$Ca(OH)_2$进行反应，进一步消耗$Ca(OH)_2$量；③相比水泥特别是硫铝酸盐水泥，活性矿物掺和料的早期水化活性较低，降低了体系的早期水化放热速率和收缩量，赋予硬化体结构更为充足的生长时间以应对由于内外温差而产生的温度应力和体积变形应力，从而保持结构的稳定性；④活性矿物掺和料可通过降低硫铝酸盐水泥浆体的膨胀率而抑制硫酸盐水泥抗折强度的后期收缩。通过合理的颗粒级配设计，加之活性纳米材料与$Ca(OH)_2$进行反应消耗$Ca(OH)_2$的同时填充孔隙，结合三元胶凝材料体系的水化产物排布和胶粉的成膜，大幅降低硬化体结构的较大孔径的孔隙比例、隔断孔隙的连通性，维持合适比例的、非连通、分布均匀的较小孔径的孔隙，使得较大的液态水分子无法透过，而允许较小的水蒸气分子自由地进出硬化体结构，从而赋予了构型层较好的呼吸性。

抗渗自清洁耐候亚光罩面层的材料组成为：硅丙乳液（固含量47%±1%，最低成膜温度<0℃）5%～10%、纳米杂化树脂15%～20%、清水70%～85%。所采用的硅丙乳液由含有不饱和键的有机硅单体与丙烯酸类单体加入合适的助剂，通过核壳包覆工艺聚合而成，结合了有机硅耐高温性、透气性、耐候性、耐化学品性、疏水性、表面能低不易污染性和丙烯酸类树脂的高保色性、柔韧性、附着性。所采用的纳米杂化树脂添加了耐高温的纳米级二氧化硅颗粒，可以很好地抵御长期阳光直射的破坏性侵袭。同

时，矿物质颗粒还可以赋予涂层很好的亲水性能，水分可以吸附在涂层表面，并形成水滴立即分散开去。这样一来，对于涂层的易清洁性能就有着双重的功效。首先，在降雨的天气状况下，涂层之上的污浊物质可以随水滴一起流走；其次，水分会在涂层表面形成一层薄薄的水层，当降雨结束之后，水层会均匀分散在墙体上，不会出现块状的雨水冲刷的斑迹。此外，该纳米杂化树脂对于太阳光中的紫外线辐射也有着令人满意的抵御能力。通过以合适的比例复配硅丙乳液和纳米杂化树脂，并以清水稀释到一定比例，所获得的涂层具有良好的憎水性、呼吸性和耐候性，并具有出色的自洁净功能，可以为整个外墙保温装饰系统提供可靠的耐候性屏障。

基于以上各结构层的材料组成及掺量范围，设定了2个基层、3个构型层和2个罩面层的配方组成，具体配方组成见表1～表3，并通过对制备的无机干粉涂料柔性贴片进行性能检测（表4、图1）以确定最佳的材料配方组成。

表1　基层配方组成

原材料	基层1号	基层2号
52.5白色硅酸盐水泥	180	150
石英砂（粒径0.098～0.125mm）	580	610
重钙（粒径0.045mm）	100	120
4万黏度纤维素醚	1.5	1
7031H	120	100
硬脂酸钙	8.5	9
氧化铁黑	10	10
总质量	1000	1000

表2　构型层配方组成

原材料	构型层1号	构型层2号	构型层3号
52.5白色硅酸盐水泥	40	60	50
硫铝酸盐水泥	80	90	75
硬石膏	35	40	50
粉煤灰	15	20	20
钙基膨润土	1	1.5	1.5
纳米二氧化钛	5	10	8
石英砂（粒径0.074～0.098mm）	360	300	320
石英砂（粒径0.098～0.125mm）	130	150	100
石英砂（粒径0.125～0.18mm）	240	218	260
4万黏度纤维素醚	0.8	1	0.8
7031H	75	90	100
聚羧酸铵盐	1.5	1	1.2
酒石酸	1	1.5	1
有机硅憎水剂	1	2	1
氧化铁红	15	15	12
总质量	1000	1000.5	1000.5

表 3　罩面层配方组成

原材料	罩面 1 号	罩面 2 号
硅丙乳液	10	15
纳米杂化树脂	20	15
清水	70	70
总质量	100	100

表 4　不同配方组成贴片的性能测试

贴片性能	基 1＋构 1＋罩 1	基 1＋构 2＋罩 1	基 2＋构 1＋罩 1	基 2＋构 3＋罩 1	基 1＋构 1＋罩 2	检测标准
拉伸黏结原强度（MPa）	0.68	0.90	0.63	0.72	0.65	JC/T 1024—2007
老化循环拉伸黏结强度（MPa）	0.57	0.65	0.43	0.60	0.51	
30min 吸水量（g）	1.2	1.5	1.2	1.3	1.0	
240min 吸水量（g）	2.0	2.6	1.8	2.3	2.1	
泛碱性	无可见泛碱	轻微可见泛碱	无可见泛碱	无可见泛碱	无可见泛碱	
氧指数	29.0	26.5	31.6	30.3	28.2	GB/T 8624—2012
横向变形（mm）	4.3	3.6	3.5	5.2	4.6	JC/T 547—2017

图 1　不同配方组成贴片的抗泛碱性能测试（室外耐候 7d）

基于表 4 和图 1 的贴片性能测试结果，选择基层 2 号＋构型层 3 号＋罩面层 1 号的材料配方组成制备的贴片进行进一步的性能研究。

2.2　保温隔热性能研究

为了增强无机干粉涂料柔性贴片的保温隔热性能，在贴片的构型层中添加膨胀玻化微珠（粒径为 0.1～1.5mm、密度 157.18g/L）作为保温隔热性填料。

膨胀玻化微珠是一种无机矿物质材料，将其应用于水泥砂浆材料中可以明显降低材料的导热系数，提高材料的保温隔热性能[8]。但是膨胀玻化微珠本身的强度较低，在与粉料混合和搅拌时，容易出现破碎的现象，导致相当比例玻化微珠内部的孔隙受到破坏，降低了保温隔热效果，同时，相比未破碎的情况，由于珠粒的比表面积增大，需要更多的浆体进行包裹，也会使得材料的导热系数进一步升高。

为了降低膨胀玻化微珠在搅拌过程中的破碎率，本文研究了通过对玻化微珠进行表面改性处理以降低其搅拌时的破碎率。主要的思路是通过离子型表面活性剂的包裹增强玻化微珠颗粒的强度，同时，包裹了离子型表面活性剂的玻化微珠颗粒，由于表面电荷密度增加，易于吸附一定量的聚乙烯醇，借助于聚乙烯醇在水溶体系中的溶解度优势，促进玻化微珠在新拌浆体中的分散。

通过前期试验，确定了非离子表面活性剂-聚氧乙烯失水山梨醇单硬脂酸和阴离子表面活性剂-琥珀酸二异辛酯磺酸钠的组合，确定了醇解度为87%～89%，黏度40～48mPa・s的聚乙烯醇。膨胀玻化微珠：表面活性剂：聚乙烯醇的质量比为（50～60）：(5～15)：(1～5)。具体步骤如下：(1) 将膨胀玻化微珠置于恒温水浴中浸泡1～2h，水浴温度为45～55℃，在搅拌状态下加入表面活性剂，搅拌频率为200～300r/min；(2) 将聚乙烯醇加入水中，升温至70～95℃，混合搅拌30～60min；(3) 将步骤 (2) 的聚乙烯醇溶液加入步骤 (1) 中，200～350r/min下混合搅拌2～4h，100～110℃下干燥1～2h，即得。为得出最佳的膨胀玻化微珠：表面活性剂：聚乙烯醇比例，试验研究了不同比例对于改性后的玻化微珠的堆积密度和筒压强度的影响。

根据表5的测试结果，选择玻珠：表面活性剂：聚乙烯醇＝55：10：2.5对膨胀玻化微珠进行表面改性处理。

表5　不同助剂比例进行表面改性的玻化微珠性能

玻珠：活性剂：聚乙烯醇	堆积密度（kg/m³）	筒压强度（MPa）
55：10：2.5	118	0.29
50：8：2.5	112	0.25
50：10：4	109	0.23

在无机干粉涂料柔性贴片的构型层中，掺加不同量的经过表面改性处理的膨胀玻化微珠颗粒，并测试贴片材料的性能（表6）。

表6　掺加不同量的表面改性玻化微珠的贴片性能

贴片性能	无添加	6%改性玻化微珠	10%改性玻化微珠	检测标准
导热系数［W/（m・K）］	0.229	0.192	0.179	GB/T 13475—2008
干密度（kg/m³）	1087	955	878	—
横向变形（mm）	5.2	4.1	3.7	JC/T 547—2017

由表6测试结果可见，在无机干粉涂料柔性贴片的构型层中添加10%的改性玻化微珠，使得贴片的导热系数降低了约22%，横向变形量有所降低，但仍然维持较好的柔韧性能。

3　结论

通过基层-构型层-罩面层的结构设计所制备的无机干粉涂料柔性贴片，结合材料的柔韧抗开裂、多元胶凝材料体系及密实硬化体结构抗泛碱、低破碎高分散性玻化微珠的辅助保温隔热性能，取得较好的抗泛碱性能和保温隔热性能。

参考文献

[1] 潘伟，习珈维．无泛碱高耐火硅彩泥的研究与应用［J］．建筑科技，2018（24）：91-93.

[2] ABERLE T，KELLER A，ZURBRIGGEN R. 泛碱的形成机理和预防措施．张量译．http：//wenku. baidu. com/view/d4947177a417866fb84a8ebe. html. 2011-3-25.

[3] BENSTED J. Efflorescence-a visual problem on buildings［J］．Construction Repair，1994（8）：47-49.

[4] 王培铭，张灵，朱绘美，等．胶凝材料影响水泥基饰面砂浆泛碱的研究进展［J］．材料导报，2011（5）：464-466.

[5] 胡冲，段鹏选，苗元超．铝酸盐水泥基复合胶凝材料在饰面砂浆中应用的研究［A］．第三届（中国）国际建筑干混砂浆生产应用技术研讨会论文集［C］．北京，2008，115-122.

[6] 殷庆立，胡冲，Loris Amathjeu. 铝酸盐水泥对抑制泛碱效果的初步探讨［A］．第三届（中国）国际建筑干混砂浆生产应用技术研讨会论文集［C］．北京，2008，272-276.

[7] 王培铭，薛伶俐，朱绘美，等．半水石膏对硅酸盐水泥-铝酸盐水泥饰面砂浆泛白的影响［A］．第五届全国商品砂浆学术交流会论文集［C］，南京，2013，246-250.

[8] 涂沛，程忠庆，韩瑞杰．玻化微珠砂浆搅拌过程中骨料破损研究［J］．新型建筑材料，2019，46（4）：77-81.

石膏基自流平的开发及研究

李 翔 李彦彪
（唐山凯捷脱硫石膏制品有限公司，唐山 063021）

摘 要：石膏基自流平是以半水石膏（主要包括天然石膏、工业副产石膏、化学石膏）为主要胶凝材料，通过脱水、粉磨等工艺制成；通过减水剂、缓凝剂、稳定剂、消泡剂等多种外加剂的改性，以及一定组分的骨料及填料共同配置成一种高流动性、高平整度、高施工效率的地面垫层找平材料。本文主要针对天然α-高强石膏、脱硫β-建筑石膏，在不同含砂率、减水剂、缓凝剂、消泡剂等外加剂的情况下，针对外加剂对体系的影响进行试验，开发出符合《石膏基自流平砂浆》(JC/T 1023—2007）的一种或多种方案。

关键词：石膏基自流平；α-高强石膏；β-建筑石膏；外加剂

Development of self-leveling gypsum based floor compound

Li Xiang Li Yanbiao
(Tangshan Kaijie Desulfurization Gypsum Products Co., Ltd., Tangshan, Tangshan 063021)

Abstract: Gypsum-based self-leveling is based on semi-hydrated gypsum as the main cementing material, which mainly including natural gypsum, industrial by-product gypsum, and chemical gypsum through dehydration, grinding and other processes. Through the modification of various additives such as water reducer, retarder, stabilizer, and defoamer, as well as certain components of aggregates and fillers, they are jointly configured into a high fluidity, high flatness, and high construction efficiency leveling material for ground cushion. This article mainly focuses on natural α high-strength gypsum and desulfurized β construction gypsum, in the case of different sand content, water reducing agent, retarder, defoamer and other additives. Test the influence of additives on the system. Developed one or more solutions that comply with 《Gypsum-based Self-Leveling compound for floor》(JC/T 1023—2007).

Keywords: self-leveling gypsum based floor compound; α-High strength gypsum plaster; β-calcined gypsum; Admixtures

1　石膏基自流平的优点

1.1　施工厚度可控、流动性好、平整度高

石膏基自流平单层施工厚度可达到3～80mm，无砂型石膏基自流平砂浆最小施工厚度更是可以达到2mm。施工后地面平整度可达到2mm/3m及以下，找平后可直接进行瓷砖薄层铺贴，或免龙骨铺设地板[1]。

1.2　不空鼓、不开裂、免养护

由于半水石膏自身具有的微膨胀、良好的热稳定性及体积稳定性特点，石膏基自流平24h内，体系内化学反应完成90％以上，不存在漫长的养护龄期；抗压强度及体积收缩率与体系含水率关联最大，与龄期关联较小，不存在中后期空鼓、开裂等质量问题。

1.3　产品密度低

石膏基自流平的绝干密度仅为1600kg/m^{3}甚至更低，对比目前地面垫层材料（普通地面砂浆、水泥基自流平、细石混凝土等）降低20％～30％。

1.4　附加性能优异

石膏基自流平踩踏触感更加柔软有弹性；同时还具有隔声、吸声、保温、存热、吸潮、透气等特点。

2　试验用原材料

2.1　三相分析

三相分析统计表见表1。

表1　三相分析统计表　　%

原材料名称	产地	半水石膏	二水石膏	无水石膏	吸附水	脱水量	水化增量
天然α-半水石膏	唐山凯捷	75.37	0.95	0.00	0.31	4.78	13.73
脱硫β-半水石膏	唐山凯捷	77.17	0.00	0.00	0.44	5.22	13.93

2.2 物理分析

物理性能统计见表2。

表2 物理性能统计表

原材料名称	天然α-半水石膏	脱硫β-半水石膏
产地	唐山凯捷	唐山凯捷
加水量（%）	44	57
扩展度（mm）	180	175
初凝时间（min）	8	3
终凝时间（min）	10	5
2h抗折强度（MPa）	3.9	3.6
2h抗压强度（MPa）	12.5	10.2

2.3 其他原材料信息汇总

其他原材料信息汇总见表3。

表3 其他原材料信息汇总

原材料名称	技术规格/厂家	备注
代号A	高强石膏	
普硅水泥	P·O 42.5	
重钙粉	200目	
水洗砂	50～100目	
聚羧酸减水剂	上海三瑞600P-S	
聚羧酸减水剂	代号B	
消泡剂	苏州兴邦A406	
稳定剂HPMC	400mPa·s	
缓凝剂	西卡PT-A	氨基酸类
缓凝剂	代号C	蛋白质类

3 石膏基自流平的开发与调试

3.1 对比试验

以现有α-有砂自流平为基础配合比，与现有原材料进行对比试验（表4），根据试验结果判断α-半水石膏特性，确定下一步试验类型及范围。

表4 对比试验表 kg/t

原材料		试验编号	
名称	技术规格/厂家	基础配比	对比试验
α-半水石膏	唐山凯捷		580
代号A		580	
普硅水泥	P·O 42.5	30	30
砂子	50～100目	390	390
代号B	聚羧酸减水剂	2.50	2.50
消泡剂A406	苏州兴邦	0.50	0.50
稳定剂HPMC	400mPa·s	0.60	0.60
缓凝剂代号C	蛋白质	0.70	0.70
合计		1004.3	1004.3
检测项目	标准要求		
加水量（%）		24.5	26.0
初始流动度（mm）	145±5	141	143
30min流动度（mm）		140	145
30min损失（mm）	≤3	1	−2
初凝时间（h：min）	≥1：00	3：05	0：45
终凝时间（h：min）	≤6：00	3：30	1：10
24h抗折强度（MPa）	≥2.5	3.8	3.5
24h抗压强度（MPa）	≥6.0	14.7	13.0
绝干抗折强度（MPa）	≥7.5	12.7	12.5
绝干抗压强度（MPa）	≥20.0	34.5	30.3
绝干拉拔黏结强度（MPa）	≥1.0	1.5	1.3
绝干收缩率（%）	≤0.05	0.02	0.01

根据对比试验数据可发现：本厂α-半水石膏所需缓凝剂用量需进一步调整，且石膏基自流平凝结时间差较长，在一定程度上加大了早期开裂风险；达到标准稠度加水量偏大，可通过调整减水剂用量进行调整；其余技术指标均满足标准要求，但比较对比样品有所降低。

3.2 含砂率试验[2]

在3.1的试验基础上，首先进行含砂率试验，以α、β-半水石膏和50～100目水洗砂为基础，石膏缓凝剂及稳定剂以总量为基础进行试验，其他外加剂用量以胶凝材料总量为基础；对比不用含砂率情况下对石膏基自流平工作状态及强度的影响，并适当调整缓凝剂用量来保证其满足标准要求，控制初始流动度（145±5）mm，在此基础上进行加水量的调整（表5、图1）。

表 5　含砂率试验数据汇总表　kg/t

原材料		试验编号						
名称	技术规格/厂家	1	2	3	4	5	6	7
α-半水石膏	唐山凯捷	950	580	570	475	380		
β-半水石膏	唐山凯捷						950	580
普硅水泥	P·O 42.5	50	30	30	25	20	50	30
砂子	50～100 目		390	400	500	600		390
代号 B	聚羧酸减水剂	5.00	2.50	3.00	2.80	2.50	5.00	3.00
消泡剂 A406	苏州兴邦	0.60	0.50	0.40	0.30	0.25	0.60	0.40
稳定剂 HPMC	400mPa·s	1.00	1.00	1.00	1.00	1.00	1.00	1.00
缓凝剂代号 C	蛋白质	1.00	1.00	1.00	1.00	1.00	1.00	1.00
合计		1007.6	1004.6	1005.0	1004.6	1004.2	1007.6	1005.0
检测项目	标准要求							
加水量（%）		26.0	24.2	23.5	22.3	22.7	56.7	42.5
24h 抗折强度（MPa）	≥2.5	4.1	3.6	2.6	~~2.0~~	2.6	2.8	~~2.0~~
24h 抗压强度（MPa）	≥6.0	13.2	11.1	8.2	~~5.3~~	8.2	8.6	~~4.5~~
绝干抗折强度（MPa）	≥7.5	11.6	12.2	12.0	9.9	~~4.0~~	~~5.0~~	~~4.2~~
绝干抗压强度（MPa）	≥20.0	35.2	30.3	29.6	20.3	~~15.2~~	~~18.6~~	~~9.7~~

注：各组石膏基自流平凝结时间有所差异但均满足标准要求。

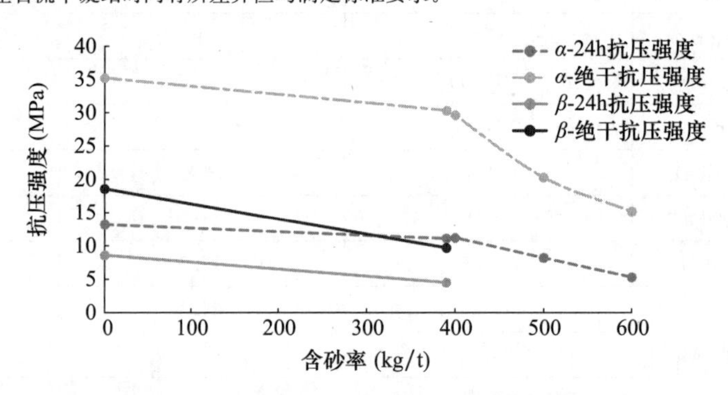

图 1　含砂率对不同石膏抗压强度的影响

试验过程中发现有砂自流平含砂率 40%时，石膏基自流平流动速度、表观状态、抗离析沉降等方面表现良好；通过不同抗压强度对比可发现，随着水洗砂用量的增加，强度不呈线性关系下降；α-有砂自流平当中，当含砂率达到 60%时，石膏基自流平部分强度已不满足标准要求；β-石膏基自流平强度目前均未达到标准要求。

3.3　缓凝剂试验

缓凝剂为石膏基自流平的必要组分，不同的缓凝剂对体系影响较大，对比有机无机酸类缓凝剂，氨基酸及蛋白质类缓凝剂具有产量低、效率高、强度影响小等优点；特选取两种常用缓凝剂（氨基酸、蛋白质）进行对比试验[3]；为更加清晰地表示缓凝剂对石膏基自流平强度的影响，特采用强度较高的无砂型配合比进行试验，分别以表 5 中（—1、—4）为基础配比，在此基础上逐步添加缓凝剂并对加水量进行调整，控制初始流动度（145±5）mm；首先对比不同缓凝剂用量对凝结时间的影响表 6，然后根据凝结时间挑选初凝时间为 2h 进行强度对比试验表 7。初凝时间变化曲线及抗压强度损失情况如图 2 所示。

表 6　缓凝剂对凝结时间的影响

α-高强自流平				β-无砂自流平				备注
缓凝剂西卡 PT-A	缓凝剂代号 C	初凝时间	终凝时间	缓凝剂西卡 PT-A	缓凝剂代号 C	初凝时间	终凝时间	
氨基酸	蛋白质	≥1h	≤6h	氨基酸	蛋白质	≥1h	≤6h	
0.00	0.00	~~0：20~~	0：25	0.00	0.00	~~0：10~~	0：15	
	0.70	~~0：30~~	0：45		0.70	~~0：48~~	1：00	
	1.00	1：20	1：35		1.00	1：50	2：15	
	1.20	2：10	2：20		1.05	2：00	2：25	
	1.50	4：00	4：25		1.50	3：55	4：15	
	2.00	7：55	~~8：40~~		2.00	6：00	~~6：40~~	
0.50		~~0：20~~	0：30	0.50		~~0：32~~	0：40	
1.50		~~0：55~~	1：05	1.50		1：05	1：15	
2.50		1：15	1：25	2.50		2：00	2：10	
3.30		2：15	2：20	4.00		2：45	2：50	
4.00		2：30	2：40					

表 7　相同初凝时间对抗压强度的影响　　kg/t

原材料		试验编号					
名称	技术规格/厂家	1	2	3	4	5	6
α-半水石膏	唐山凯捷	950	950	950			
β-半水石膏	唐山凯捷				950	950	950
普硅水泥	P·O 42.5	50	50	50	50	50	50
聚羧酸减水剂代号 B		5.00	5.00	5.00	5.00	5.00	5.00
消泡剂 A406	苏州兴邦	0.60	0.60	0.60	0.60	0.60	0.60
稳定剂 HPMC	400mPa·s	1.00	1.00	1.00	1.00	1.00	1.00
缓凝剂西卡 PT-A	氨基酸	0.00		3.30	0.00		2.50
缓凝剂代号 C	蛋白质	0.00	1.20		0.00	1.05	
合计		1006.6	1007.8	1009.9	1006.6	1007.7	1009.1
检测项目	标准要求						
加水量（%）		24.8	24.2	24.3	56.0	56.3	56.1
初凝时间（h：min）	≥1：00	~~0：20~~	2：10	2：15	~~0：10~~	2：00	2：00
终凝时间（h：min）	≤6：00	0：25	2：20	2：20	0：15	2：25	2：15
24h 抗折强度（MPa）	≥2.5	4.5	3.8	4.2	3.0	2.6	3.0
24h 抗压强度（MPa）	≥6.0	16.0	14.9	14.5	10.2	8.5	9.2
绝干抗折强度（MPa）	≥7.5	12.8	11.5	12.0	~~6.0~~	~~5.2~~	~~5.5~~
绝干抗压强度（MPa）	≥20.0	37.0	35.3	34.8	23.3	20.3	21.0

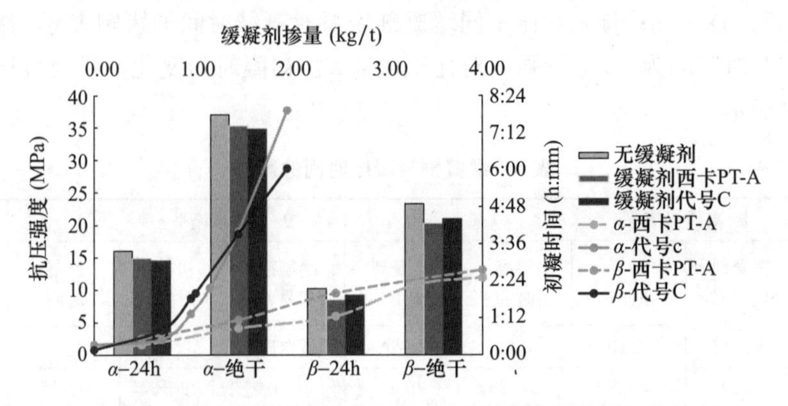

图 2　初凝时间变化曲线及抗压强度损失情况

随着缓凝剂掺量的变化，初凝及终凝时间均有所延长，但呈现出来的变化曲线并不一样；不同种类缓凝剂虽然均可满足石膏基自流平的生产使用，蛋白质缓凝剂随着掺量的增加，凝结时间的可控性逐渐下降，凝结时间变化较大；氨基酸缓凝剂线性规律较好、可控性较强；不同种类缓凝剂均在一定程度上对自流平强度造成一定的损失，但同在 2h 初凝时间的掺量时，强度损失相近似；故以下试验中将缓凝剂调整为适应性更好的氨基酸缓凝剂西卡 PT-A。

3.4　减水剂试验

聚羧酸减水剂是一种以长链高分子、不饱和有机酸为主要材料，在链引发剂、终止剂的作用下，而制成的一种高性能减水剂[4]；其特点主要表现为分子结构可控性强、产品差异较大，对凝结时间存在不同影响等。随着聚羧酸减水剂用量的增加，自流平标准稠度需水量逐步下降直至最低，同时随着用量的增加，石膏基自流平黏度逐渐增加，流动速度逐渐下降。

以表 8 中两种自流平配合比为基础配合比进行减水率试验，通过添加不同比例的减水剂使自流平初始流动度达到（145±5）mm，直至减水率稳定或波动较小（表 9）。根据减水率曲线（图 3），选取两种减水剂达到减水率相近似的情况下，对比砂浆性能（表 10）。

表 8　减水率基础配合比

原材料		配合比编号	
名称	技术规格/厂家	α-高强自流平	β-无砂自流平
α-半水石膏	唐山凯捷	950	
β-半水石膏	唐山凯捷		950
普硅水泥	P·O 42.5	50	50
消泡剂 A406	苏州兴邦	0.60	0.60
稳定剂 HPMC	400mPa·s	1.00	1.00
缓凝剂西卡 PT-A	氨基酸	2.50	2.50
合计		1004.1	1004.1

表 9　聚羧酸减水剂对标稠需水量的影响

α-高强自流平				β-无砂自流平			
减水剂 600P-S (kg/t)	减水剂代号 B (kg/t)	加水量 (%)	减水率 (%)	减水剂 600P-S (kg/t)	减水剂代号 B (kg/t)	加水量 (%)	减水率 (%)
0.00	0.00	70.0	0.0	0.00	0.00	81.0	0.0
	0.33	46.2	34.0		0.33	76.5	5.6
	1.67	30.5	56.4		1.67	70.2	13.3
	3.33	28.1	59.9		3.33	62.6	22.8
	5.00	25.2	64.0		5.00	57.1	29.5
	6.00	24.3	65.3		6.00	56.0	30.9
	8.00	24.2	65.4		8.00	56.1	30.7
0.33		42.1	39.9	0.33		73.2	9.6
1.67		27.5	60.7	1.67		62.3	23.1
3.00		25.0	64.3	3.00		55.0	32.1
3.33		24.2	65.4	3.33		53.6	33.8
5.00		22.1	68.4	5.00		44.5	45.1
6.00		21.5	69.3	6.00		43.2	46.7
8.00		21.5	69.3	8.00		43.1	46.8

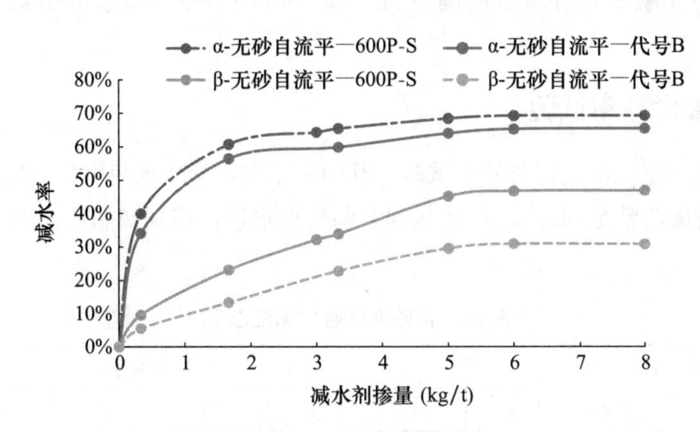

图 3　减水率曲线图

表 10　减水剂对部分性能的影响　　kg/t

原材料		试验编号			
名称	技术规格/厂家	1	2	3	4
α-半水石膏	唐山凯捷	950	950		
β-半水石膏	唐山凯捷			950	950
普硅水泥	P·O 42.5	50	50	50	50
减水剂 600P-S	上海三瑞		3.00		3.00
减水剂代号 B		5.00		5.00	

续表

原材料		试验编号			
消泡剂 A406	苏州兴邦	0.60	0.60	0.60	0.60
稳定剂 HPMC	400mPa·s	1.00	1.00	1.00	1.00
缓凝剂西卡 PT-A	氨基酸	2.50	2.50	2.50	2.50
合计		1009.1	1007.1	1009.1	1007.1
检测项目	标准要求				
加水量（%）		25.2	25.0	57.1	55.0
初凝时间（h：min）	≥1	1：20	2：05	2：00	2：30
终凝时间（h：min）	≤6	1：30	2：10	2：05	2：40
24h 抗折强度（MPa）	≥2.5	5.8	6.8	2.5	3.0
24h 抗压强度（MPa）	≥6.0	16.2	20.5	8.6	10.2
绝干抗折强度（MPa）	≥7.5	11.1	13.0	~~5.0~~	~~5.8~~
绝干抗压强度（MPa）	≥20.0	35.3	49.2	20.2	26.9

通过对以上数据进行分析：减水剂 600P-S 与目前石膏的适应性优于减水剂代号 B；减水剂 600P-S 在 3kg/t 的掺量下，与减水剂代号 B 在 5kg/t 下的减水率相近似，减水剂 600P-S 对比延长凝结时间 30min 左右。减水剂 600P-S 也使得绝干抗压强度有较大幅度的提升；以下试验中，将减水剂调整为三瑞 600P-S，并将减水剂用量调整后二次进行含砂率试验。

3.5 重置含砂率试验

调整减水剂用量二次进行含砂率试验：其中 α-半水石膏减水剂用量调整至 3kg/t；β-半水石膏减水剂用量调整至 6kg/t，在此基础上调整加水量，控制初始流动度（145±5）mm（表 11）。

表 11 含砂率试验数据汇总表 kg/t

原材料		试验编号					
名称	技术规格/厂家	1	2	3	4	5	6
α-半水石膏	唐山凯捷	950	570	475	380		
β-半水石膏	唐山凯捷					950	570
普硅水泥	P·O 42.5	50	30	25	20	50	30
砂子	50～100 目		400	500	600		400
减水剂 600P-S	上海三瑞	3.00	2.40	1.50	1.20	6.00	4.00
消泡剂 A406	苏州兴邦	0.60	0.40	0.30	0.25	0.60	0.50
稳定剂 HPMC	400mPa·s	1.00	1.00	1.00	1.00	1.00	1.00
缓凝剂西卡 PT-A	氨基酸	2.50	2.50	2.50	2.50	2.50	2.00
合计		1007.3	1004.7	1004.3	1003.9	1010.1	1003.9
检测项目	标准要求						

续表

原材料		试验编号					
加水量（%）		25.5	24.2	22.8	20.7	43.2	35.3
初凝时间（h：min）	≥1h	2：20	2：15	2：10	2：00	3：20	3：00
终凝时间（h：min）	≤6h	2：30	2：20	2：15	2：05	3：25	3：10
24h抗折强度（MPa）	≥2.5	7.0	4.0	3.2	~~2.2~~	5.0	~~2.4~~
24h抗压强度（MPa）	≥6.0	22.5	12.3	10.6	8.5	15.4	7.3
绝干抗折强度（MPa）	≥7.5	13.2	11.2	8.0	~~6.0~~	8.0	~~5.2~~
绝干抗压强度（MPa）	≥20.0	45.3	35.6	30.3	24.3	28.6	~~15.3~~

α-有砂自流平含砂率40%时，石膏基自流平状态仍表现良好；聚羧酸减水剂的调整，导致石膏基自流平强度有所上涨，凝结时间变长，强度富裕指标提高，可适当添加部分填料，保证石膏基自流平性能又降低富余指标；β-无砂自流平在高减水剂掺量的情况下，可以标准要求，但由于自流平黏度过大，流动速度过慢，施工性太差，不适合现场使用；因此尝试添加部分α-半水石膏进行再次调整。

3.6　填料及石膏复配试验

填料及石膏复配试验见表12。

表12　填料及石膏复配试验　　kg/t

原材料		试验编号								
名称	技术规格/厂家	1	2	3	4	5	6	7	8	9
α-半水石膏	唐山凯捷	570	560	550	540	530		50	100	150
β-半水石膏	唐山凯捷						950	900	850	800
普硅水泥	P·O 42.5	30	30	30	30	30	50	50	50	50
重钙粉	200目		10	20	30	40				
砂子	50～100目	400	400	400	400	400				
减水剂600P-S	上海三瑞	2.40	2.40	2.40	2.40	2.40	3.00	3.00	3.00	3.00
消泡剂A406	苏州兴邦	0.40	0.40	0.40	0.40	0.40	0.60	0.60	0.60	0.60
稳定剂HPMC	400mPa·s	1.00	1.00	1.00	1.00	1.00	1.00	1.00	1.00	1.00
缓凝剂西卡PT-A	氨基酸	2.00	2.00	2.00	2.00	2.00	2.00	2.00	2.00	2.00
合计		1004.7	1004.7	1004.7	1004.7	1004.7	1007.1	1007.1	1007.1	1007.10
检测项目	标准要求									
加水量（%）		24.2	23.5	22.4	23.7	22.8	54.2	52.1	49.8	46.3
24h抗折强度（MPa）	≥2.5	4.2	4.0	3.8	3.5	3.0	3.0	3.3	3.5	4.0
24h抗压强度（MPa）	≥6.0	13.5	12.5	11.0	10.5	9.3	10.2	10.5	11.5	12.3
绝干抗折强度（MPa）	≥7.5	11.8	10.9	10.0	9.1	8.0	~~6.0~~	~~7.1~~	8.0	8.5
绝干抗压强度（MPa）	≥20.0	36.6	35.8	34.0	33.3	30.2	26.9	30.7	32.8	35.2

在α-有砂自流平体系中，随着200目重钙粉掺量的增加，石膏基自流平加水量有所

下降，强度逐步降低，为保证石膏基自流平各项强度均有一定富余指标，200 目重钙粉掺量为 30kg/t 可满足需求；在β-无砂自流平体系中，随着α-半水石膏掺量的增加，强度均有所提升，为保证石膏基自流平各项强度均有一定富裕指标，α-半水石膏掺量调整为 150kg/t。

3.7 消泡剂试验

石膏基自流平中掺有减水剂、稳定剂等具有引气功能的外加剂，搅拌过程中，易产生大量不闭合的气泡及微小气泡，严重影响石膏基自流平的状态及强度，消泡剂的引入可抑制不闭合气泡的形成并在一定程度上消除微小气泡，从而达到改善性能的目的[5]；随着消泡剂的引入，石膏基自流平密度增大，含气量降低，以表 13 中三种为基础配合比，通过添加不同比例的消泡剂，保持使自流平初始流动度达到（145±5）mm，直至密度波动较小或含气量达到稳定（表 14、图 4）。

表 13　消泡剂基础配合比　kg/t

原材料		试验编号		
名称	技术规格/厂家	α-高强自流平	α-有砂自流平	β-无砂自流平
α-半水石膏	唐山凯捷	950	540	100
β-半水石膏	唐山凯捷			850
普硅水泥	P·O 42.5	50	30	50
重钙粉	200 目		30	
砂子	50～100 目		400	
减水剂 600P-S	上海三瑞	3.00	2.40	3.00
消泡剂 A406	苏州兴邦	0.00	0.00	0.00
稳定剂 HPMC	400mPa·s	1.00	1.00	1.00
缓凝剂西卡 PT-A	氨基酸	2.00	2.00	2.00
合计		1007.3	1004.7	1006.5

表 14　消泡剂对密度及含气量的影响

α-高强自流平			α-有砂自流平			β-无砂自流平		
消泡剂掺量（kg/t）	密度（g/L）	含气量（%）	消泡剂掺量（kg/t）	密度（g/L）	含气量（%）	消泡剂掺量（kg/t）	密度（g/L）	含气量（%）
0.00	1875	5.7	0.00	1895	6.0	0.00	1635	7.5
0.20	1900	4.3	0.15	1950	4.0	0.20	1682	4.2
0.30	1925	3.0	0.25	1960	3.4	0.40	1700	3.8
0.40	1930	2.8	0.35	1975	2.8	0.60	1720	2.8
0.50	1940	2.4	0.40	1980	2.8	0.70	1705	2.5
0.55	1940	1.9	0.50	1975	2.8	0.80	1710	2.5
0.60	1950	1.9						
0.70	1955	1.9						

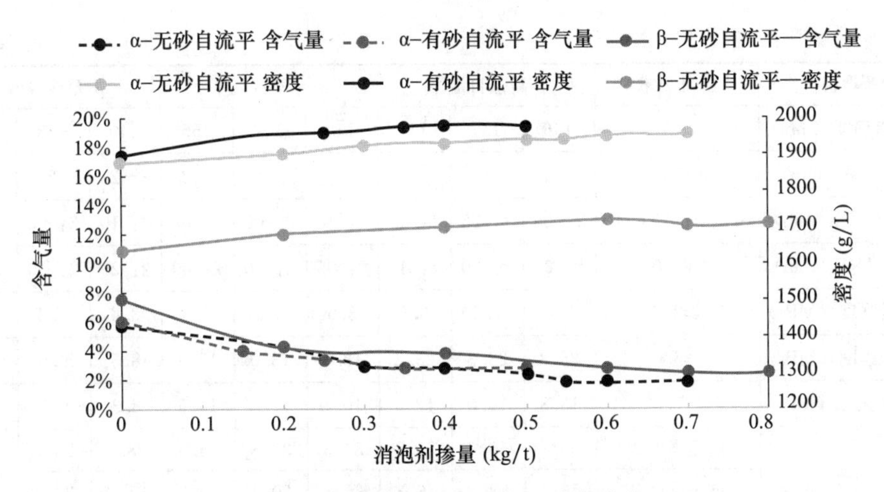

图 4　消泡剂对密度及含气量变化曲线

由于自流平体系不同，最佳消泡剂掺量有所不同；α-高强自流平消泡剂最佳掺量为 0.55kg/t；α-有砂自流平消泡剂最佳掺量为 0.35kg/t；β-无砂自流平消泡剂最佳掺量为 0.70kg/t。

4　配合比的确定及复检（表 15、表 16）

表 15　根据试验确定最终配合比　　kg/t

原材料		配合比名称		
名称	技术规格/厂家	α-高强自流平	α-有砂自流平	β-无砂自流平
α-半水石膏	唐山凯捷	950	540	100
β-半水石膏	唐山凯捷			850
普硅水泥	P・O 42.5	50	30	50
重钙粉	200 目		30	
砂子	50～100 目		400	
聚羧酸减水剂 600P-S	上海三瑞	3.00	2.40	3.00
消泡剂 A406	苏州兴邦	0.55	0.35	0.70
稳定剂 HPMC	400mPa・s	1.00	1.00	1.00
缓凝剂西卡 PT-A	氨基酸	2.40	2.10	2.40
合计		1007.3	1004.7	1007.2

表 16　复检数据统计表

检测项目	标准要求	α-高强自流平			α-有砂自流平			β-无砂自流平		
加水量（%）		24.8	23.5	24.1	23.6	23.5	22.7	51.2	49.5	50.0
初始流动度（mm）	145±5	141	148	145	142	148	150	143	150	145
30min 流动度（mm）		145	150	145	142	147	152	145	148	146

续表

检测项目	标准要求	α-高强自流平			α-有砂自流平			β-无砂自流平		
60min 流动度（mm）		146	151	140	143	147	155	140	148	140
30min 损失（mm）	≤3	−4	−2	0	0	1	−2	−2	2	−1
初凝时间（h：min）	≥1：00	1：55	1：25	1：40	2：00	2：00	1：55	2：10	2：05	2：05
终凝时间（h：min）	≤6：00	2：05	1：30	1：45	2：05	2：10	2：00	2：20	2：10	2：15
24h 抗折强度（MPa）	≥2.5	7.0	7.2	6.8	3.6	3.5	3.5	3.6	3.8	3.2
24h 抗压强度（MPa）	≥6.0	25.3	22.3	23.8	13.5	13.0	12.3	8.5	9.9	8.5
绝干抗折强度（MPa）	≥7.5	13.8	14.0	12.8	10.1	11.5	10.5	8.3	9.5	8.5
绝干抗压强度（MPa）	抗压强度 1	53.2	55.6	55.3	34.6	30.8	34.3	28.9	26.6	23.3
	抗压强度 2	56.3	53.2	50.3	35.3	30.5	35.2	31.2	26.6	22.5
	抗压强度 3	47.3	39.3	51.2	36.1	30.0	32.5	30.3	27.5	22.6
	抗压强度 4	52.6	45.3	43.2	35.8	30.5	34.5	30.5	26.8	22.8
	抗压强度 5	55.3	46.3	40.2	34.2	29.7	33.2	30.8	27.2	23.1
	抗压强度 6	38.7	50.3	44.2	34.8	29.5	33.3	31.2	27.3	23.0
	平均值≥20.0	50.6	48.3	47.4	35.1	30.2	33.8	30.5	27.0	22.9
绝干抗压强度标准差 σ		6.0	5.4	5.2	0.7	0.5	0.9	0.8	0.4	0.3
绝干抗压强度变异系数 C_V（%）		11.9	11.2	11.1	1.9	1.6	2.7	2.6	1.3	1.2
绝干拉拔黏结强度（MPa）	≥1.0	1.8	1.6	1.9	1.4	1.3	1.5	1.7	1.6	1.8
绝干收缩率（%）	≤0.05	0.03	0.02	0.02	0.02	0.01	0.01	0.01	0.01	0.00

5 结论及问题

使用以上两种半水石膏，可制作 3 种满足国家标准要求的石膏基自流平产品，分别为 α-高强自流平、α-有砂自流平、β-无砂自流平；3 种产品性能具满足国家标准要求；其中以 β-无砂自流平出方率最高，α-高强自流平抗折强度、抗压强度最为优异；同时试验过程中发现，当绝干抗压强度≥40.0MPa 时，α-高强自流平抗压标准差及变异系数较大，同组破形数据间数据差异较大，具体原因尚未分析。

参考文献

[1] 孙健，李静，胡浩然，等．浅析国内自流平砂浆研究及应用现状 [J]．河南建材，2020（5）：25-26.

[2] 黄天勇，陈旭峰，章银祥，等．分级铁尾矿砂对石膏基自流平砂浆性能的影响 [J]．混凝土与水泥制品，2018（7）：91-94.

[3] 王颖，高鹿鸣．氨基酸类缓凝剂对脱硫石膏水化的影响 [J]．新型建筑材料，2017，44（07）：21-23.

［4］王响，吴鹏，张磊，等．不同结构聚羧酸减水剂对 α-高强石膏性能的影响［J］．新型建筑材料，2019，46（12）：73-75.
［5］任增洲，吴芳，李杨．消泡剂对水泥基自流平砂浆性能的影响［J］．工程质量，2016，34（3）：23-26.

作者简介：李翔，男，学士学位，助理工程师，主要从事半水石膏及制品的应用研究，电话：13161239331；

李彦彪，男，学士学位，助理工程师，主要从事半水石膏的生产及应用研究，电话：13582919190。

沸石制备调湿生态砂浆的初步试验

季军荣[1]　邓　妮[2]　王权广[1]　武双磊[2*]
（1 崇左南方水泥有限公司，崇左 532200；
2 浙江大学材料科学与工程学院，杭州 310027）

摘　要：利用沸石制备调湿生态砂浆，研究了沸石掺量对生态砂浆施工性能和力学性能的影响，并用特制的砂浆板和试验箱来验证生态砂浆的调湿性能和甲醛吸附性能。结果表明：随着沸石掺量的增加，生态砂浆的含水率和2h稠度损失率有所增加，表观密度有所降低，但对砂浆的保水性影响不大；砂浆的黏结强度、抗折强度和抗压强度先增大后减小，在沸石掺量为20％时砂浆力学性能最佳。生态砂浆能够延缓试验箱内湿度的变化速度，同时也能有效地降低试验箱内甲醛浓度和上升速度，具有调湿功能和甲醛吸附功能，掺加20％沸石时效果更加明显。将以沸石为代表的多孔无机矿物添加到砂浆中进行应用推广具有较大的应用价值。

关键词：生态砂浆；沸石；调湿性能；甲醛吸附性能

Research on Preparation of Ecological Moisture Regulation Mortar with Zeolite

Ji Junrong[1]　Deng Ni[2]　Wang quanguang[1]　Wu Shuanglei[2]
（1 Chongzuo Nanfang Cement Co.，Ltd.，Chongzuo 532200；2 School of Materials Science and Engineering，Zhejiang University，Hangzhou 310027）

Abstract：The influence of zeolite content on the workability and mechanical properties of ecological mortar was studied，and the moisture regulation and formaldehyde adsorption performances of ecological mortar were tested. The results show that with the increase of zeolite content，the moisture content and 2h consistency loss rate of ecological mortar increase, and the apparent density decreases, but the water retention ability changes little. The tensile bond strength, flexural strength and compressive strength of mortar first increase and then decrease. When the zeolite content is 20%, the mechanical properties are the best. Ecological mortar can delay the moisture change rate, and effectively reduces the concentration and increase rate of formaldehyde in the test box, to present good humidity regulation and formaldehyde adsorption ability, especially at 20% zeolite.

Keywords: ecological mortar; zeolite; moisture regulation; formaldehyde adsorption

1 引言

现代人绝大多数时间都在室内度过。一份针对长沙市民日常时间安排的调查则显示，青年人每天在室内度过的时间为 85%，成年人和老年人分别高达 92%和 90%[1]。因此建筑室内环境的舒适性一直是人们关注的热点，影响室内环境舒适性的主要因素是空气湿度和空气质量。空气湿度是影响居住环境舒适度的重要因素，直接影响人类身心健康、物品保存及采暖能耗等；空气中污染物的含量直接影响到空气质量，进而影响人们的身心健康。

加拿大学者 Anthony V . Arundel[2]等综合各种因素，推荐最佳的相对湿度范围在 40%～60%之间。建筑室内环境处于此湿度范围时，人体感觉最舒适。目前，湿度调节的主要方式是依靠空调技术，但空调系统耗能大、污染环境，且易引发“建筑综合征”，不符合建筑节能和可持续发展战略。利用调湿材料的吸、放湿特性来合理调控室内湿度，耗能低、无污染，是一种生态性控制调节方法[3]。

调湿材料最早由日本学者西藤宫野等首先提出，指不需要借助任何人工能源和机械设备，依靠自身的吸、放湿性能，感应所调空间空气温、湿度的变化，从而自动调节空气相对湿度的材料。将调湿材料作为室内装饰材料的一部分，当室内湿度较高时吸附环境中的水蒸气使室内湿度降低，当室内温度较低时释放自身吸附的水蒸气使室内湿度增加，从而使建筑室内环境保持在人体适宜的湿度范围。

各种室内空气污染物中，甲醛（HCHO）是比较特殊的一种[4]。一方面，因为甲醛是重要的化工原料，广泛用于轻纺、医药、农业、建材、电子和化工合成等多个领域，终端产品与人们的吃穿住行息息相关。另一方面，甲醛具有很强的生理毒性，能引起多种急性和慢性病症。急性病症如眼部和呼吸道刺激、过敏性哮喘、多涎、急性呼吸困难、呕吐、痉挛、惊厥乃至死亡。因此，如何有效地降低室内甲醛浓度，直接关系到人们的健康。

开发与应用具有良好自动调节空气湿度、吸附空气污染物（甲醛）的室内装饰材料，对于改善人居环境、植物的健康生长、提高物品（食品、药品、文物）的保存质量、仪器的正常运行、维持生态环境的可持续发展，无疑都具有重要的应用价值和社会意义[5-7]。

2 试验

2.1 原材料

白水泥：来自长兴某水泥厂，强度等级为42.5；石英砂（40～60目）、石英粉（200目）、沸石粉（200目）均为市购；稠化粉：自制，主要由胶粉、纤维素醚、润滑促变剂等组成。

2.2 配合比

各组生态砂浆的配合比见表1。

表1 生态砂浆配合比 %

编号	白水泥	石英砂	石英粉	沸石粉	稠化粉
MF0	15	30	50	0	5
MF10	15	30	40	10	5
MF20	15	30	30	20	5
MF30	15	30	20	30	5

2.3 试验方法

参照《预拌砂浆》（GB/T 25181—2019）、《建筑砂浆基本性能试验方法标准》（JGJ/T 70—2009）测定生态砂浆的稠度、保水率、表观密度、2h稠度损失率、14d拉伸黏结强度和28d抗压强度。

调湿试验是在20～25℃的养护室内自制的密封箱体中进行的。密封箱尺寸为450mm×450mm×450mm，密封箱的其他5个面都固定用环氧树脂黏结密封，只留向上的一面开口，放入养护28d的四块砂浆板立在箱体内部的四周，箱体内置温、湿度数据记录仪，箱底放置饱和溶液，然后密封。通过在箱底放入不同的饱和溶液来控制箱体内部的湿度，温、湿度数据记录仪每隔5min记录一次箱体内温、湿度的数值，直到箱体内部湿度达到稳定的饱和溶液的相对湿度时停止记录。23℃时不同饱和盐溶液对应的相对湿度值见表2。

表2 23℃时不同饱和盐溶液对应的相对湿度 %

化学名称	分子式	相对湿度
氯化镁	$MgCl_2$	32.9 ± 0.17
硫酸钾	K_2SO_4	97.42 ± 0.47

甲醛吸附试验也是在与调湿试验相同的自制密封箱中进行的。试验时在箱子底部放置微量的甲醛溶液，箱体四周放置涂覆生态砂浆的有机玻璃板，然后密封，让甲醛溶液自由挥发。利用甲醛测定仪测试箱内甲醛浓度随时间的变化，每隔5min测试一次箱体内甲醛浓度，直到箱体内甲醛浓度不再变化为止。

3　结果与分析

按照表1中的配合比配制各组调湿生态砂浆并混合均匀，加入一定量的水，控制各组砂浆的稠度为（95±5）mm，测定各组拌和物的含水率、保水率、2h稠度损失率、表观密度、拉伸黏结强度、抗折强度和抗压强度。

3.1　沸石掺量对生态砂浆施工性能的影响

表3为各组砂浆拌和物的施工性能。

表3　砂浆施工性能

编号	稠度（mm）	含水率（%）	保水率（%）	2h稠度损失率（%）	表观密度（kg/m^3）
MF0	90	22.0	99.8	2.2	1.72×10^3
MF10	90	23.6	99.9	10.0	1.53×10^3
MF20	91	25.0	99.8	17.2	1.46×10^3
MF30	92	26.0	99.9	25.0	1.38×10^3

由表3可以看出，在保持砂浆拌和物稠度为（95±5）mm时，掺加沸石粉的MF10、MF20、MF30组砂浆拌和物含水率分别是不含MF0组砂浆拌和物的1.07倍、1.14倍、1.18倍。随着沸石含量的增加，砂浆的含水率从22%增加到26%，这是由于沸石的多孔结构带来了需水量的增大，从而导致了达到规定稠度范围时砂浆的用水量上升。保水率随沸石含量的变化并不明显，基本都保持在99.8%以上，这主要是因为稠化粉的掺量保持不变，且自制稠化粉中有纤维素醚组分，其保水增稠效果要远远高于无机保水增稠材料（如膨润土、沸石粉等）。MF10、MF20、MF30的2h稠度损失率分别是不掺沸石砂浆组的4.55倍、7.82倍、11.36倍。沸石的添加对砂浆的稠度损失影响较大，2h稠度损失随着沸石含量的增加而逐渐增大，但都满足《预拌砂浆》（GB/T 25181—2019）中2h稠度损失率不大于30%的要求。从各组拌和物的表观密度可知，随着沸石粉掺量的增加，拌和物的表观密度逐渐降低。

总之，沸石的掺加增大了砂浆的含水率和2h稠度损失率，降低了砂浆的表观密度，对砂浆的保水性影响不大。

3.2　沸石掺量对生态砂浆力学性能的影响

表4为各组砂浆拌和物的力学性能。

表4　砂浆力学性能　　MPa

编号	14d拉伸黏结强度	28d抗折强度	28d抗压强度
MF0	0.54	1.98	3.5
MF10	0.49	1.55	3.2
MF20	0.53	1.9	4.75
MF30	0.39	1.7	4.3

从表 4 可以看出，随着沸石含量的增加，黏结强度、抗折强度和抗压强度都经历了一个先增大后减小的过程，而且三条曲线的极值都在沸石含量为 20%时取得，也就是说当沸石含量为 20%时调湿砂浆获得最好的力学性能。沸石中含有一定数量的活性硅及活性铝，能参与胶凝材料的水化及凝结硬化过程，且能与水泥水化产生的氢氧化钙反应生成水化硅酸钙及水化铝酸钙，进一步促进水泥的水化，增加水化产物，改善骨料与胶凝材料的胶接，从而提高了砂浆的强度。然而也由于沸石的需水量较大，随着沸石掺量的增加，砂浆的需水量增大，砂浆内部结构不密实，致使强度下降。因此沸石掺量在 20%时出现一个力学性能的极值，砂浆中掺入 20%沸石时获得最优的力学性能。

3.3 生态砂浆的调湿性能

在前述试验研究的基础上，确定了沸石添加量为 20%的砂浆配方的性能要好于其他试样。因此按照沸石掺量为 20%的砂浆配合比拌制生态砂浆拌和物，然后均匀涂覆在尺寸为 400mm×400mm×10mm 的有机玻璃板上，控制砂浆层厚度为（20±2）mm。同时，也按照 MF0 的配比制备了未掺沸石的砂浆板，来验证沸石的掺加是否对砂浆调湿作用更有利。

将砂浆板养护至 28d 时再进行调湿试验，28d 前水泥水化作用较为强烈，样品调湿性能的变化不能完全归因于沸石的添加。为了减小这种误差的判断，选择养护 28d 的生态砂浆板进行调湿性能的测试，调湿性能包括吸湿性能和放湿性能。

吸湿试验是在箱体内放入一个 200mm×100mm 的托盘，托盘中盛有硫酸钾饱和溶液（相对湿度为 97%），放置好托盘和砂浆板后将箱体上盖密封，箱体内的湿度会增大直至达到硫酸钾饱和溶液的相对湿度 97%，这个过程中砂浆板的吸湿作用可以延缓湿度上升的速度，使湿度达到平衡的时间增长，从而体现出砂浆板的吸湿效果。不同板材在箱体内的吸湿曲线如图 1 所示。

图 1 中 Paint 曲线为仅放置相同尺寸有机玻璃板时箱内的湿度变化曲线，从曲线的变化趋势可以看出，箱体内湿度升高很快，几乎在 50min 时就达到了硫酸钾饱和溶液的相对湿度 97%，而 MF0 曲线达到 97%的相对湿度几乎要 2000min，MF20 曲线达到 97%的相对湿度要 2500min 以上。可见与有机玻璃板相比，砂浆利用其多孔的性质能够显著延缓箱内的湿度上升速度，掺加 20%沸石后，延缓作用更强。

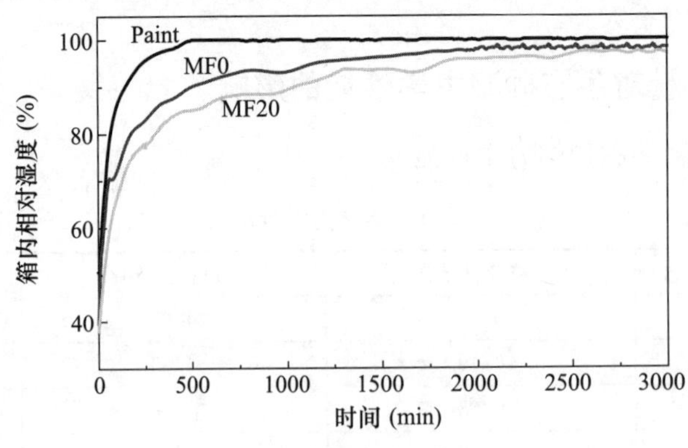

图 1　不同板材的吸湿曲线

放湿试验是在吸湿试验达到平衡后再进行的。将盛有硫酸钾饱和溶液的托盘迅速取出，换成盛有饱和氯化镁溶液（相对湿度为33%）的托盘，然后将箱体上盖密封。由于氯化镁饱和盐溶液的存在，会使箱体内的湿度下降直至达到氯化镁饱和溶液的相对湿度33%，这个过程中砂浆板的放湿作用可以延缓湿度下降的幅度，使湿度达到平衡的时间增长，从而体现出砂浆板的放湿效果。不同板材在箱体内的放湿曲线如图2所示。

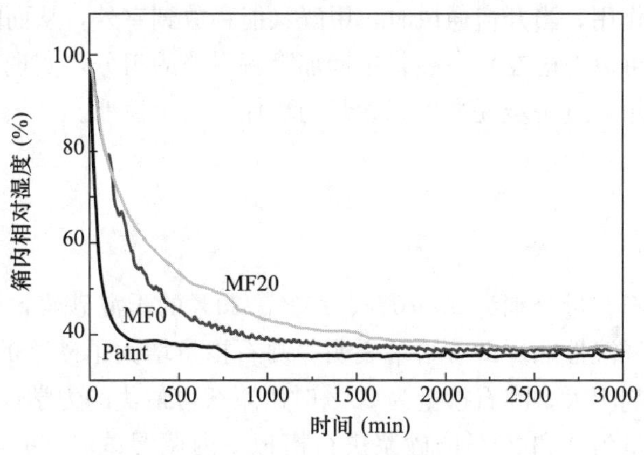

图2　不同板材的放湿曲线

从图2各组板材在箱内的湿度下降趋势可以看出，Paint组有机玻璃板几乎不能延缓箱体内湿度的降低，仅200min左右箱体内湿度已达到饱和氯化镁溶液的相对湿度33%，MF0和MF20组砂浆板均可以有效地延缓箱内湿度的降低速度，掺加20%沸石时，延缓效果更佳。由此可见，无论是吸湿还是放湿，掺加沸石的生态砂浆都具有良好的调节效果，若应用于实际工程，可具有降低室内湿度变化敏感性，调节室内湿度的功能。

3.4　生态砂浆的甲醛吸附性能

按照2.3的试验方法制备三个试验箱分别放置空白有机玻璃板、MF0组砂浆和MF20组砂浆，在箱底放置大小相同的培养皿，采用微量注射剂放入1mL甲醛溶液，然后密封箱体。每隔一定时间从测试孔测试箱内的甲醛浓度，根据箱内甲醛浓度的变化趋势，来反映生态砂浆的甲醛吸附性能，测试结果如图3所示。

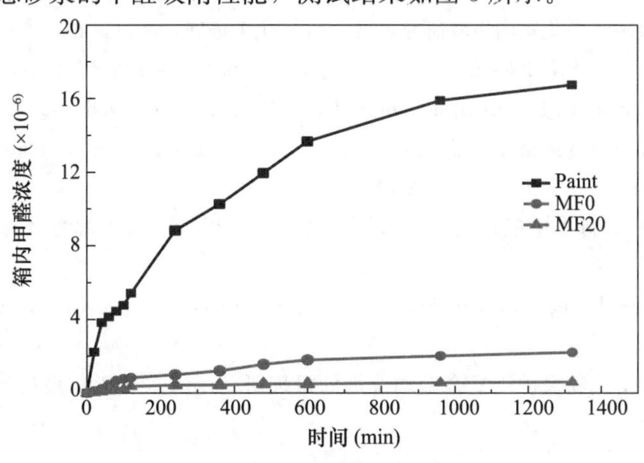

图3　不同板材的甲醛吸附曲线

从图3各组板材在箱内的甲醛浓度变化规律可以看出，放置有机玻璃板的Paint组箱内的甲醛浓度一直上升，且上升速度很快；放置砂浆的MF0和MF20组箱内的甲醛浓度变化很慢，且在1400min内甲醛浓度上升不明显，MF0组仅达到了2×10^{-6}，而掺加20%沸石粉的MF20组箱内的甲醛浓度只有0.6×10^{-6}左右。可见制备出的生态砂浆对甲醛具有良好的吸附作用。该试验是在密封箱内进行的，模拟了室内密封状态时生态砂浆对甲醛的吸附作用，当开窗通风时，甲醛又能释放到室外，从而降低对人体健康的危害性。此外，也可以考虑在生态砂浆中掺加降解甲醛的组分，实现生态砂浆对甲醛的吸附—降解双重作用，进一步提高生态砂浆的环保、安全性能。

4 结论

（1）制备了沸石含量分别为0、10%、20%、30%的干混砂浆，测试了砂浆的施工性能、力学性能和调湿性能。试验结果表明，沸石掺量增大了砂浆的用水量和2h稠度损失，对保水性影响不大，沸石掺量为20%时砂浆获得最优的力学性能。

（2）对沸石含量为0和20%的砂浆进行模拟室内调湿试验，并与空白有机玻璃板进行对比，结果表明：在湿度急剧变化的条件下，有机玻璃板没有调湿效果，砂浆则可以通过吸收或释放水蒸气起到良好的调湿作用，掺入沸石后调湿效果更好。砂浆可以将室内湿度维持在更接近人体适宜湿度的范围。调湿砂浆的调湿机制为砂浆的多孔性和沸石的调湿性符合的结果，这一试验结果对未来调湿建材的开发与研究提供了初步的方向和理论基础。

（3）与空白有机玻璃板相比，砂浆利用其多孔结构对甲醛具有吸附作用，掺加20%沸石时，吸附作用更佳明显。但本文仅研究了普通沸石对砂浆调湿性能和甲醛吸附性能的影响，未研究改性后的沸石对砂浆调湿和甲醛的吸附性能的影响[8]，也未涉及后期甲醛的脱附和分解问题，还需进一步研究。

参考文献

[1] 肖康，王琼．吸附法净化室内甲醛研究进展［J］．化工进展，2021，40（10）：5747-5771.

[2] ARUNDEL A V，STERLING E M，BIGGIN J H，et al. Indirect health effects of relative humidity in indoor environments［J］. Environmental Health Perspectives，1986，65：351-358.

[3] RAN MY. Review of research and application of air humidity controlling materials in Japan［J］. Materials Review，2002，16（11）：42-44.

[4] 于红．室内装修材料中甲醛污染物的检测与防治方法探析［J］．绿色环保建材，2020（11）：38-39.

[5] LUO XY. The development of humidity-controlling materials［J］. New Chemical Materials，1997，3：11-15.

[6] 罗曦芸，金鑫荣．文物保护用复合型调湿剂的机理研究［J］．化工新型材料，2000，28（12）：15-17.

[7] 苑绍迪，刘芳，张潇，等．不同吸湿材料的墙体吸放湿性能研究［J］．洁净与空调技术，2020（04）：43-48.
[8] 金海兰，李昊骏，李昊，等．氯化锂改性硅藻土的调湿性能研究［J］．纸和造纸，2021，40（01）：13-16.

通信作者：武双磊（1988—），男，工程师，主要从事水泥材料和环保材料研究。邮箱：wushuanglei@zju. edu. cn。

无机石英石在地铁车站地面装饰工程中的铺贴应用技术研究

平　铁[1]　朱宝康[1]　戴长胜[1]　张国防[2]　徐　凯[3]　毛若卿[3]
（1 上海申通地铁建设集团有限公司，上海 200070；2 同济大学材料科学与工程学院，上海 201804；3 上海美创建筑材料有限公司，上海 200090）

摘　要： 无机石英石是一种新型的人造石材，由于具有高强高防滑高耐磨特点，是地铁车站地面装饰工程的理想饰面材料，然而其由于不同于天然花岗岩和陶瓷砖，其地面铺贴应用也与这些材料有所不同，但已有研究甚少涉及。基于此，本文主要研究了无机石英石应用于地铁车站地面装饰工程时，不同铺贴方案对无机石英石尺寸稳定性和拉伸黏结强度带来的影响，提出了合理的铺贴应用方案，为无机石英石在地铁车站地面装饰工程中的应用提供一定的技术参考。

关键词： 无机石英石；地铁车站；地面铺贴；应用技术

Research on Application Technology of Inorganic Agglomeration Quartz Stone in Subway Station Ground Decoration Project

Ping Yi[1]　Zhu Baokang[1]　Dai Changsheng[1]
Zhang Guofang[2]　Xu Kai[3]　Mao Ruoqing[3]
（1 Shanghai Shentong Metro Construction Group Co.，Ltd.，Shanghai 200070；2 School of Materials Science and Engineering，Tongji University，Shanghai 201804；3 Shanghai Meichuang Building Materials Co.，Ltd.，Shanghai 200090）

Abstract： As a new type of artificial stone，inorganic agglomeration quartz stone

(IAQS) has high strength, excellent skid resistance and wear resistance, to be an ideal finish material for subway station ground decoration project. However, due to the performance difference from natural granite and ceramic tiles, its paving application technology is also different, but few researches have focused on it. Accordingly, in this paper the influences of different paving schemes on the dimensional stability and tensile bond strength of IAQS systems were studied as it is applied to the subway station ground decoration project. The optimum paving application scheme is put forward, which provides the technical guide for the application of IAQS in the ground decoration project of subway station.

Keywords: inorganic agglomeration quartz stone; subway station; ground decoration; application technology

1　研究背景

随着我国经济和城市快速发展，城市轨道交通行业进入大发展时期，地铁车站建设越来越要求高品质、舒适、美观、健康、环保、人文、可持续发展等。目前，地铁车站广泛使用天然石材或陶瓷砖作为地面装饰材料。但天然石材和陶瓷砖存在着节能环保差、成本高等问题。地铁车站人流密度大且人员移动速度快，对地面装饰材料的平整度、坚固度、防滑性和耐磨性等性能要求也就相对较高。无机石英石是以水泥等无机矿物材料为胶结材料、以石英石（砂、粉）为主要原材料，加入颜料及其他辅助材料，经混合搅拌、凝结固化、养护切割、表面处理等工序制成的，具有超高强度、高防滑性和耐磨性等特点的无机类材料，具有强度和硬度高，耐磨性、耐污性、防火性和防滑性优异等特点。因此，无机石英石符合地铁车站地面装饰需求，在地铁车站地面装饰工程中具有巨大的应用前景。

天然石材和陶瓷砖的粘贴材料与填缝材料性能与产品、铺贴施工技术与工程应用已有较多研究[1-6]，然而针对无机石英石铺贴应用技术，尤其是在地铁车站的地面装饰铺贴施工应用技术的研究很少。因此，本文主要探讨无机石英石在地铁车站地面装饰工程中的铺贴应用技术，以期为其在地铁车站地面装饰工程中的推广应用提供一定的技术支撑。

2　试验方案

2.1　试验材料

尺寸 600mm×900mm 的无机石英石板材，上海美创建筑材料有限公司提供，其性能测试结果见表 1。无机石英石板材进行如下 3 种方式加工处理：(1) 六面憎水防护处理的无机石英石板 ZS；(2) 工程现场进行底面打磨处理的无机石英石板 MS；(3) 工厂生产时黏结面磨抛处理且无憎水隔离层的无机石英石板（磨抛＋无隔离层无机石英石板 NS）。

市售石材黏结砂浆 A（用水量 25%）；自配黏结砂浆 B：P·O42.5 水泥 1000；级

配石英砂 1000；乳胶粉 30；纤维素醚 7（用水量 20%）；普通水泥净浆 C（P·O42.5 水泥 1000；水 300）。

密封剂，环氧树脂，ISO 标准砂等。

表 1 无机石英石板材性能测试结果

性能	吸水率（%）	弯曲强度（MPa）	压缩强度（MPa）	莫氏硬度	防火性	防滑性	
						干态	湿态
无机石英石	1.7	13.2	119	6	A1	56	32

2.2 测试设计

（1）不同铺贴方案对尺寸稳定性的影响

无机石英石铺贴后的尺寸稳定性测试采取如下 6 种试验方案，然后测量板材对角线长度，用塞尺测量尺与板面的间隙，计算得到无机石英石板材对角线和表面平整度变化量。

方案 1：底面打磨的无机石英石 MS 完全浸泡在自来水中，浸泡 7d。

方案 2：六面憎水防护的无机石英石 ZS 黏结面涂刷密封剂后放置 4h，然后浸泡在盛放自来水的水箱中 7d。

方案 3：底面打磨的无机石英石 MS 采用市售石材黏结砂浆 A 铺贴后静置 7d。

方案 4：底面打磨的无机石英石 MS 采用自配黏结砂浆 B 铺贴后静置 7d。

方案 5：六面憎水防护的无机石英石 ZS 黏结面涂刷密封剂后放置 4h，采用市售石材黏结砂浆 A 铺贴后静置 7d。

方案 6：六面憎水防护的无机石英石 ZS 黏结面涂刷密封剂后放置 4h，采用自配黏结砂浆 B 铺贴后静置 7d。

（2）不同铺贴方案对拉伸黏结强度的影响

按国家标准《天然石材防护剂》（GB/T 32837—2016）附录 F 规定成型并测试拉伸黏结强度。采用 10 种铺贴方案，具体如下：

方案 1：底面打磨的无机石英石 MS＋自配黏结砂浆 B；

方案 2：底面打磨的无机石英石 MS ＋市售石材黏结砂浆 A；

方案 3：六面憎水防护的无机石英石 ZS＋涂刷密封剂后表面撒布标准砂（100g/m^2）后放置 4h＋自配黏结砂浆 B；

方案 4：六面憎水防护的无机石英石 ZS ＋涂刷密封剂后表面撒布标准砂（100g/m^2）放置 4h＋市售石材黏结砂浆 A；

方案 5：六面憎水防护的无机石英石 ZS＋涂刷密封剂后放置 4h＋自配黏结砂浆 B；

方案 6：六面憎水防护的无机石英石 ZS ＋涂刷密封剂后放置 4h＋市售石材黏结砂浆 A；

方案 7：底面打磨的无机石英石 MS＋涂刷环氧树脂（180g/m^2）后表面撒布标准砂（150g/m^2）放置 18h＋自配黏结砂浆 B；

方案 8：底面打磨的无机石英石 MS ＋涂刷环氧树脂（180g/m^2）后表面撒布标准

砂（150g/m²）放置 18h＋普通水泥净浆 C；

方案 9：工厂预处理（磨抛＋无隔离层）无机石英石板 NS ＋自配黏结砂浆 B；

方案 10：工厂预处理（磨抛＋无隔离层）无机石英石板 NS＋普通水泥净浆 C。

3　结果与分析

3.1　无机石英石铺贴后的尺寸稳定性

无机石英石尺寸稳定性的成型试样如图 1 所示。尺寸稳定性测试结果见表 2。可以看出，方案 1 和方案 2 的无机石英石板材对角线变化量很低（仅 0.10mm 和 0.05mm），且板面平整度变化很小（分别仅为 0.15mm 和 0.10mm）。这表明，该无机石英石板材具有良好的耐水尺寸稳定性，密封剂涂刷后有进一步改善效果。

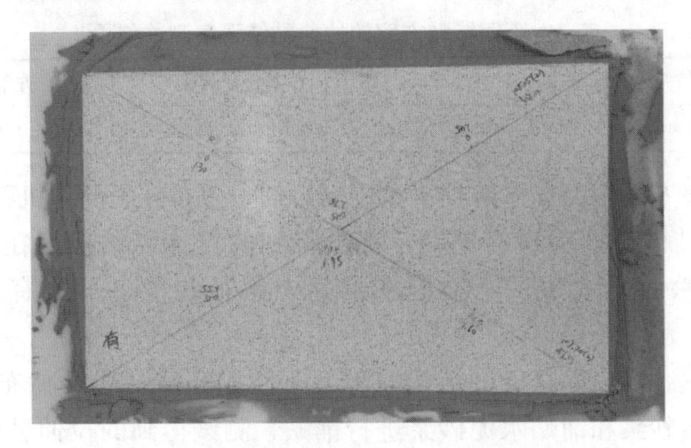

图 1　无机石英石铺贴后的尺寸稳定性试样

表 2　不同方案测试得到的尺寸变化情况

铺贴方案		方案 1	方案 2	方案 3	方案 4	方案 5	方案 6
尺寸稳定性（mm）	对角线变化量	0.10、0.05	0.05、0.05	0.00、0.00	0.05、0.10	0.10、0.05	0.10、0.05
	板面平整度	0.15	0.10	1.75	1.40	1.80	1.50

方案 3 和方案 4 为底面打磨的无机石英石铺贴后的尺寸稳定性，测试结果表明，在两种方案下，无机石英石板材的对角线尺寸变化均很小（不超过 0.10mm），板面平整度发生了较明显变化（分别为 1.75mm 和 1.40mm），但均低于国家标准《建筑装饰装修工程质量验收标准》（GB 50210—2018）中规定板面平整度偏差 2mm 的限值。这表明，底面打磨后的无机石英石板材具有良好的尺寸稳定性，且利用自配黏结砂浆 B 铺贴的尺寸稳定性略好。

方案 5 和方案 6 为六面憎水防护且涂刷密封剂的无机石英石铺贴后的尺寸稳定性，测试结果表明，在两种方案下，无机石英石板材的对角线尺寸变化也均很小（不超过 0.10mm），板面平整度发生了较明显变化（分别为 1.80mm 和 1.50mm），仍均低于国家标准《建筑装饰装修工程质量验收标准》（GB 50210—2018）中规定板面平整度偏差

2mm 的限值，但略高于方案 3 和方案 4 的平整度偏差。这表明，六面憎水防护且涂刷密封剂的无机石英石也具有良好的尺寸稳定性，憎水防护＋涂刷密封剂的正面效果很小，且利用自配黏结砂浆 B 铺贴的尺寸稳定性仍略好于市售石材黏结砂浆。

以上分析表明，两种处理方式的无机石英石均具有较好的尺寸稳定性；不同黏结方案会对其铺贴后的对角线变化影响较小，对表面平整度具有一定影响，但仍满足国家标准规定的限值；且自制黏结砂浆能确保相对较佳的尺寸稳定性。

3.2 无机石英石铺贴后的拉伸黏结强度

无机石英石板材不同铺贴方案的拉伸黏结强度测试结果见表 3。可以看出，方案 1 和方案 2 为无机石英石底面打磨后，利用自配黏结砂浆和市场黏结砂浆产品的拉伸黏结强度分别为 0.20 和 0.27MPa。这说明，无机石英石仅仅底面打磨，不能确保拉伸黏结强度。

表 3　不同铺贴方案的拉伸黏结强度测试结果

铺贴方案	方案 1	方案 2	方案 3	方案 4	方案 5	方案 6	方案 7	方案 8	方案 9	方案 10
拉伸黏结强度（MPa）	0.20	0.27	0.33	0.18	0.18	0.04	0.12	0.10	0.66	0.36

方案 3 到方案 6 为六面憎水防护＋涂刷密封剂＋撒布砂子的无机石英石利用自配黏结砂浆和市场黏结砂浆产品进行铺贴，测试得到的拉伸黏结强度在 0.04～0.33MPa 之间。这说明，六面憎水防护＋涂刷密封剂＋撒布砂子也不能有效提高拉伸黏结强度。

方案 7 和方案 8 为底面打磨的无机石英石＋涂刷环氧树脂＋撒布砂子的无机石英石，利用自配黏结砂浆和铺贴水泥砂浆进行铺贴，测试得到的拉伸黏结强度也不理想，分别为 0.12MPa 和 0.10MPa。这说明，底面打磨＋涂刷环氧树脂＋撒布砂子也不能有效提高拉伸黏结强度。

方案 9 为工厂预处理（磨抛＋无隔音层）无机石英石板 NS 采用自配黏结砂浆进行铺贴，测试得到的拉伸黏结强度达 0.66MPa，远超过国家标准规定的拉伸黏结强度不小于 0.5MPa 的要求。这说明，工厂预处理无机石英石板采用自配黏结砂浆能够实现高拉伸黏结强度，满足工程要求。

方案 10 为工厂预处理无机石英石板 NS 采用普通水泥净浆进行铺贴，测试得到的拉伸黏结强度为 0.36MPa，仍未达到国家标准的要求，但高于方案 1 至方案 8。这说明，工厂预处理无机石英石板采用普通水泥净浆仍不能够实现高拉伸黏结强度。

以上分析表明，无机石英石底面简单打磨或者界面剂处理不能显著提高拉伸黏结强度，只有工厂预处理的无机石英石板满足要求。此外，由于无机石英石具有不同于天然石材和瓷砖的特点，利用市售石材黏结砂浆或者普通水泥砂浆也不能够获得高拉伸黏结强度，需采用专用黏结砂浆。

4 工程小试应用效果

上述研究基础上，采用工厂预处理的无机石英石板材和自配黏结砂浆，在上海地铁

15号线某车站地面装饰工程进行了小试应用，地面与楼梯处无机石英石铺贴使用1年后的效果如图2所示。可以看出，无机石英石铺贴后具有良好的装饰效果，铺贴质量好，无空鼓、翘曲、开裂等不良现象，达到预期效果。

图2　无机石英石在地铁车站小试应用的铺贴效果

5　结论

针对无机石英石这种新型地面装饰材料在地铁车站地面装饰工程中的应用开展了研究，得到以下结论：

（1）无机石英石在不同铺贴方案下均具有良好的尺寸稳定性。

（2）无机石英石在不同铺贴方案下的拉伸黏结强度显著不同，拉伸黏结强度与无机石英石黏结面处理方式及黏结砂浆密切相关；宜选用工厂预处理（磨抛＋无隔离层）的无机石英石板材和专用的黏结砂浆进行地面铺贴施工。

（3）基于上述方案，无机石英石在地铁车站地面装饰小试应用工程中取得良好的铺贴效果。

参考文献

[1] 彭家惠，毛靖波，张建新，等．可再分散乳胶粉对水泥砂浆的改性作用［J］．硅酸盐通报，2011，30（4）：915-919.

[2] 王培铭，赵国荣，张国防．可再分散乳胶粉在水泥砂浆中的作用机理［J］．硅酸盐学报，2018（2）：256-262.

[3] 张国防，王培铭．E/VC/VL三元共聚物对水泥砂浆孔结构和性能的影响［J］．建筑材料学报，2013（1）：111-114.

[4] 王培铭，刘恩贵．苯丙共聚乳胶粉水泥砂浆的性能研究［J］．建筑材料学报，2009，12（3）：253-258.

[5] JENNI A，HOLZER L，ZURBRIGGEN R，et al. Influence of polymers on microstructure and ad-

hesive strength of cementitious tile adhesive mortars [J]. Cement and Concrete Research, 2005, 35 (1): 35-50.
[6] PATURAL L, MARCHAL P, GOVIN A, et al. Cellulose ethers influence on water retention and consistency in cement-based mortars [J]. Cement and Concrete Research, 2011, 41 (1): 46-55.

基金资助：特此感谢上海申通地铁集团有限公司科研计划项目（轨 15Y-2021-006-十五，JS-KY18R022-6）的资助。

渗透型防水剂在不同应用领域的应用效果评价研究

应灵慧[1]　郑　薇[1]　冯淑瑶[2]　张国防[2]
(1 上海伟星新材料科技有限公司，上海 201401；
2 同济大学材料科学与工程学院，上海 201804)

摘　要：本文研究了一种渗透型无机防水剂在不同领域的应用性能。研究结果表明，该渗透型防水剂能够起到良好的防霉作用，降低墙体发霉现象；该渗透型防水剂在卫生间防水＋瓷砖粘贴系统中能够一定程度上提高拉伸黏结强度，确保瓷砖粘贴安全牢固；该渗透型防水剂能够有效修复卫生间墙体微裂纹，起到显著的主动防水修复作用；该渗透型防水剂还能起到被动防水作用，修复背水面的微裂纹，适用于地下室渗漏等背水面修补修复应用。

关键词：渗透型无机防水剂；防霉；拉伸黏结强度；修复；防水

Study on Application Effect Evaluation of Water Based Capillary Inorganic Waterproofer in Different Application Fields

Ying Linghui[1]　Zheng Wei[1]　Feng Shuyao[2]　Zhang Guofang[2]
(1 Shanghai Weixing New Building Materials Technology Co., Ltd.,
Shanghai 201401; 2 School of Materials Science and Engineer,
Tongji University, Shanghai 201804)

Abstract: The application performance of water based capillary inorganic waterproofer in different fields were studied. The results show that the waterproofer can play a good role in mildew prevention and reduce the mildew phenomenon of the wall to a great extent;

The waterproofer can improve the tensile bonding strength to a certain extent in the toilet waterproof + ceramic tile pasting system to ensure the safety and firmness of ceramic tile pasting; the waterproofer can effectively repair the micro cracks in the toilet wall and play a significant role in active waterproof repair; the waterproofer can also play a passive waterproof role and repair the micro cracks on the back water surface. It is suitable for the repair of the back water surface such as basement leakage.

Keywords: water based capillary inorganic waterproofer; mildew proof; tensile bond strength; repair; waterproof

1 引言

混凝土是一种非均质的多孔材料，内部有大量的微观结构缺陷和孔隙[1-4]，后期会出现渗水通道，导致建筑漏水。近年来，房屋建筑的渗漏问题比较普遍，由于渗漏导致的墙面渗水、墙体发霉等现象影响着人们的生活，为提高混凝土抗渗性，多种混凝土表面处理技术已得到广泛应用和研究[5-6]。渗透型无机防水剂属于一种特殊的刚性防水材料，直接在水泥砂浆或者水泥混凝土表面进行刷涂或喷涂，防水剂渗透到砂浆或混凝土内部，通过化学反应堵塞孔隙，实现防水效果，具有工程施工方便、防水效果持久、单位面积用量少等特点，可有效减少混凝土结构的渗漏问题，而被广泛应用于各类建（构）筑物防水防护工程[7-8]。已有一些关于渗透型无机防水剂的产品研发及性能研究报道[8-9]，但对于渗透型防水剂在房屋建筑中应用的系统性研究较少。基于此，通过对上海伟星新材料研发的一款渗透型防水剂，评估其内墙防霉效果，与贴砖结合的系统性研究，卫生间渗漏修补和背水面修补，评估其不同领域的应用效果，为实际工程应用提供指导。

2 试验

2.1 材料

本文研究的渗透型无机防水剂为上海伟星新材料科技有限公司生产的一款高效渗透型无机防水剂，绿色环保、无异味，呈白色乳液状，如图 1 所示。瓷砖胶，伟星公司生产 C1 型瓷砖胶。

图 1　渗透型无机防水剂的外观

2.2　试验方法

2.2.1　内墙防霉验证

将渗透型防水剂分三遍喷涂在加气混凝土砌块表面，制备为受检组，和未喷涂渗透型防水剂的加气混凝土砌块（空白组），均在20℃/60%RH养护3d，然后在20℃/90%RH下养护，随时观察表面状况。

2.2.2　卫生间防水+系统性贴砖验证

空白组：参照行业标准《陶瓷砖胶粘剂》（JC/T 547）中的拉伸黏结强度试验方法，将瓷砖胶采用薄层法涂抹在标准混凝土板表面，然后将标准瓷砖粘贴在瓷砖胶上面。在20℃/60%RH条件下养护7d。

受检组：将渗透型防水剂分三遍喷涂在标准混凝土板表面，养护3d。然后，参照行业标准《陶瓷砖胶粘剂》（JC/T 547）中的拉伸黏结强度试验方法，将瓷砖胶采用薄层法涂抹在喷涂渗透型防水剂的标准混凝土板表面，然后将标准瓷砖粘贴在瓷砖胶上面。在20℃/60%RH的条件下养护7d。

试验测试：(1) 将上述两组样品继续在20℃/60%RH的条件下养护7d，然后参照《陶瓷砖胶粘剂》（JC/T 547）中的拉伸黏结强度试验方法测试拉伸黏结强度，记作标养14d。(2) 将上述两组样品倒扣在水中，使水分淹没瓷砖和瓷砖胶（但水分不能接触到混凝土板面），浸水7d。然后，取出样品，测试拉伸黏结强度（耐水拉伸黏结强度），记作标养7d+水养7d。通过浸水与否后的空白组和受检组拉伸黏结强度比对，来评价该渗透型防水剂在卫生间防水+贴砖系统中的应用效果。

2.2.3　卫生间渗漏修补效果验证（类似免砸砖状况）

(1) 人为裂缝修补效果评价：将养护到7d龄期的70.7mm×70.7mm×70.7mm基准砂浆试块，在压力机下进行加压，至试块产生微裂纹后（图2），卸载。所有试块控制在基本相同的加压压力值。将产生微裂纹的试块进行如下三种不同方式处理：对比样，为产生微裂纹后不做任何处理的试块；全浸泡样，为将产生微裂纹的试块全部浸泡在防水剂中，浸泡时间4h，然后取出放在实验室环境养护24h；半浸泡样，为将产生微裂纹的试块一半浸泡在防水剂中（浸泡深度约35mm），浸泡面为产生微裂纹的侧面，浸泡时间4h，然后取出放在实验室环境养护24h。

(a) 空白组

(b) 受检组

图2　表面产生微裂纹的试块（左边：未涂刷防水剂，右边：已涂刷防水剂）

将上述三个样品试块存在微裂纹的表面浸入水中，测试7d以内的毛细孔吸水量，每组 3 个。从而借此评价渗透型防水剂对微裂纹的修补效果。

(2) 高渗透材料孔隙修复评价：按国家标准《水泥基渗透结晶型防水材料》(GB 18445—2012)制作砂浆抗渗试块，未涂刷渗透型防水剂的为空白组，涂刷渗透型防水剂的为受检组。首先将空白组和受检组进行初次抗渗压力测试，至试块渗透。然后从抗渗仪取下试块，空白组仍在实验室条件下养护 7d；受检组的迎水面则浸泡在渗透型防水剂中 4～5h，然后取出在实验室条件下养护 7d；之后两组样品再次施加压力进行抗渗试验，对比抗渗值大小，记录渗透时间。

2.2.4 地下室渗漏背水面修补效果验证

(1) 混凝土微裂纹修补法，根据国家标准 GB 18445《中的基准混凝土制备方法制备基准混凝土试块，其配合比为水泥 250、中砂 850、5～20mm 的石子 900、水 250。将养护到 7d 龄期的 100mm×100mm×100mm 基准混凝土试块，在压力机下进行加压，至试块产生微裂纹后，卸载。所有混凝土试块控制相同的加压压力值。压制出微裂纹的混凝土试块如图 3 所示。

图 3 压制出微裂纹的混凝土试块

空白组：混凝土试块产生微裂纹后不喷涂渗透型防水剂，放在实验室养护 3d。

受检组：将产生微裂纹的混凝土试块的一个表面（选用有明显微裂纹的表面），喷涂至少 3 遍渗透型防水剂，在实验室养护 3d。将喷涂防水剂的表面浸入水中，测试 7d 以内的毛细孔吸水量。通过比对吸水量的变化，来评价渗透型防水剂对混凝土微裂纹修补修复效果。

(2) 砂浆渗透试块背水面修补法，按国家标准《水泥基渗透结晶型防水材料》(GB 18445—2012)制作砂浆抗渗试块，进行抗渗试验，至试块渗透后取出。一组样品不做任何处理，作为空白样，在实验室养护 7d。一组样品的背水面（试块的圆形面积较小的上部表面）涂刷三遍渗透型防水剂至饱和（每遍涂刷间隔与前面试验相同），作为受检组，在实验室养护 7d。之后两组样品再次进行抗渗试验，对比抗渗数值大小，记录最大压力渗透时间。

3　结果分析与讨论

3.1　内墙防霉效果验证

空白组和受检组试块表面初始状况分别如图 4 和图 5 所示。可以看出，空白组的外观颜色呈现为灰白色，表面颜色均匀、均一（图 4）涂刷渗透型防水剂的加气混凝土受检组，表面微微发黄，颜色也均匀、均一（图 5）。

图 4　未涂刷渗透型防水剂的空白组外观

图 5　涂刷渗透型防水剂的受检组外观

在 20℃/90%RH 下养护到 42d 之前，空白组和受检组的表面均未有任何变化，养护到 60d 时，空白组表面开始出现少量发霉的斑点，受检组的表面则仍无变化。继续养护至 90d，空白组的表面如图 6 所示，受检组的表面如图 7 所示。

图 6　空白组 20℃/90%RH 下养护 90d 后的表面状况

图 7　受检组 20℃/90%RH 下养护 90d 后的表面状况

可以看出空白组表面出现较多的发霉现象（图 6），三个试块的表面已密布发霉的斑点；涂刷渗透型防水剂的受检组表面试块基本没有出现发霉现象，颜色仍呈现出较为均匀的微黄色（图 7）。这表明，该渗透型防水剂能够显著提高水泥基材料表面的防霉效果，起到很好的防霉特性。原因可能在于该渗透型防水剂一是具有较好的疏水性，二是能够渗透到水泥基材料内部，发生化学反应堵塞表面孔隙，降低了霉菌的生成和附着，从而使得霉菌不易生长。

3.2　卫生间防水+贴砖系统效果验证

空白组和受检组样品在两种养护制度下的拉伸黏结强度测试结果如图 8 所示。可以看出，在标养 14d 时，空白组的拉伸黏结强度为 0.694MPa，涂刷渗透型防水剂的受检组拉伸黏结强度为 0.775MPa，比空白组高 10%以上。这表明，涂刷渗透型防水剂后，不会降低瓷砖胶的拉伸黏结强度，甚至一定程度上有利于改善瓷砖胶的拉伸黏结强度。在标养 7d+水养 7d 时，空白组和受检组的拉伸黏结强度均有所提高，分别为 0.785MPa 和 0.819MPa；且受检组仍高于空白组。这表明，浸水情况下，瓷砖胶仍具有较高的拉伸黏结强度，涂刷渗透型防水剂仍能进一步提高拉伸黏结强度。

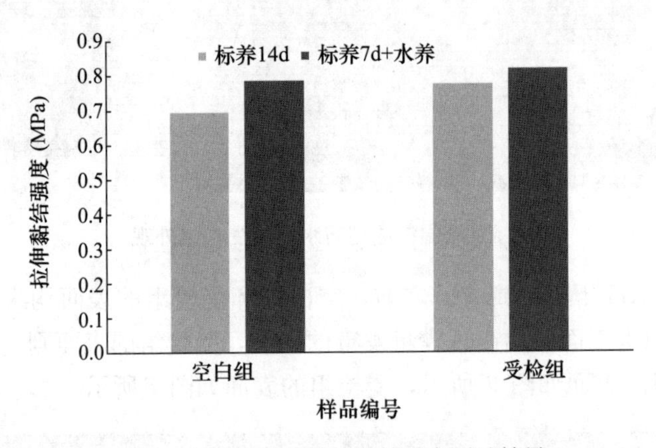

图 8　两组样品的拉伸黏结强度测试结果

以上分析表明，卫生间先做一层渗透型防水剂的防水处理、然后再利用瓷砖胶粘贴瓷砖的卫生间防水+贴砖系统，在基层墙体表面涂刷渗透型防水剂，然后再进行瓷砖粘贴施工，能够确保赋予瓷砖胶在常规使用条件和水环境条件下均具有优异的拉伸黏结强度，以确保瓷砖粘贴安全性。

3.3　卫生间渗漏修补效果验证（类似免砸砖状况）

卫生间渗漏多是因为墙体材料由于收缩等原因产生了微裂纹，外界水分在毛细管作用下，通过微裂纹缓慢渗透到室内，从而导致渗漏现象产生。通过模拟卫生间渗漏状况，探讨渗透型防水剂对卫生间渗漏的修复修补效果，基于两种方法进行了评估和测试。

3.3.1　人为裂缝修补效果评价

上述三个样品在168h以内的毛细孔吸水量变化趋势如图9所示。可以看出，随着吸水时间延长，三个样品的毛细孔吸水量均逐渐增大，然后趋于稳定。相同吸水时间情况下，浸泡渗透型防水剂的样品毛细孔吸水量均明显低于对比样，且全浸泡样品毛细孔吸水量更是低于半浸泡样品。例如，吸水时间0.5h时，对比样毛细孔吸水量为1.62kg/m²，全浸泡样和半浸泡样的毛细孔吸水量分别为0.47和0.46kg/m²，相对降幅达70%。吸水时间3h时，对比样毛细孔吸水量为3.70kg/m²，全浸泡样和半浸泡样的毛细孔吸水量分别为1.48和1.78kg/m²，相对对比样的降幅分别达60%和52%。吸水时间24h时，对比样毛细孔吸水量为8.0kg/m²，全浸泡样和半浸泡样的毛细孔吸水量分别为4.69和6.10kg/m²，相对降幅分别达42%和24%。

由图9还可以看出，随着吸水时间延长，对比样呈现出吸水量逐渐增大的趋势，而全浸泡样和半浸泡样的吸水量基本是在48h时达到最大值，之后趋于稳定。且全浸泡样和半浸泡样的吸水量在168h时趋于一致。

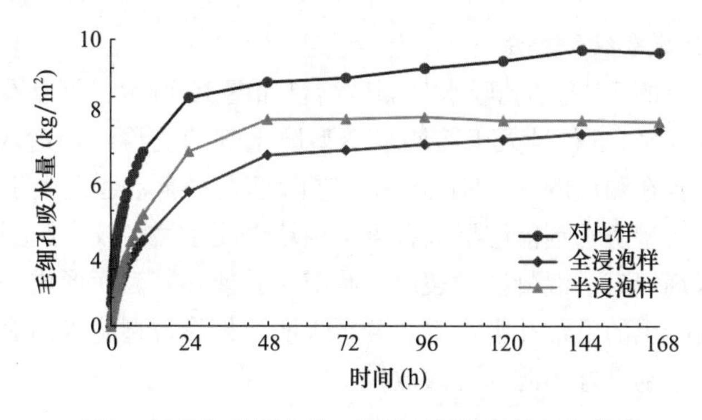

图9　样品的毛细孔吸水量随时间延长的变化趋势

以上分析表明，在初始吸水开始时，渗透型防水剂即能起到良好的防渗透效果，降低水分通过微裂纹的渗透作用。随着吸水时间延长，水分渗透作用加强，渗透型防水剂仍然具有优异的修补效果，能够显著降低微裂纹的毛细孔水分渗透量，提高抗渗漏性。全浸泡或者半浸泡方式均能优异地修补修复微裂纹，全浸泡的效果相对更好一些。

3.3.2　高渗透材料孔隙修复评价

空白组和受检组的初次抗渗击穿压力及击穿时间以及二次抗渗击穿压力及时间见表1。可以看出，作为空白组的基准砂浆试块，初次抗渗试验时，其在0.3MPa压力下平均时间为23min时已击穿渗透，也即其最大抗渗压力为0.2MPa；涂刷渗透型防水剂的砂浆试块，初次抗渗试验在0.5MPa（甚至压力0.6MPa）时已击穿渗透，受压时间27～60min不等，也即最大抗渗压力为0.4MPa（个别样品为0.5MPa），相对于空白组的最大抗渗压力比为200%，这表明，渗透型防水剂能够显著提高水泥砂浆的抗水渗性能。

将抗渗击穿后的空白组样品在实验室养护7d，其二次抗渗击穿压力仍为0.3MPa，但击穿时间略微延迟至39min。这表明，空白组养护7d后，抗渗性有所恢复，但恢复程度很小，仅使得再次击穿时间有所延迟。受检组在养护7d后，其二次抗渗击穿压力达0.7MPa，比初次抗渗击穿压力高0.2MPa。这表明，在迎水面进行涂刷渗透型防水剂，能够有效修复高渗透性砂浆试块的微细孔隙，起到显著增强抗渗性的效果。同时，受检组二次抗渗渗透的时间在30～43min范围内，渗透时间差别不大，这表明，渗透性防水剂对于这些砂浆试块的修复效果也基本相同。以上分析表明，该渗透型防水剂对高渗透材料孔隙具有优异的修复效果，能够明显提高其抗水渗透性。

表1　空白组和受检组的初次及二次抗渗击穿压力及击穿时间　MPa

样品编号	初次抗渗击穿压力及击穿时间	二次抗渗击穿压力及击穿时间
空白组	0.3（23min）	0.3（39min）
受检组	0.5（27～51min）	0.7（30～43min）
	0.6（60min）	

3.4　地下室渗漏背水面修补效果验证

3.4.1　混凝土微裂纹修补法

空白组和受检组的7d毛细孔吸水量测试结果如图10所示。可以看出，在毛细孔吸水7d以内，空白组吸水量总是大于涂刷渗透型防水剂的受检组，这两组试验均在72h时达到吸水饱和。且在测试的0～24h之间，空白组吸水速率远远大于受检组的混凝土试块。这表明，渗透型防水剂能够极大程度上填堵混凝土微裂纹，起到防水效果。原因在于，渗透型防水剂填充了混凝土微裂纹及孔隙，并能在其表面形成一层防水层，从而显著降低微裂纹混凝土的毛细孔吸水率。分析表明，该渗透型防水剂能够明显修补修复混凝土的微裂纹，起到良好的防水抗渗效果。

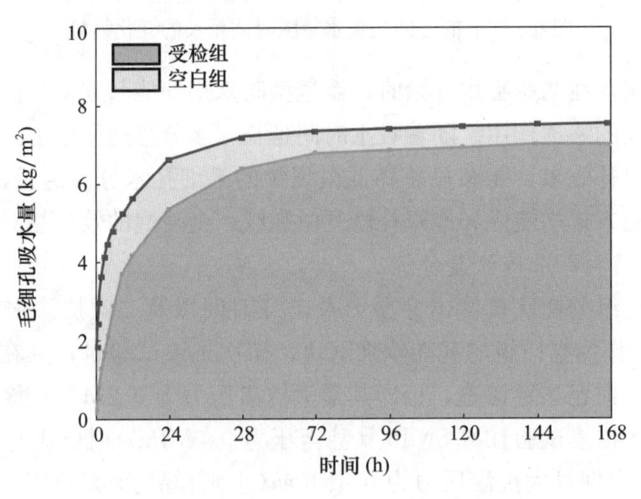

图10　空白组和受检组的7d毛细孔吸水量

3.4.2　砂浆渗透试块背水面修补法

空白组和受检组的初次抗渗击穿压力以及二次抗渗击穿压力与时间见表2。可以看出，基准砂浆试块，初次抗渗试验时，其在0.3MPa压力时已击穿渗透，也即其最大抗渗压力为0.2MPa。将抗渗击穿后的空白组样品在实验室养护7d，其二次抗渗击穿压力仍为0.3MPa，但击穿时间略微延迟至39min。这表明，空白组养护7d后，抗渗性有所恢复，但恢复程度很小，仅使得再次击穿时间有所延迟。

表2 空白组和受检组的初次抗渗击穿压力以及二次抗渗击穿压力与时间 MPa

<table>
<tr><th>样品编号</th><th>初次抗渗击穿压力及击穿时间</th><th>二次抗渗击穿压力及击穿时间</th></tr>
<tr><td>空白组</td><td rowspan="2">0.3（23min）</td><td>0.3（39min）</td></tr>
<tr><td>受检组（背水面涂刷渗透型防水剂）</td><td>0.5（46～56min）</td></tr>
</table>

背水面涂刷渗透型防水剂的受检组在养护7d后，其二次抗渗击穿压力达0.5MPa，比初次抗渗击穿压力高0.2MPa。这表明，在背水面进行涂刷渗透型防水剂，能够有效修复高渗透性砂浆试块的微细孔隙，起到显著增强抗渗性的效果。同时，受检组二次抗渗渗透的时间在46～56min范围内，渗透时间差别不大表明，渗透性防水剂对于这些砂浆试块的修复效果也基本相同。以上分析表明，该渗透型防水剂应用于背水面防水时，也具有优异的抗渗效果。

4 结论

本文研究了渗透型防水剂对于内墙防霉、卫生间防水＋瓷砖粘贴系统、卫生间渗漏修补、地下室渗漏背水面修补等工况的影响效果。研究结果表明，该渗透型防水剂能够起到良好的防霉作用，上降低墙体发霉现象；该渗透型防水剂在卫生间防水＋瓷砖粘贴系统中能够一定程度上提高拉伸黏结强度，确保瓷砖粘贴安全牢固；该渗透型防水剂能够有效修复卫生间墙体微裂纹，起到显著的主动防水修复作用；该渗透型防水剂还能起到被动防水作用，修复背水面的微裂纹，适用于地下室渗漏等背水面修补修复应用。

参考文献

[1] 董泽，岑如军，张国永，等．新型无机渗透型混凝土防水剂的制备与性能［J］．新型建筑材料，2017，44（11）：125-127.

[2] BARBUCCI A，DELUCCHI M，CERISOLA G. Organic coatings for concrete protection：liquid water and water vapourpermeabilities［J］. Progress in Organic Coatings，1997，30（4）：293-297.

[3] MIRCEA C，TOADER T P，HEGYI A，et al. Early age sealing capacity of structural mortar with integral crystalline waterproofing admixture［J］. Materials，2021，14（17）：4951.

[4] AGUIAR J B，CAMOES A，MOREIRA P M. Coatings for concrete protection against aggressive environments［J］. Journal of Advanced Concrete Technology，2008，6（1）：243-250.

[5] MOON H Y，SHIN D G，CHOI D S. Evaluation of the durability of mortar and concrete applied with inorganic coating material and surface treatment system［J］. Construction and Building Materials，2007，21（2）：362-369.

[6] Song，Z N，Xue，X，Li，Y W，et al. Experimental exploration of the waterproofing mechanism of inorganic sodium silicate-based concrete sealers［J］. Construction and Building Materials，2016，104：276-283.

[7] KHASHAYAR E, JAVAD D M, MOHAMMAD Z, et al. A review of the impact of micro- and nanoparticles on freeze-thaw durability of hardened concrete: Mechanism perspective [J]. Construction and Building Materials, 2018, 186: 1105-1113.
[8] LIU Z, HANSEN W. Effect of hydrophobic surface treatment on freeze-thaw durability of concrete [J]. Cement and Concrete Composites, 2016, 69: 49-60.
[9] 方明晖，杨鹜远. 无机水性水泥密封防水剂的功能和耐久性 [J]. 新型建筑材料，2000（4）：18-21.

第四部分
其　他

混凝土板及其预处理对瓷砖胶性能测试结果的影响

李　建

[陶氏化学（中国）投资有限公司　建筑用化学品部门，上海 201203]

摘　要：本文评估了两种不同试验用混凝土板对两类瓷砖胶拉伸黏结强度和 20min 晾置时间测试结果的影响。其中，热老化样品制备时，另外采用两种不同条件对混凝土板预烘处理，比较其差异。结果表明：两种板自身特性不同。新型混凝土板含水率低，表面更为均匀平整。使用该板有助于消除界面应力，改善瓷砖胶上下界面结合力，显著提高拉伸黏结强度测试结果及其稳定性。混凝土板经过 105℃预处理 5h 后热老化拉伸黏结强度结果改善，但稳定性较差。70℃预处理 3d 条件下能够烘除混凝土板中大多数水分，测试结果更高且波动较小。

关键词：瓷砖胶；混凝土板；预处理；拉伸黏结强度；破坏模式

Impact of Concrete Slabs and Their Pretreatments on the Testing Results of Ceramic Tile Adhesive Performance

Li Jian

(Dow Construction Chemical, Shanghai 201203)

Abstract: Tensile adhesion strength and 20 min open time of two typical types of cement-based tile adhesives were tested with two types of concrete slabs as substrates, aiming at studying the influence of the choice of concrete slabs. Two additional pre-drying processes were used to treat concrete slabs when preparing the specimen for heat adhesion test, intending to understand the influence of pretreatment hierarchies. The results show that the two types of concrete slabs are different in basic parameters. The new type of concrete slab has lower moisture content, flatter and more homogeneous surface. The use of the lab helps alleviate the stress at interfaces between tile adhesive and concrete or tile, improve the bonding at interfaces and thus increase the testing results and their stability. Pre-treatment of concrete slabs at 105 ℃ for 5 h help improve tensile adhesion strength after heat aging to some extent, but variation becomes high. Pre-drying concrete at 70 ℃ for 3 d removes more moisture from concrete slabs resulting in higher results and lower variation in comparison.

Keywords: ceramic tile adhesive; concrete slab; tensile adhesion strength; pre-treatment; failure mode

0 引言

水泥基陶瓷砖胶粘剂（简称瓷砖胶，下同）过去数年里在国内发展迅速。对于瓷砖胶的要求主要参照国标《预拌砂浆》（GB/T25181—2010）和行业标准《陶瓷砖胶粘剂》（JC/T 547—2017）。其中，拉伸黏结强度以及晾置时间为瓷砖胶重要指标。然而，实践中，不同实验室或同一实验室不同时期测试的结果往往存在较大差异[1]，成为产品测试和开发过程中一个很大的挑战。

测试流程中影响拉伸黏结强度测试结果的因素较多，一些常见因素如图 1 所示。部分因素可以通过标准化的程序来进行控制。另外一些因素如试验用混凝土板和瓷砖，目前来源相对单一，实验室难以控制其稳定性。

图 1 拉伸黏结强度测试流程图以及影响结果的常见因素

已有一些研究阐述了标准材料（包括混凝土板和瓷砖）对拉伸黏结强度测试结果的影响[1-3]，其选择甚至可以决定产品能否通过规定的技术要求。到目前为止，国内标准砖在耐水测试中曾出现的问题已经得到解决，但混凝土板的表现仍不理想。JC/T 547—2017规定了试验用混凝土板的含水率应小于 3%，4h 卡斯通管吸水量在 0.5～1.5g 之间。同时还建议将其在标准环境下存放三个月，或 105℃预烘 5h，然后在标准条件下放置 24h 后使用。前一种方式对时间和存放空间要求高时常难以满足，后一种方式则更为简单易行。针对瓷砖胶测试中混凝土板存在的问题，本文对比测试了一种新型混凝土板与常规用混凝土板在拉伸黏结强度测试中的区别，并研究了两种不同混凝土板预处理条件对试验结果的影响，以期为混凝土板和预处理机制的选择提供参考。

1　试验

1.1　原材料

水泥：42.5R级硅酸盐水泥，市售。

砂：白色机制石英砂，0.1～0.5mm，市售。

甲酸钙：建材级产品，由朗盛化学生产。

所用纤维素醚和可再分散性乳胶粉（简称胶粉，下同）参数见表1和表2。

表1　试验用纤维素醚的典型参数

规格	化学类型	标称黏度（2%，Haake，2.55S^{-1}）	改性
Walocel™ MW 40000 PFV	羟乙基甲基纤维素醚（HEMC）	40000	无
Walocel™ LP-M-27277	羟丙基甲基纤维素醚（HPMC）	10000	改性

表2　试验用胶粉的典型参数

产品编号	化学结构	玻璃化温度（T_g,℃）
胶粉1	醋酸乙烯-乙烯共聚物（VA-E）	20
胶粉＃2	醋酸乙烯-叔碳酸乙烯共聚物（VAM/VeoVa）	15

采用普通和高性能两种典型瓷砖胶初始配方进行测试，配方组成见表3。

表3　试验用瓷砖胶配方

成分（%，质量比）	普通（A1）	高性能（A2）
灰水泥	35	40
石英砂	63.2	55.9
甲酸钙	0.5	0.7
胶粉1	1	
胶粉2		3
Walocel™ MW 40000PFV	0.3	
Walocel™LP-M-27277		0.4
总计	100	100

混凝土板：采用两种混凝土板。一种为实验室常规用板（简称常规板，下同），尺寸为200mm×200mm×40mm，由上海增司工贸采购；另一种为新型试验用混凝土板（简称新板，下同），由陶瓷工业协会瓷砖粘贴委员会（TCT）提供，广州供应商生产。

瓷砖：采用符合JC/T 547—2017标准要求的标准砖进行拉伸黏结强度和20min晾置时间的测试，晋江腾达陶瓷有限公司生产。

1.2 试验过程

参照JC/T 547— 2017进行试样制备、养护和拉伸黏结强度的测试。

设定配方的加水量分别为22%和23%。在具有标准温、湿度控制［(23±2)℃，(50±10)% RH)］的实验室内同一天制作完成试样。对热老化拉伸黏结强度样品，除常规制样外，另外采用两种经过不同高温条件预烘处理的混凝土板制样，具体见表4。其中，70℃的处理方式为实验室常规采用的预处理方式，105℃的处理方式为JC/T 547—2017中推荐的预处理方式。制样前，两类混凝土板在标准温、湿度环境均存放约2个月。

表4 热老化拉伸黏结强度样品制备用混凝土板

预处理机制	常规板	新板
70℃（3d）＋标准温湿环境（1d）	是	否
105℃（5h）＋标准温湿环境（1d）	是	是

混凝土板含水率：从混凝土上取10～20g小样两块，在105℃下烘干至恒重，记录测试结果，并取均值。每个实验数据点需在均值的±20%以内。

吸水量：依据JC/T 547—2017标准，采用卡斯通管测试混凝土板4h吸水量。取3组数据均值。每个试验数据点需在均值上下波动±20%以内。

拉伸黏结强度：采用德国产Herion HP1000型自动拉伸黏结强度测试仪进行测试。

2 结果与讨论

2.1 两种混凝土板的基本特性

图2为两种混凝土板的表面和内部状态比较。可以看出，常规板表面打磨较光滑，表面呈有取向性的纹理。新板表面更为粗糙，有凹凸感，而且视觉效果均匀，无取向性纹理。从两种板的内部形貌可以着到，两者使用材料有所区别。新板内部各材料相更为均匀，骨料形貌和级配更为合理。

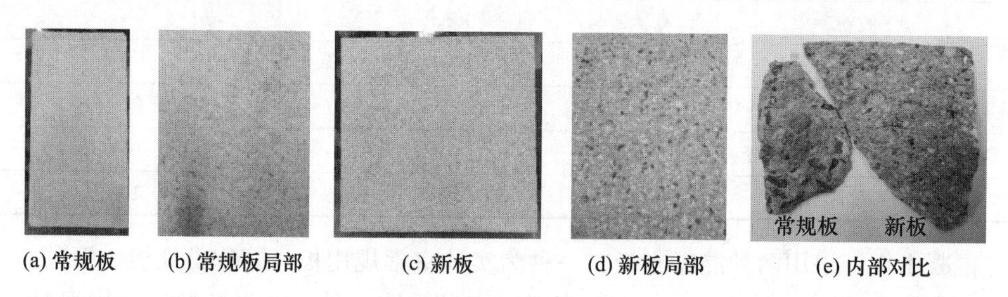

(a) 常规板　(b) 常规板局部　(c) 新板　(d) 新板局部　(e) 内部对比

图2　混凝土板状态对比

将抹刀置于板上观察其表面的平整度，结果如图3所示。可以看到，新板表面平整，刀齿底部与板之间无间隙。相反，常规板表面欠平整，刀齿与板之间有高度不等的间隙，这也是常规板常出现的问题。不平整的板面会导致批刮后不同区域湿砂浆厚度不同，影响结果稳定性。

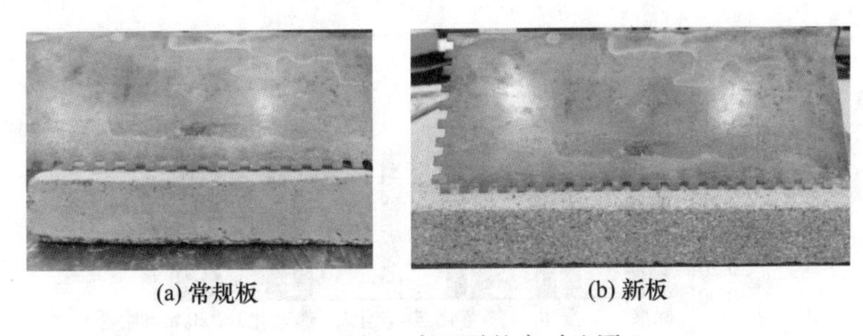

(a) 常规板　　(b) 新板

图 3　混凝土表面平整度对比图

预烘处理对混凝土板含水率和吸水量影响如图 4 所示。可以看出，常规板吸水量较低，含水率过高，两项指标无法满足要求。高温预处理之后，吸水量剧增，含水率降低，仍无法满足要求。70℃预烘稍好，含水率能够达标。新板的初始吸水量稍低于标准，两项指标接近达标。105℃预处理后，两项指标均可达标。新板含水率低，但吸水量同时显著小于常规板，说明新板较常规板具有更低的孔隙率。

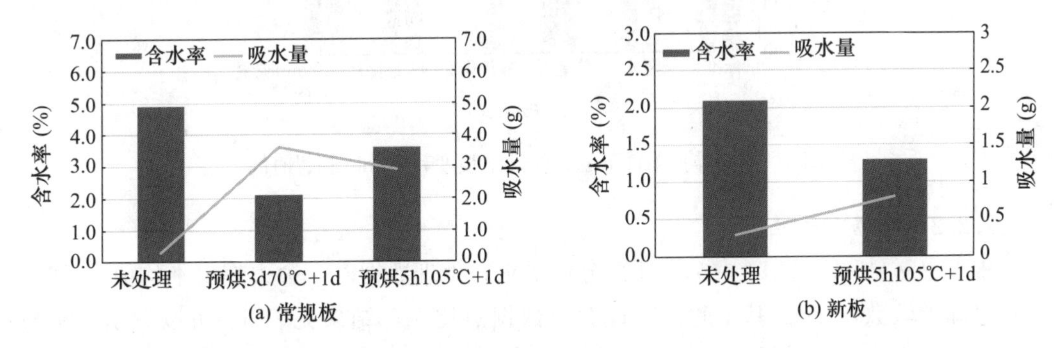

(a) 常规板　　(b) 新板

图 4　预烘处理对混凝土板含水率和吸水量的影响

2.2　拉伸黏结强度

2.2.1　测试结果

图 5 为拉伸黏结强度和 20min 晾置时间测试结果，均值和标准差为基于所有数据点计算所得。图中，热老化 2 表示对混凝土板 70℃预处理，热老化 3 表示对混凝土板 105℃预处理。可以看出：（1）新板上的结果显著高于常规板。在 A1 配方中，除晾置时间稍有提高外，其他测试项提高 30.0%～113.1%。在 A2 配方中，标准强度稍有提高，其他测试项提高 25.1%～66.9%。（2）新板在热老化及晾置时间测试中的结果稳定性优于常规板。对于热老化测试，A1 配方 105℃预处理后的结果波动巨大。所得数据点的高低分布存在明显的区域性，因此判断板自身可能不均匀。A1 配方中，晾置时间的标准差均较小，而 A2 配方中，常规板的标准差显著高于新板。该波动应由使用的常规板表面不平整所致。（3）预处理对热老化后拉伸黏结强度结果影响显著。两种预处理方式对 A1 的改善效果均显著高于 A2。常规板上，70℃和 105℃预处理后，热老化拉伸黏结强度分别提高 211.7%和 127.4%。A2 配方中，对应的值为 94.0%和 4.9%。新

板上，105℃预处理后在A1和A2配方中较未处理时分别提高48.9%和19.5%。后者提升较小，与未处理时热老化拉伸黏结强度较高存在相关性。

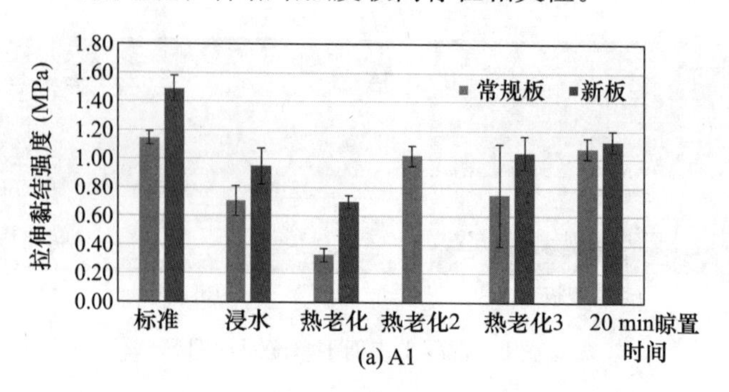

(a) A1

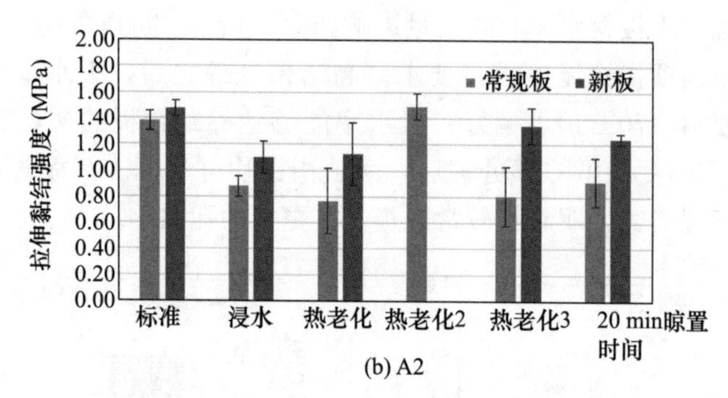

(b) A2

图5　不同养护条件下的拉伸黏结强度和20min晾置时间

2.2.2　数据有效性

根据JC/T 547—2017中7.8.5部分的要求，处理数据时，舍去超出平均值±20%的点（即无效数据点）。基于此，统计有效数据点比例，结果见表5。可以看出，常规板上有效数据点比例较低。无效数据多数来自热老化测试，尤其是105℃预处理5h的混凝土板上最为明显。其他测试数据有效率较高为90.0%，少量无效数据主要来自晾置时间测试。新板的表现优于常规板，整体有效率高。热老化测试数据有效率较总体略低，但差距小，测试结果仍然稳定。

表5　两种混凝土板上数据有效性对比

有效数据比例	常规板	新板
整体有效率（有效数据点/总数据点）	78.8%	94.9%
热老化测试数据有效率（热老化测试中有效数据点/热老化测试中总数据点）	72.0%	92.5%
其他测试数据有效率（热老化测试外有效数据点/热老化测试外总数据点）	90.0%	97.5%

2.2.3 破坏模式与失效分析

（1）破坏模式

表6为配方A1破坏模式汇总。采用常规板标准养护时，破坏模式为混凝土-砂浆界面（简称混凝土界面，下同）破坏，说明该界面最为薄弱。浸水后变为瓷砖-瓷砖胶界面（简称瓷砖界面，下同）破坏为主，强度降低。Jenni等[4]研究发现：浸水以及浸水

以后水泥二次水化导致的体积变化会使瓷砖-砂浆界面之间产生裂纹，界面结合力降低，最易成为拉拔测试中的破坏点。同时，瓷砖胶中的水溶性聚合物浸水后向混凝土-砂浆界面迁移，会导致混凝土-砂浆界面变得薄弱。Wetzel 等[5]研究认为：干燥和水化会导致砂浆-瓷砖胶界面产生裂纹，浸水后二次水化产物结晶会导致该裂纹的扩大，降低黏结强度。Jenni 和 Wetzel 均认为浸水后砂浆-瓷砖界面裂纹的发展是导致破坏的原因。热老化后，未处理板上以混凝土界面破坏为主，说明该界面应力大。70℃预烘处理后，转化为砂浆内聚破坏，表明界面应力已减小或消除。因而，强度值高，稳定性好。105℃处理后，破坏为混合模式，说明混凝土界面的应力未完全消除。内聚破坏的样本点结果高，混凝土界面破坏时结果低，因此数据波动极大。对于晾置时间，瓷砖界面为薄弱点。通常认为是由于水溶性有机物或无机物质在湿砂浆表面结皮所致[6]。

表 6　普通瓷砖胶配方（A1）破坏模式汇总

模式		标准	浸水	未处理	热老化（70℃预处理）	热老化（105℃处理）	晾置时间
常规板	破坏模式	混凝土界面	瓷砖界面为主	混凝土界面为主	内聚	50%内聚，50%混凝土界面	砂浆痕迹
	破坏照片						
新板	破坏模式	内聚破坏为主	混凝土界面为主	偏瓷砖界面	未测	内聚为主	60%～70%内聚
	破坏照片				未测		

采用新板时，标准养护时转化为内聚破坏，强度提高。这主要得益于新板更为粗糙的表面，与砂浆之间的机械啮合更强。浸水后，破坏模式转变为混凝土界面破坏为主，强度显著高于常规板，说明新板有助于提升浸水后砂浆-瓷砖界面的黏结强度。热老化以后，转变为偏向于瓷砖界面破坏，强度显著高于常规板。说明热老化时新板与砂浆之间应力减小，该界面不再是最薄弱点，瓷砖界面成为最薄弱点。105℃处理以之后，强度大幅提高，以内聚破坏为主，因而结果稳定、波动小。此时破坏模式和强度均与常规板 70℃处理时的结果接近。晾置时间测试后的破坏模式较常规板稍有优化，但结果相差不大。

表 7 为配方 A2 拉伸黏结强度结果及破坏模式汇总。该配方含有更高掺量的胶粉，有助于提高砂浆对基材和瓷砖的黏结力。同时，砂浆的柔韧性提高，能够缓冲界面应力，特别是混凝土板-砂浆之间的应力。因此，所有测试项目未再出现混凝土界面破坏，瓷砖界面成为最易破坏点。与常规板相比，热老化后 105℃预处理新板上的破坏模式显著优化，其他条件下两者接近或新板稍有改善。新板上测试结果值明显更高，说明其对界面应力的缓解虽然不足以改变破坏模式，但对结果的提高仍能提供帮助。高温处理过

的混凝土板上破坏模式有不同程度的改善，70℃预处理更为明显。

表 7　高性能瓷砖胶配方（A2）破坏模式汇总

模式		标准	浸水	热老化（未处理）	热老化（70℃预处理）	热老化（105℃处理）	晾置时间
常规板	破坏模式	内聚破坏	瓷砖界面为主	瓷砖界面为主	内聚破坏为主	瓷砖界面为主	砂浆痕迹
	破坏照片						
新板	破坏模式	内聚和瓷砖界面混合	瓷砖为主	瓷砖界面为主	未测	混合模式，偏内聚	砂浆痕迹
	破坏照片				未测		

（2）热老化后失效分析

Malik 等[7]总结了水泥混凝土在升温过程中的改变，包括：（1）含水率降低；（2）热应变，即热膨胀；（3）组分材料的分解。其中 60～90℃时，主要是物理吸附水的散失和 C-S-H 凝胶晶格的收缩。升高至 90℃时，会发生钙矾石的分解。热应变由两部分组成[8]：（1）真实热应变，该值由温度升高造成的分子运动决定，与含水率无关；（2）表观热应变，温度变化时，水分子运动与混凝土内部孔壁之间的力造成，与含水率相关。绝干的混凝土和水饱和的混凝土没有表观热应变。使用同一种混凝土板时，真实热应变相同。预烘处理后，含水率下降，表观热应变会下降。因此，界面应力下降。此时，含水率为关键影响因素。无论采用哪种预处理方法，随着含水率的降低，热老化后的拉伸黏结强度都会提升，破坏模式经历从混凝土-砂浆界面过渡到砂浆-瓷砖界面，最终转变为内聚破坏。70℃烘 3d 较 105℃烘 5h 能够去除更多水分，因此改善更明显。高恒等[9]认为：105℃进行 5h 烘干，时间太短，结果重现性差。对板预烘 24h 可以让含水率趋于稳定，测试结果更稳定。该观点与本文的测试和分析结果具有一致性。然而，需要注意的是，过低的含水率可能导致测试结果虚高。另一方面，预烘过程中的热膨胀存在打开混凝土表面闭孔的可能性，基于已有经验和前期研究的标准拉伸黏结强度对比[1-2]，这种改变并不对拉伸黏结强度提供明显帮助。105℃预处理 5h 时，破坏模式中并未发现混凝土表皮出现剥落的情况，说明该条件并未对混凝土表面造成明显损伤。105℃预烘处理后测试结果不稳定，应为该测试用板成型工艺不稳定，不同部位含水率不同所致。另外，105℃预处理时除水速度过快也可能造成混凝土状态的不均匀。普通瓷砖胶配方对高温应力更为敏感，因此更易产生结果不稳定的情况。

与常规板相比，新板的结构致密，含水率较低，表面相对粗糙。这些特征均有助于提高热老化后的拉伸黏结强度。不同的混凝土板供应商其原材料和工艺有所区别，因此真实热应变和表观热应变都会有所区别，单纯比较它们产品含水率的绝对值并无实际意义。

3　结论

本研究的主要结论如下：

（1）与常规板相比，新型混凝土板孔隙率低、含水率低，表面均匀平整、较为粗糙。新板上拉伸黏结强度测试结果数据有效率高，稳定性更好。该板对热老化后拉伸黏结强度和晾置时间测试结果的稳定性改善最为显著。新板的使用有助于提高不同养护条件下混凝土与瓷砖胶、瓷砖与瓷砖胶之间的界面强度，改善拉拔破坏模式，从而获得更高的拉伸黏结强度测试结果。

（2）高温预烘处理显著改变混凝土板的含水率和吸水量，降低其热应变，提高热老化后的拉伸黏结强度，并影响破坏模式及结果稳定性。采用相同的预处理条件时，新板的含水率和吸水率变化显著小于常规板。同一类型的混凝土板，含水率相对高低对热老化后拉伸黏结强度测试结果影响显著。105℃预烘 5h 处理后强度提高，但结果波动大，破坏模式不稳定，应谨慎采用。70℃预烘 3d 能够烘除更多水分，降低界面应力更为有效，可以获得更高拉伸黏结强度和更为稳定的数据。然而，由于初始含水率和预烘效率的不同，预烘处理后混凝土板的含水率存在不确定性，过度烘干则可能导致测试结果虚高。采用质量稳定、符合标准要求的混凝土板材仍为获取稳定热老化拉伸黏结强度测试结果的首选。对于无法完全满足标准要求的板材，基于初始含水率针对性地调整预处理制度十分必要。

参考文献

［1］梁树娟，张明良．标准砖、混凝土板及检测中心对瓷砖胶黏结强度的影响［J］．上海建材，2010（04）：18-20.

［2］江洪申，吴莉．标准材料对瓷砖胶测试结果的影响［A］．第四届全国商品砂浆学术交流会论文集［C］．上海，2011，212-216.

［3］薛静，董峰亮，周碧平，等．不同标准混凝土板和标准试验砖对瓷砖胶性能测试结果的影响[J]．新型建筑材料，2014，41（11）：58-60.

［4］JENNI，A ZURBRIGGEN R，HOLZER L，et al. Changes in microstructures and physical properties of polymer-modified mortars during wet storage［J］. Cement and Concrete Research，2006，36（1）：79-90.

［5］WETZEL A，HERWEGH M，ZURBRIGGEN R，et al. Influence of shrinkage and water transport mechanisms on microstructure and crack formation of tile adhesive mortars［J］. Cement and Concrete Research，2012，42（1）：39-50.

［6］JENNI A，HOLZER L，ZURBRIGGEN R，et al. Influence of polymers on microstructure and adhesive strength of cementitious tile adhesive mortars［J］. Cement and Concrete Research，2005，35（1）：35-50.

［7］MALIK M，BHATTACHARYYA SK，BARAI SV. Thermal and mechanical properties of concrete and its constituents at elevated temperatures：A review［J］. Construction and Building Materials，2021，270：121398.

[8] ROSTÁS FS, BUDELMANN H. Strength and deformation of concrete with variable content of moisture at elevated temperature up to 90°C [J] . Cement and Concrete Research, 1986, 16 (3): 353-362.

[9] 高恒，闫小梅，丁天华．万科飞检制度在瓷砖胶集采中的应用 [J] ．广东建材，2019，35 (02): 26-27.

作者简介：李建，男，江苏南京人，同济大学博士。现就职于陶氏化学研发部。邮箱：jli@dow. com。

利用砂浆全系收缩仪测试水泥基材料的收缩性能研究

徐　迅[1]　李莹江[1]　李英丁[2]　殷祥男[3]

（1 西南科技大学 土木工程与建筑学院，绵阳 621010；2 广东龙湖科技股份有限公司，汕头 515041；3 中国建材检验认证集团股份有限公司，北京 100025）

摘　要：材料学中，收缩是影响基体材料的重要因素之一。本文所研发收缩仪（暂命名为全系收缩仪），采用先进的数字闭环控制与测量系统，自主研制开发砂浆塑性和后期收缩在线监控系统。文章详细介绍全系收缩仪的硬件组成、数据采集系统安装、数据采集软件、试验操作步骤、功能特点及试验测试分析。通过三组平行试验分析可知，砂浆塑性收缩在浇筑早期收缩大，随后逐渐趋于稳定。该仪器可以对砂浆收缩变形实现全过程测量，并通过在线系统监测，具有结构新颖、操作简单、使用维护方便的特点。

关键词：材料学；全系收缩仪；收缩变形；数据采集

Development of A Dry Powder Mortar Shrinkage Meter

Xu Xun[1]　Li Yingjiang[1]　Li yingding[2]　Yin Xiangnan[3]

（1 School of civil engineering and architecture，Southwest University of science and technology，Mianyang，Mianyang 621010；2 Guangdong Longhu Technology Co.，Ltd.，Shantou 515041；3 China building materials inspection and Certification Group Co.，Ltd.，Beijing 100025）

Abstract：In materials science，shrinkage is one of the important factors affecting the matrix materials. The shrinkage meter (temporarily named as the whole shrinkage meter) developed in this paper adopts the advanced digital closed-loop control and measurement system, and independently develops the mortar plasticity and late shrinkage online monitoring system. This paper introduces in detail the hardware composition, data acquisition system installation, data acquisition software, experimental operation steps, functional characteristics and experimental test analysis of the whole systolic apparatus. Through the analysis of three groups of parallel experiments, it can be seen that the shrinkage of mortar is large at the early stage of pouring, and then tends to be stable gradually. The instrument can measure the shrinkage deformation of mortar in the whole process and monitor it through online system. It has the characteristics of novel structure, simple operation and convenient maintenance.

Keywords: materials science; total systolic apparatus; plastic shrinkage; data acquisition

0 引言

收缩是指在水泥基材料凝结初期或硬化过程中，材料在不受力情况下产生体积缩小的现象[1]。收缩主要有以下几种情况：(1) 干燥收缩。混凝土内部与环境共同作用下发生的不可逆收缩，随相对湿度的降低，水泥浆体干燥将增大[2]。(2) 塑性收缩。是混凝土（或水泥净浆、砂浆）浇筑至凝结硬化前出现的一种现象[3-6]。(3) 自收缩。指在没有水分损失或温度变化的情况下发生的体系总体积减小的现象[7-8]。(4) 温度收缩。主要是混凝土内部温度升高又冷却到环境温度时产生的收缩。(5) 化学收缩。水泥水化后固相体积增加，绝对体积减小的现象。干燥收缩、塑性收缩是导致混凝土开裂、产生耐久性问题与降低结构使用寿命的主要原因[9-19]。收缩造成的塑性裂纹通常表现为网状或平行损伤模式，宽度可达 1mm，长度从 50mm 到 1000mm 不等[20]。混凝土收缩的影响因素众多：混凝土构件尺寸、混凝土表面温度、配合比、温湿度、风速、环境气温等[21-22]。了解这些因素的影响及其相互关系对解决收缩问题至关重要，而预防收缩对混凝土结构的设计与使用具有重要意义。因此，定量测定混凝土（或水泥净浆、砂浆）的收缩是有效评价其收缩水平并通过其他手段加以控制的前提[23]。

混凝土收缩的测试方法较多，且国内还未统一标准。A. Radocea[24]通过在混凝土试件两端分别埋入两个线性差动位移传感器来监测混凝土早期体积的变形。这种方法操作简单，但在试验过程中，传感器不能移动或窜用，且这种方法的造价成本较高。S. Lepage[25]等人在混凝土中埋入线振仪，通过电磁激振器测量线振仪的共振频率随时间的变化来对混凝土的体积变化进行测定，但线振仪刚度不好控制，刚度大容易埋置但对早期收缩不敏感，刚度小灵敏度高但却不易埋置和操作。马新伟等[26]研究出电容式测微仪法，用电容传感器测试收缩变形，此法精确度高，但混凝土的变形测量是在成型结束后开始的，无法探测混凝土在凝结期间的变形数据。巴恒静等[27]使用涡流传感器来测试收缩变形，通过涡流传感器输出电压值的变化来测试传感器端头与测头间距离改变量。芬兰技术研究中心[28]采用LVDT位移传感器同时测混凝土垂直向的收缩（沉降）与水平向的收缩。田倩等[29]采用立式测量和横向测长这种分段测量方式测试收缩变形。《建筑砂浆基本性能试验方法标准》（JGJ/T 70—2009）[30]中采用立式砂浆收缩仪，但此法只能测定自然干燥状态下的收缩性能，应用范围较窄。

本文全面介绍全系收缩仪测试砂浆收缩设备与使用，及其干粉砂浆塑性和后期收缩在线监控系统的研制开发，该收缩测试仪试件长，精度高，可精准测量砂浆在1d龄期前凝结硬化的收缩与水化反应期间及长期反应中产生的收缩变形量[31]。

1　全系收缩仪

1.1　硬件组成

全系收缩仪主要由收缩模具、固定件、塑料薄膜、泡沫垫、模具槽、移动块、千分表检测探针、千分表等组成，各部件按图1所示装配图可安装成收缩仪，其中，收缩模具用来测试浇筑的试验砂浆；固定件用来固定试验槽；塑料薄膜则预先铺设在试验槽内并使固定件穿过薄膜；泡沫垫预先放置在试验槽两侧；移动块为可活动部件，会随着砂浆自身物理化学反应造成的收缩而相应移动；千分表检测探针向内紧贴移动块，向外与千分表连接，用来收集长度变化的数据。

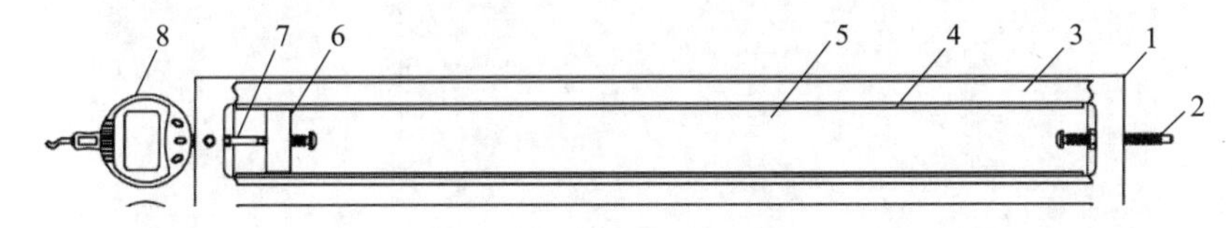

图1　收缩仪装配图

1—收缩模具；2—固定件；3—塑料薄膜；4—泡沫垫；5—模具槽；6—移动块；7—千分表检测探针；8—千分表

图2为全系收缩仪装配好后实物图，该设备主要尺寸分为模具外形尺寸与模具内空尺寸，详细参数见表1。

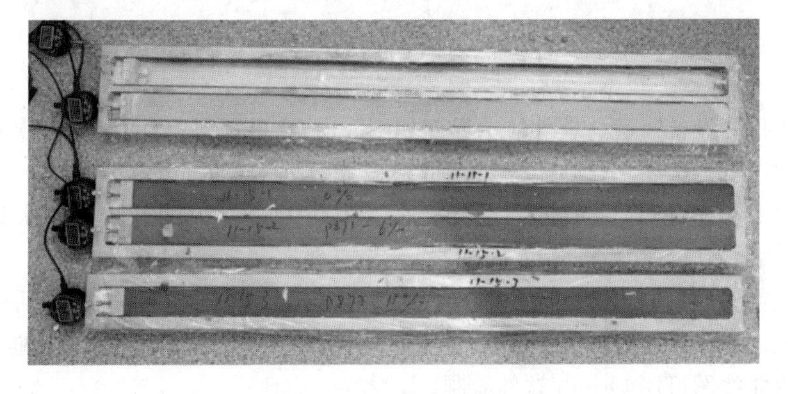

图2　测试试验装置图

表1　全系收缩仪设备尺寸　　mm

设备型号	模具外形尺寸	模具内空尺寸
全系收缩仪	$A\times B\times C$	$A\times B\times C$
	1110×90×30	1080×50×20

（1）部件配置。全系收缩仪标准配置主要由收缩模具、移动块、固定件、数据采集器、试验软件光盘、232数据线、USB转换线、千分表、217数据线等组成。

（2）数据采集系统。最多可四通道同时采集收缩数据，具体使用通道数量根据试验情况而定。数据在采集过程中，时间间隔最小为1s，测试精度高达0.001mm。

1.2　数据采集软件介绍

软件在使用前，先打开随机光盘，安装测微计系统，安装完毕后，双击桌面“测微计系统”，打开软件。软件显示界面如图3所示，从该图中可看出，主要菜单键有保存导出、清除记录、手动采集、自动采集、打开设备、全清零及设置等。在这几个主要的功能键中，用户可以根据相应试验情况与数据需要，进行不同的设置。

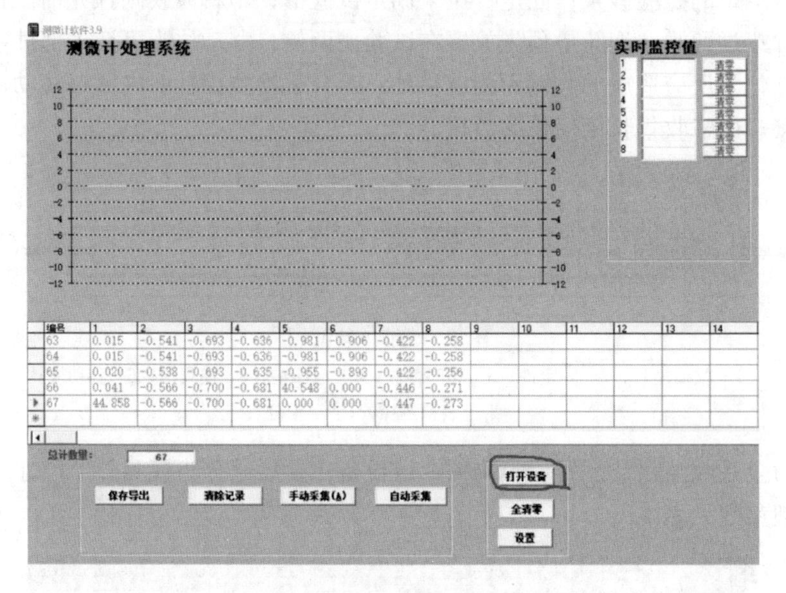

图3　测试软件显示界面

点击“打开设备”后，软件显示界面如图3所示，该软件已实现实时读取千分表数据。点击“设置”选项，在弹出的对话框中设置数据采集时间间隔，点击“自动采集”按钮，软件即实现自动记录功能。也可点击“手动采集”按钮，随时手动采集记录千分表数据。

待试验完毕后，导出数据时，先点击“保存导出”按钮；在弹出的对话框中设置文件存储路径，导出数据以Excel格式储存在指定路径，打开即可对原始数据进行编辑，完整的数据曲线图可用Origin软件绘制。

1.3　全系收缩仪功能及特点

全系收缩仪有以下功能及特点。

（1）结构新颖，精度高。测试精度高达0.001mm；时间间隔最小为1s，实现实时读取千分表数据；传感器对被测试验品无外力作用。

（2）可自定义数据采集时间间隔、数据采集模式，操作灵活便捷。同时，数据信息实现实时监测，随时进行提取与纠正。

（3）多通道同时采集试验数据，可离机工作，满足实验室与现场不同条件要求。

（4）软件操作简单，仪器使用维护方便，可广泛用于建筑材料的塑性收缩与后期收缩测试。

（5）试件成型简单，可自然养护或放置标准实验室［湿度：(50±10)%，温度：(23±1)℃］中养护，适用于多种养护制度。

2　全系收缩仪收缩性能测试

2.1　试验一

本试验使用普通硅酸盐水泥进行早期（24h）收缩测试，试验同时作2组（试验1、试验2）形成平行试验，试验一主要原材料及配合比见表2。

表2　试验一主要原材料及配合比　　g

名称	水泥	硬石膏	40～70目砂	70～140目砂	重钙	水
试验1掺量	200	135	100	380	35	225
试验2掺量	200	135	100	380	35	225

试验进行过程中，24h内每隔1h测试一次数据；用Origin软件绘制收缩数据，如图4所示。

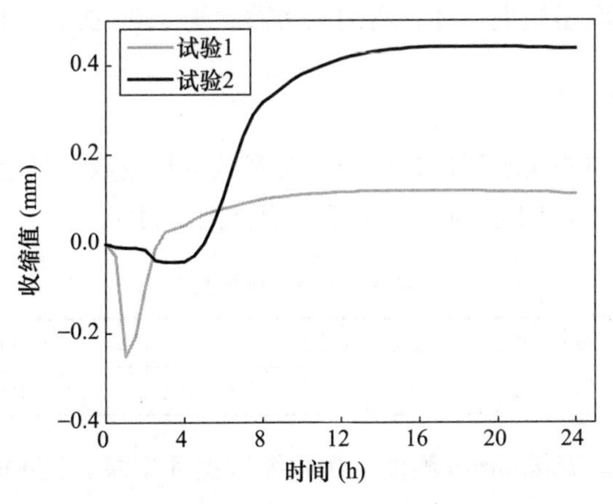

图4　试验一收缩数据图

由图4可分析得出，试验1在第1h内收缩值下降明显，在1～8h内大幅上升，后趋于稳定；试验2在前5h内收缩值变化不大，在5～12h内收缩值大幅增加，后逐渐趋于稳定。

2.2 试验二

本试验使用碱式硫酸镁水泥进行早期收缩测试与长期收缩性能测试，试验同时作2组（试验3、试验4）形成平行试验。试验二配合比见表3。

表3 试验二配合比 g

名称	氧化镁	七水硫酸镁	水	柠檬酸	固硫灰	40～70目砂	70～140目砂	减水剂	消泡剂
掺量	794	246	270.0	7.0	119.0	504.2	126.2	6.0	1.2

试验进行过程中，每隔5min测试一次收缩数据并记录，用Origin软件绘制收缩数据图，如图5所示。

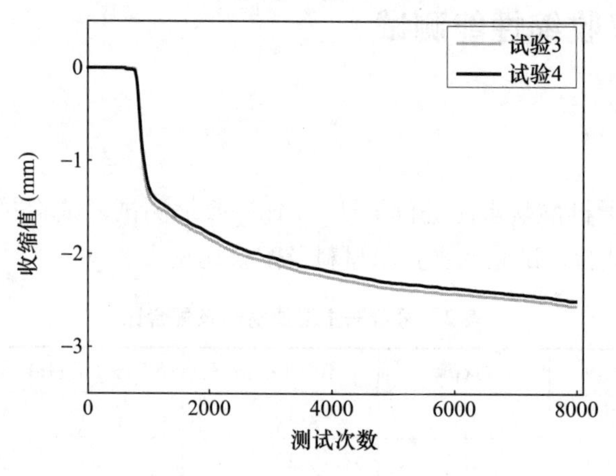

图5 试验二收缩数据图

通过图5可看出，试验3与试验4在水泥凝结早期时收缩较大，下降趋势明显；继而收缩幅度减小，曲线呈缓慢下降；当测试次数大于6000次后，收缩趋势趋于稳定。

2.3 试验三

本试验使用碱式硫酸镁水泥进行早期收缩测试与长期收缩性能测试，试验同时作2组（试验5、试验6）形成平行试验。试验三配合比见表4。

表4 试验三配合比 g

名称	氧化镁	七水硫酸镁	水	柠檬酸	固硫灰	40～70目砂	70～140目砂	减水剂	消泡剂
掺量	794	246	252.0	7.9	39.7	504.0	126.0	6.0	1.2

试验进行过程中，每隔5min测试一次收缩数据并记录，用Origin软件绘制收缩数据图，如图6所示。

通过图6可看出，试验5与试验6在水泥凝结早期时收缩较大，下降趋势明显；继而收缩幅度减小，曲线呈缓慢下降；对比而言，试验 6 的收缩值略微比试验 5 低，但二者收缩值都随龄期增加而趋于平衡。

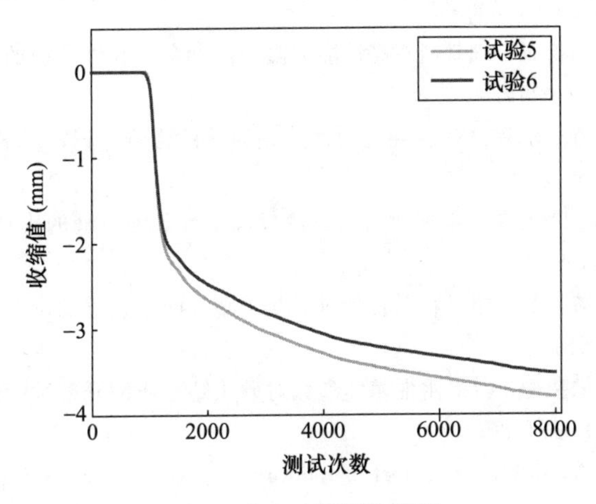

图 6　试验三收缩数据图

3　结语

全系收缩仪实时读取试验数据，精度高，操作简单便捷，适用于不同条件下的干粉砂浆塑性变形的测试及后期收缩在线监控。通过数据采集系统，可根据试验要求定义数据采集时间间隔、数据采集模式等。全系收缩仪采用多通道并行采集试验数据，可精准测量砂浆在早期（1d 龄期前）凝结硬化、水化反应及长期反应中产生的收缩变形量，适用于建材行业、科研单位、质量检测中心等部门，用来测试水泥基自流平砂浆、石膏基自流平砂浆、灌浆料、磨石砂浆、UHPC 等建筑材料的塑性收缩与后期收缩。

参考文献

[1] 黄达，高鹏飞，刘光焰，等．玻璃粉混凝土干燥收缩影响效果及作用机理研究 [J]．混凝土，2021（2）：77-81.

[2] 彭香明，陈瑜．混凝土干燥收缩研究进展 [J]．粉煤灰综合利用，2017（1）：60-64.

[3] Qi . C. Quantitative assessment of plastic shrinkage cracking and its effect onthe corrosion of steel reinforcement [D] . Purdue University，Indiana，2003.

[4] 杨长辉，王川，吴芳．混凝土塑性收缩裂缝成因及防裂措施研究综述 [J]．混凝土，2002，（5）：33-36.

[5] 钱春香，耿飞，李丽．聚丙烯纤维提高水泥砂浆抗塑性开裂的机理 [J]．东南大学学报（自然科学版），2005，35（5）：786-791.

[6] 柳献，袁勇，Ahmed Loukili. 自密实混凝土塑性收缩性能研究 [J]．混凝土与水泥制品，2002（5）：6-10.

[7] 李庚．早期混凝土自收缩实验研究 [J]．四川建材，2019，45（12）：253-253＋255.

[8] 欧阳伟．不同材料对抗冲击混凝土自收缩性能的影响研究 [J]．施工技术，2016，45（23）：

122-125.

[9] 吴芳，蔡贵生，杨长辉，等．聚丙烯纤维控制特细砂混凝土塑性收缩裂缝试验研究［J］．重庆建筑大学学报，2003，25（5）：81-85.

[10] 叶建雄，廖佳庆，杨长辉．细骨料对高性能混凝土早期塑性收缩开裂的影响［J］．重庆大学学报，2009，32（2）：18-172.

[11] 杨长辉，王川，吴芳．水灰比对混凝土塑性收缩裂缝的影响［J］．重庆建筑大学学报，2003，25（2）：77-81.

[12] 刘丽芳，王培铭，杨晓杰．砂浆配比对水分蒸发和塑性收缩裂缝的影响［J］．建筑材料学报，2006，9（4）：453-458.

[13] 孙大明，何兵，吴芳，等．粗骨料对轻骨料混凝土塑性收缩裂缝的影响［J］．重庆建筑大学学报，2004，26（4）：87-91.

[14] 马一平，谈慕华，朱蓓蓉，等．水泥基体参数对砂浆塑性收缩开裂性能的影响［J］．建筑材料学报，2002，5（2）：171-175.

[15] P. GHODDOUSI，A. A. S. Javid. Effect of reinforcement on plastic shrinkage andsettlement of self-consolidating concrete as repair material［J］. Materials and Structures，2012，45：41-52.

[16] WANG T，PENG Q，Zhao H. Numerical analysis of drying shrinkage in long reinforced concrete structure［J］. Materials Research Innovations，2014，18（S2）：845-852.

[17] 马政，兰秉昇，刘强，等．粒化高炉矿渣代砂混凝土干燥收缩性能的试验［J］．混凝土，2018（3）：121-123.

[18] DOMINGO-CABO A，LÁZARO C，LÓPEZ-GAYARRE F，et al. Creep and shrinkage of recycled aggregate concrete［J］. Construction and Building Materials，2009，23（7）：2545-2553.

[19] LEEMANN，A. NYGAARD，P. LURA. P. Impact of admixtures on the plastic shrinkage cracking of self-compacting concrete［J］. Cement and Concrete Composites，2014，46：1-7.

[20] SLOWIK V.，SCHMIDT M.，FRITZSCH. R. Capillary pressure in fresh cement-based materials and identification of the air entry value［J］. Cement and Concrete Composites，2008，30：557-565.

[21] UNO. P. J. Plastic shrinkage cracking and evaporation formulas［J］. ACI Materials Journal，1998，95（8）：365-375.

[22] 陈晨，焦凯，王素平．龄期对粉煤灰混凝土干燥收缩抗裂性的影响［J］．水电施工技术，2018（1）：60-65.

[23] 耿飞，钱春香．图像分析技术在混凝土塑性收缩裂缝定量测试与评价中的应用研究［J］．东南大学学报（自然科学版），2003，33（6）：773-776.

[24] Radocea A. Autogenous volume change of concrete at very early age［J］. Magazine of Concrete Research，1998，50（2）：107-109.

[25] Lepage S，Baalbaki M，Dallaire E，et al. Early shrinkage development in a high performance concrete［J］. Cement Concrete and Aggregates，1999，21（1）：31-35.

[26] 马新伟，钮长仁，伊彦科．早龄期高强混凝土自收缩的测量［J］．低温建筑技术，2002（4）：4-5.

[27] 巴恒静，高小建，杨英姿．高性能混凝土早期自收缩测试方法研究［J］．工业建筑，2003，33（8）：1-4.

[28] Holt E E. Early age autogenous shrinkage of concrete［D］. University of Washington、

[29] 田倩，孙伟，缪昌文，等．高性能混凝土自收缩测试方法探讨［J］．建筑材料学报，2005，8

(1)：82-89.

[30] 中华人民共和国住房和城乡建设部建筑砂浆基本性能试验方法标准：JGJ/T 70—2009［S］. 北京：中国建筑工业出版社，2009.

[31] 刘忠. 一种砂浆尺寸变化测试装置［P］. 中国，ZL202021153651.1，2020-11-17.

作者简介：徐迅（1977— ），男，汉族，工学博士，西南科技大学副研究员，硕士研究生导师。长期从事超高性能混凝土及制品、新型绿色胶凝材料及保温建材、水泥工业节能减排及协同处置废弃物等研究工作。邮箱：15550045@qq.com。

建筑石膏标准稠度测试的研讨

滕朝晖[1] 滕 宇[2]
（1 山西省建筑材料工业设计研究院有限公司，太原 030001；
2 山西农业大学资源环境学院，太原 030801）

摘 要：本文研究了不同操作方式、不同搅拌工具、撒粉法等测试建筑石膏标准稠度的结果和现象。分析了试验结果的主要影响因素，提出了对于实际生产具有指导意义的理论点。

关键词：建筑石膏；标准稠度；影响因素；指导意义

Analysis on the Standard Consistency Test of Building Gypsum

Teng zhaohui[1] Teng Yu[2]
（1 Shanxi Architectural Industry Design and Research Institute Co.，Ltd，Taiyuan 030001；2 College of Resources and Environment，Shanxi Agricultural University，Taiyuan 030801）

Abstract：In this paper，the influences of different operation methods，mixing tools and powder spreading methods on the standard consistency of building gypsum were studied. The main influence factors on the standard consistency results were analyzed，and the theoretical guides for actual production of building gypsum were put forward.

Keywords：Building gypsum；standard consistency；influence factor；theoretical guide

0 引言

随着大宗工业固体废弃物的综合利用及生态文明建设的推进，建筑石膏的应用有着巨大进步。建筑石膏产业链为新时代绿色建材的重要组成部分，技术创新、高新技术开发、传统应用领域的优化升级以及提升综合利用产品附加值是实现可持续发展的必然途径[1-4]。在实际应用过程中，对于建筑石膏的物理性能、三相组成、粒径分布等测试是重要的基础工作。建筑石膏的标准稠度测试是物理性能测试的开始，对于后续检测数据的正确性影响较大。本文从行业实际情况出发，通过操作方式的对比、搅拌工具的选择、加入粉体的不同方法进行了系列试验，总结出如下结果，以供广大石膏建材从业人员借鉴参考。

试验材料采用沸腾炉生产陈化均化 12d 的同一批次建筑石膏（石家庄荣强新型建材有限公司生产），并使用密闭陈化 3 个月的同一批次建筑石膏（江西天宏新材料科技有限公司）和采用回转窑生产出来吨包存放 1 周的同一批次建筑石膏（山西一把灰科技股份有限公司）进行平行对比试验。试验中采用自来水（在实验室标准环境下放置 24h），试验条件为温度 17～25℃，相对湿度 50%～60%。

1　操作方式对建筑石膏标准稠度影响的比对

对于标准稠度试验法，进行以下两种形式的对比。

（1）将建筑石膏试样一次性倒入搅拌容器，然后搅拌 30s（估计用的水量提前倒入搅拌容器中），得到均匀的石膏浆体。然后边搅拌边迅速注入稠度仪的筒体内，并用刮刀刮去溢浆，使浆面与筒体上端面齐平。从试样与水接触开始至 50s 时，提升筒体。

（2）将建筑石膏试样在 30s 内分 3 次撒入搅拌容器，接着搅拌 30s，静停 60s，再搅拌 15s，然后在 15±2s 内将浆料注入稠度仪筒内，刮平，提升筒体。

在试验中发现建筑石膏试样一次倒入搅拌容器中，不能立即被水浸润，使随之进行搅拌感到吃力，易产生结团，在规定时间内不能完全搅拌均匀（表现在试饼表面有疙瘩不平物），只有当试样三分之二左右被水浸润后才易搅拌。

提升筒体的手法对于试饼直径大小的影响：①迅速提起筒体时，由于粘着力的存在，石膏浆和筒体同时被提起，附着于筒壁上的石膏浆又依靠自身的重量从筒内掉落在初始流出的饼体上，冲击力造成试饼偏大，影响测试结果的准确性；②当提起稠度仪筒体时，如果不及时移开筒体，筒壁上黏附的石膏浆就会掉落到试饼上，使试饼呈不规则形状。

2　搅拌工具对建筑石膏标准稠度影响的比对

考虑到国内有关工厂采用较简便的搅拌容器进行搅拌来测定标准稠度，我们采用不锈钢圆底盆和塑料量杯两种搅拌容器与标准的圆底搅拌锅进行了对比。钢质标准圆底搅拌锅的口径为 400mm，高为 100mm，壁厚 2～3mm；不锈钢圆底盆内径 155mm，容积为 500mL；塑料量杯内径 80mm，高 100mm，容积为 500mL。使用不锈钢打蛋器搅拌。使用石家庄荣强新型建材有限公司生产的建筑石膏，试验结果汇总于表 1。

表 1　相同加水量不同容器所测标准稠度结果

项目	搅拌锅	圆底盆	量杯
测试标准稠度加水量（%）	59.0	59.0	59.0
试验次数（n）	10	10	10
平均直径（mm）	180	178	182
数据偏差范围（mm）	−1～+1	−1～+2	−2～+2

分析试验结果表明：使用标准搅拌锅所测数据偏差范围最小，因此，如用圆底盆或量杯代替搅拌锅作为搅拌容器进行标准稠度测定时，必须对所测数据加以修正。

根据不同搅拌容器和搅拌工具对所测得的标准稠度结果的影响分析如下：

通过对标准搅拌锅的形状和打蛋器的切合程度可以得出，在搅拌过程中，由于搅拌与锅壁的摩擦，石膏粉体堆积物被进一步研碎，使石膏与水的接触面积大大增加，增加了石膏粉体分散度和保证了石膏的溶解—吸附—水化正常进行，从而使稠度的真实值为最大；而圆底盆和量杯与采用的搅拌在操作过程中与容器壁的摩擦作用较搅拌锅为小，因而石膏颗粒的分散程度也较小，溶解作用和水化硬化速度也受到不同程度的影响。不同搅拌容器除影响试样标准稠度数据外，也对水化速度有影响。通过凝结时间的试验数据也可说明这一问题，见表 2 和表 3。

表 2　标准稠度时凝结时间比较

项目	初凝	终凝	备注
搅拌锅	9′30″	14′15″	30 组数据的平均值
圆底盆	11′35″	16′00″	

表 3　不同稠度下的凝结时间比较

项目	稠度	初凝	终凝	备注
搅拌锅	58%	12′43″	16′20″	31 个数平均值
圆底盆	56%	12′35″	17′04″	30 个数平均值

从表 2 可以得出：在相同的稠度下，搅拌锅操作测得初终凝时间较圆底盆操作短。在实际生产中调整抹灰石膏的可操作时间需要注意。

从表 3 可以得出：加水量对于建筑石膏的初终凝有着一定的影响，在石膏基自流平大面积施工过程中务必控制每锅加水量。

对于试验过程中的观察，细节汇总如下：

（1）由于量杯直径较小，杯内料浆液面较高，在搅拌后的静停时，有明显沉淀现象。在注入稠度仪之前的 15s 搅拌时间内，需要加强搅拌，但也不能使下部沉淀稠浆和上部稀浆均匀混合，造成稀浆全部注入稠度仪内，而稠状体则黏附在杯壁或杯底下，致使试饼直径出现偏大现象，反映石膏浆真实标准稠度的性能较差。另外，量杯法还因口径小会使粉体操作发生困难，难以避免石膏粉外撒。

（2）圆底盆法较量杯法的浆体均匀度好，因而数据离散性较小。但与标准搅拌锅相比，其数据低于正确值。优点是价格低，容易采购。

（3）对于搅拌速度来讲，搅拌速度对于石膏粉的分散至关重要。

3　撒粉法与稠度仪法对建筑石膏标准稠度影响的比对

撒粉法对比试验完全按照如下试验方法进行。采用内径为 66mm，内高为 90mm，容积为 250mL 的玻璃烧杯。加入 100±0.1g 水，用手均匀地将建筑石膏试样撒入水中；30s 后，石膏粉在水中沉降部分的上表面应达到离杯底高 16mm 处，60s 后达到高 32mm 处，60s 时达到距水面以下 2mm 处。在最后的 30s 内，继续在水面上均匀撒粉，直至整个表面上不再有水为止，而石膏颗粒应在 3～5s 内浸透。整个撒粉时间控制在 120±5s 以内。试验过程中应严格防止杯壁有水润湿并应避免石膏粉粘在杯壁上（将会造成观察困难和测试数据的误差）。完成撒粉程序时浆液表面上应基本保持水平，不能有明显的凹凸不平现象（这个试验过程需要试验人员把握每次撒粉量和撒粉的均匀程度）。

采用江西天宏新材料科技有限公司的建筑石膏进行撒粉法与稠度仪法对比试验测得的结果见表 4。

表 4　稠度仪法和撒粉法试验情况

项目	稠度仪法		撒粉法
	搅拌锅	圆底盆	
标准稠度（%）	59.0	57.5	58.7
试饼直径（cm）	180	180	—
撒粉量（g）	—	—	170.5
试验次数（n）	30	30	30
数据偏差范围（mm）	－1～＋1	－1～＋2	－2～＋3

通过表 4 可以得出：采用撒粉法测试标准稠度是可以参考的。同时撒粉法操作简单、方便；但试验过程中终点的控制和描述较难；撒粉法的用具只能测标准稠度，在测凝结时间和其他物理力学性能时，仍需另外的搅拌容器，因此这种方法在使用上不够方便。

4　结论

（1）操作方法的正确性对于标准稠度的测定十分重要，我们需要从细节上注意，否则将影响到后续检测的所有数据。

（2）用平底盆作为搅拌容器进行标准稠度的测定是可行的。

（3）从试验所取石膏样品来分析，用不同方法陈化的不同厂家的稳定石膏粉，其标准稠度所测试饼直径基本稳定。在实际生产过程中，如果所测试饼出现忽大忽小现象，则表明该批石膏粉性能稳定性需要评估。

（4）在试验条件受限情况下，可以采用撒粉法来估计标准稠度。

参考文献

[1] 陈燕．石膏建筑材料［M］．北京：中国建材工业出版社，2003.
[2] 刘伟华．无机外加剂对 α-半水石膏性能的影响及其作用机理研究［D］．河北理工大学学报，2005.
[3] 赵云龙，徐洛屹．石膏应用技术问答［M］．北京：中国建材工业出版社，2009.
[4] 滕朝晖，王文战，赵云龙．工业副产石膏及应用问题解析［M］．北京：中国建材工业出版社，2019.

机制砂物性参数对干混砂浆质量稳定性的影响

来　敏
（湖州三中新型建材科技有限公司，德清 313217）

摘　要：本文主要从影响机制砂性能的因素、机制砂对干混砂浆质量稳定性的影响以及机制砂制砂工艺参数选择三个方面进行了分析讨论。分析表明，原石压碎指标对于制备得到的机制砂物性参数具有主要影响，尤其是对含粉量、颗粒级配和机制砂产出率；机制砂的粒形等物性参数对其自身的堆积特性影响较大，是影响到其离析的主要因素；机制砂物性参数显著影响到干混砂浆质量，机制砂离析也会增大干混砂浆离析程度，堆放休止角影响到干混砂浆的离析以及粉料分布特征；选择合适工艺参数的制砂设备和工艺是确保获得高质量机制砂，进而能够制备质量稳定的干混砂浆的关键所在。
关键词：机制砂；物性参数；干混砂浆；质量稳定性

Influence of Manufactured Sand Physical Parameters on the Quality Stability of Dry Mix Mortar

Lai Min
（Huzhou Sanzhong New Building Materials Science and Technology Co.，Ltd.，Deqingy 313217）

Abstract：In this paper，the factors affecting the performance of manufactured sand，the influence of manufactured sand on the quality stability of dry mix mortar，and the production process parameters of manufactured sand were mainly analyzed and discussed. The crush index of raw stone has great influence on the physical parameters of manufactured sand，especially on the powder content，particle gradation and the output of manufactured sand. The particle shape and other physical parameters of manufactured sand have great influences on its own stacking characteristics，which is the main factor affecting its segregation. The physical parameters of manufactured sand significantly affect the quality of dry mix mortar，the segregation of manufactured sand will also increase the segregation degree of dry mix mortar，as well as the stacking angle of repose and the powder distribution characteristics. The optimum equipments and process with appropriate process parameters is the key to ensure the availability of high-quality manufactured sand and the preparation of stable and high quality dry mix mortar.

Keywords：manufactured sand；physical parameters；dry mix mortar；quality stability

0　引言

砂浆的质量稳定性与原材料品质密切相关，随着符合砂浆质量要求的自然黄砂越来越少，砂浆质量的控制变得越来越难。为了解决合格砂源问题，人工干法机制砂已逐步进入砂浆行业的视野。而行业中绝大多数厂家对机制砂的特性还不够了解，所以只要矿山的石粉屑、尾矿渣等够细，就可作为砂浆原料并掺和使用。而对真正适合用于砂浆，特别是用于抹灰砂浆级配饱满的精品砂概念了解得不够充分。

所谓的黄砂原材料质量稳定，除了细度模数外，还有含泥量、砂的级配是否饱满等要求，往往购买的自然砂级配比较单一，这就需要工艺中进行一定的粗、细搭配，按要求掺和调节成饱满的级配后进行配料生产，但往往因某一砂源的含泥量、石粉含量、颗粒级配等问题导致配好的砂浆使用后产生空鼓、开裂等问题[1-5]。而进入机制砂时代后，除了上述指标外，机制砂的粒形又凸显出来。粒形的概念主要来自与自然黄砂圆润度相比，多面棱角机制砂拌和在砂浆中，主要是砂浆在未加水时的自然流动性、加水之后的施工性与黄砂为骨料的砂浆相比时，有着很明显的区别。特别是施工性能，虽然在配方中可适当添加外加剂等材料以改善部分手感，但还是有一定的区别。

目前有大量的干法机制砂生产设备和工艺充斥到市场，而所产出的机制砂没有足够的依据可以评判，认为只要够细就都能使用。这种粗放型的择砂方式让具体做试验配方者来说叫苦不迭。所以参照饱满级配的自然砂理当是最标准的参照物，一切向其看齐，忽略了机制砂自有的级配等技术指标。由于制砂线设备工艺、成本的问题，单级制砂和多级制砂结合，石子原料特性成为如何选择合适的制砂设备的技术难题，当然还有反击破等设备。这中间必须还要考虑制砂过程中的产能；出砂率、级配饱满程度、孔隙率、出粉量、出粉的细腻程度、粒形等一系列问题。是否单独使用机制砂还是搭配价格合适的自然砂，需要综合计算用砂成本。应该立足于本地、本企业的石源、砂源、配方特性要求来进行综合考虑适合于本企业实际的机制砂设备工艺。本文主要分析了机制砂物性参数对机制砂及机制砂制备干混砂浆性能与质量稳定性的影响。

1　物性参数对机制砂产品的影响

1.1　原石压碎值对机制砂性能的影响

机制砂对于原材料的选择是一个相对重要的问题，就以石灰石粒径在25～35mm之间来说，其压碎值的大小对制砂后的级配、孔隙率、粒型、产能有着决定性的作用。

以中联双机组制砂系统为例，压碎值不同的石子制备得到的机制砂出粉量和产能见表1，颗粒级配如图1所示。可以看出，使用冲击式制砂设备，石灰石的石子压碎值在6～11之间，细度模数可以做到2.4～2.5之间，其中制砂时在成砂中留有10%的粉(0.075mm以下)。由于商品石子较干净，不含有泥质（或忽略不计），所以确保制砂的成砂和粉中不含泥。这一点对于砂浆来说较为重要（国家标准：含泥量小于3%）。

表1　原石压碎值与机制砂出粉量及产能的关系

压碎值	6～8	8～11
收尘器出粉量（%）	25～28	33～36
成砂量（t/h）	52～55	50～53
石子投料量（t/h）	78～82	80～85

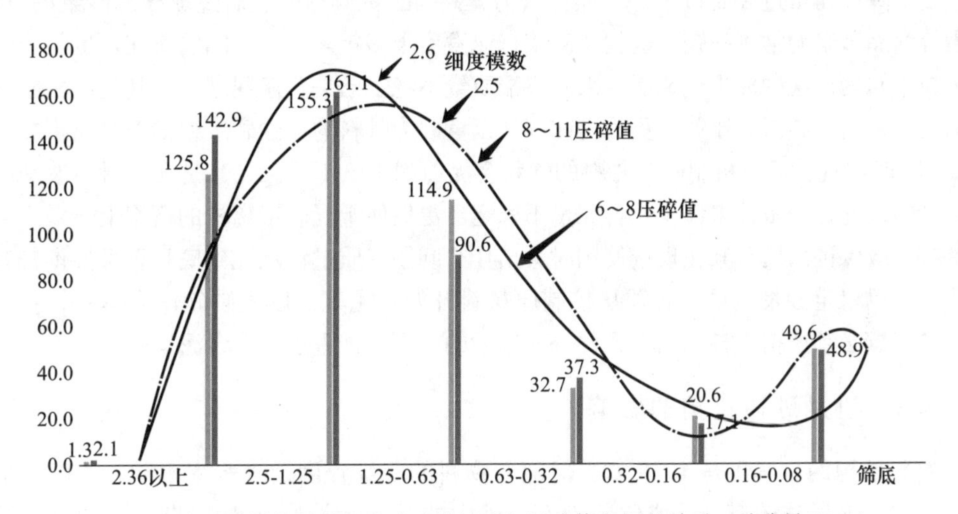

图1　两种不同硬度石子，成砂后的级配与压碎值之间的关系（总称量500g）

1.2　机制砂粒型对其堆积特性的影响

由于制砂后的成砂具有一定的级配，它独有的多面棱角粒型，对于砂浆用砂来说会导致操作难度略增，而对于混凝土掺和砂来说，多棱型的颗粒比圆润的自然砂的黏附力更好，强度会更高（除去针、片状的颗粒），因为多棱型砂的特点，通过自然全级配的形成，孔隙率反而更紧密，可以适当降低砂浆后期添加胶凝材料的用量。而所谓的全级配砂带来的终极目标，就是提高密实度。而多棱型的砂石颗粒对于混凝土的泵送性能来说会有一定的阻力，但可以适当增加粉料来进行填补和润滑。

干式堆放时，以自然堆积休止角在45°以上为例，砂中的较大颗粒在自然卸料堆积时，会比相对较细的砂滚动更远但比黄砂近，最后停止于自然休止斜角线附近，其相比黄砂有较大的阻力。我们曾试验发现，使用同样细度模数的黄砂、机制砂，制备不同骨料的同一强度砂浆，其综合粉量控制在20%情况下，在50°的倾角下自然流动值为1∶1.5，机制砂的流动性明显比黄砂的差。在砂浆生产工艺中，砂、砂浆储罐只有一个以50°左右的锥体收口进行卸料，所以卸料时会有很大的离析发生。尤其是库罐里卸料只剩1/3以下时，这种离析现象开始呈现并逐步达到顶峰。制砂后的成砂必须进入库罐存储，而上述机制砂在库罐的出口离析给下一阶段砂浆的稳定生产埋下了质量难以控制的诱因。

2 机制砂物性参数对干混砂浆质量的影响

2.1 机制砂离析的影响

机制砂离析，从表观上感觉是砂和粉的分离，实质上这种离析破坏了砂或砂浆原有的级配配比，使用中的离析难以恢复到原来配比的目标，促使砂和砂浆在配比使用过程中导致质量难以控制，现场砂浆在某一阶段难以使用。主要表现为砂浆没有足够的粉量使黏度下降或粉量过多而过于黏、操作费力、黏刀现象频出。最后造成抹灰砂浆的空鼓、开裂等商品砂浆的常见问题。这就是砂浆行业发展十多年来最大的问题所在，也是难以解决的技术问题。这种离析现象所带来的终端质量不稳定已是普遍现象，尤其是以机制砂为骨料的砂浆中，离析会比黄砂更为提前（如以黄砂为骨料的抹砂砂浆粉偏多时离析会在剩下5～7t时出现，而以机制砂为骨料的砂浆会提前到10～15t）。尤其是在原材料波动的时候，砂的级配、粉量偏多偏少、含泥量不稳定，更促使干混砂浆离析的概率上升，主管质量的都不敢保证出厂砂浆在现场使用时会出什么问题。质量稳定性到底是否可控谁都答不上来。所以稳定砂浆质量，必须从控制原材料开始，尤其是以机制砂作为单一骨料的企业，这一点必须严格把控。而有条件补充细砂的，更需把重点放在含泥量中。

2.2 机制砂休止角的影响

物料堆积的自然角是45°左右，但随着物料的粗细程度及含水率不同，角度会随之变化。以本文所述的机制砂或砂浆为例，砂中的含粉量控制在10%左右，砂浆的综合含粉量控制在18%～30%以内。含水率在0.5%以下时，休止角在53°～55°之间。干混砂浆从库罐底部锥体收口流出，就会呈现出如图2所示的离析现象。

如果空库罐开始进料，所进入的料因为气力、自由落体等原因，粗颗粒会瞬间集中在锥体部，当锥体慢慢积存料后，粉料开始沉降。而后砂粒进入后开始慢慢堆积到满库。这一现象也就说明现场砂浆罐为什么会空罐入料时出现粗砂偏多的现象，如果罐内还有料时就补充砂浆，满罐时出料偏粗就很少。换句话说，罐内留存料量越多，偏粗现象就越少。

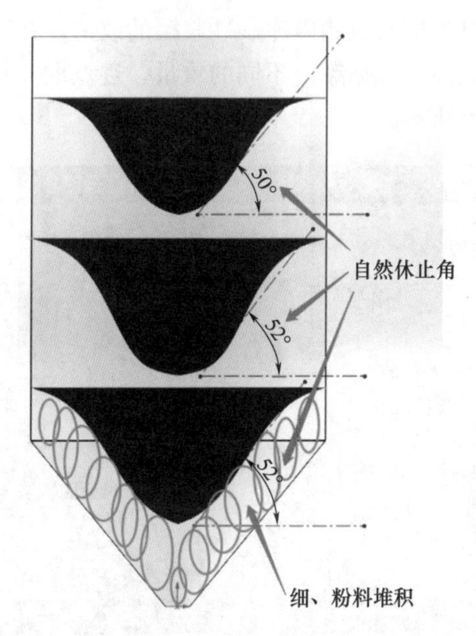

图 2 物料休止角在 53°～55°时水泥砂浆的离析

库罐满后底部开始流出，库罐内的砂一开始是偏粗，其量的多少取决于空库罐时的存量，越空则粗颗粒越多，但这一现象不会持续很长时间。粗颗粒偏多的情形一般占整个库罐的 1/6～1/8。以砂浆罐一车打入 30t 为例，偏粗的料量在 3.5～5t 后就开始正常。

由于锥体中心出料会形成中心抽芯剥离方式下落，砂浆中心部分料在自然重力下先为挤出，又由于颗粒在休止角的牵引下先于粉量挤出，一直延续到砂浆只剩 1/3 罐左右时（接近锥体面）。而这时砂浆质量刚好在 7～15t（以机制砂为骨料的砂浆）。罐内偏中心的砂浆因重力作用会形成中心抽芯下落，又由于垂直锥体的砂浆受锥体的抬举下落重力减缓形成阻尼，导致细、粉量吸边的现象。这时中间部分砂浆先落。而罐周边砂浆中的粉因下落重量被锥体抬举、阻尼、流动性变差减缓下落，导致流出来的砂浆粉量随着罐内的砂浆减少而粉滞留、增加，从而出现离析（粉、砂分离）。从图 2 看，砂浆在满库罐时，由于砂浆重量的原因，锥体沿边的粉量会被挤压出来一点，但其流动速度低于中间垂直部分（中心抽芯剥离现象），当库位中砂浆低于 1/2 罐时，重量慢慢减轻，受锥体阻尼、吸边效应的开始，离析也开始。

从上述砂浆罐离析过程来反观饱满全级配机制砂在砂库罐中的流动、离析过程也是一样的，所以机制砂的储、用过程同样也存在着离析，也必须考虑防止离析。水泥砂浆的不同生产工艺节点以及砂浆罐防离析装置自查评分简况图如图 3 所示。

从图 3 可以看出，砂浆生产、使用过程中，最后一点出现问题会给砂浆整体质量带来一票否决的重要影响。尤其是砂浆罐无防离析造成工地无规则补砂、补水泥，使商品砂浆的声誉跌回到比自拌的还差。

机制砂、砂浆防离析后，整体质量得到提升，砂浆质量控制也变得相对简单、试验员在得到质量波动信息后，修改配方也有了更准确的参考点。

我们公司通过生产过程中对机制砂库、砂浆罐的改造，在工地砂浆终端使用时，从砂浆罐卸料出口未加水之前，根据罐内不同的重量，逐点取样获得筛分数据绘制成综合粉量分布图如图 4 和图 5 所示。

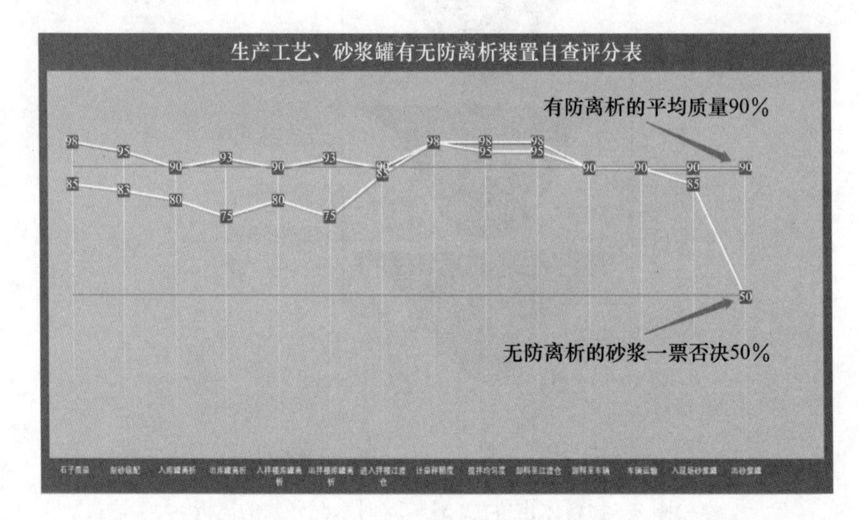

图 3　水泥砂浆生产工艺及砂浆罐防离析装置自查评分简况图

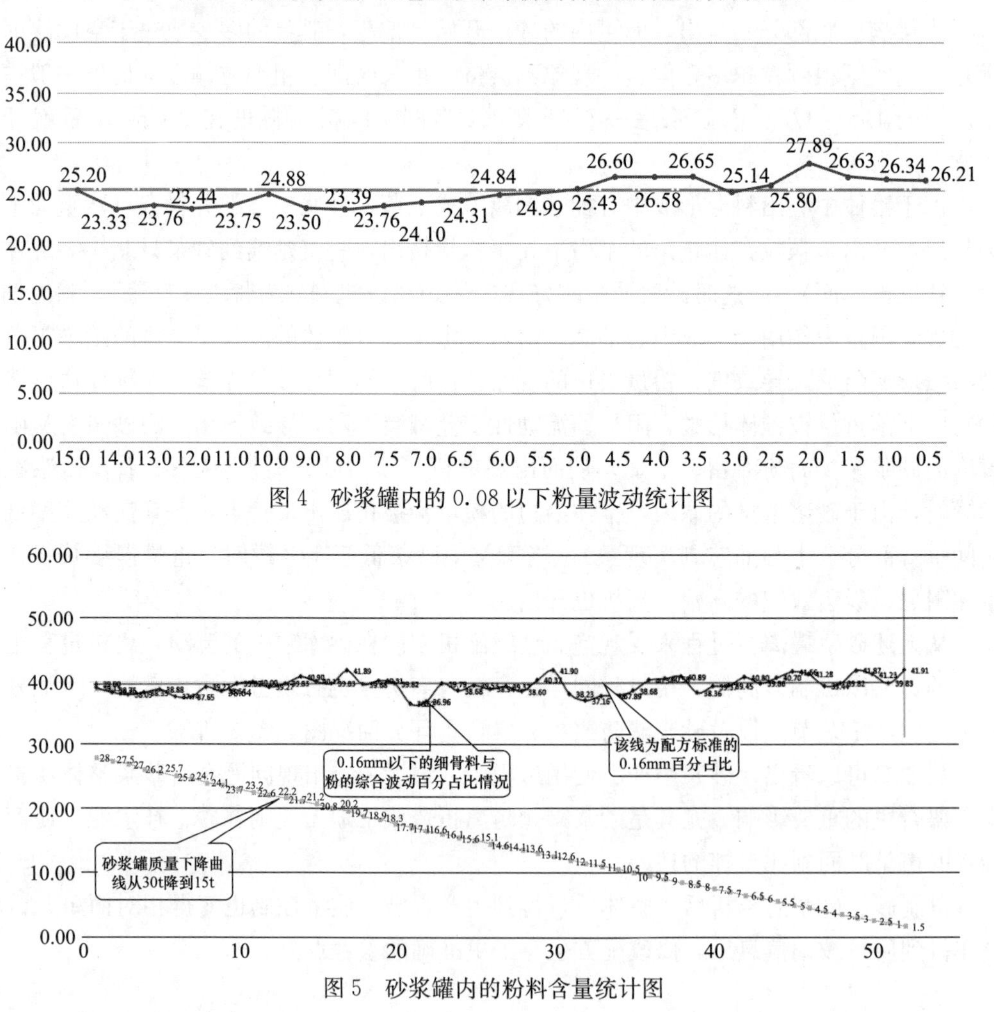

图 4　砂浆罐内的 0.08 以下粉量波动统计图

图 5　砂浆罐内的粉料含量统计图

3　机制砂制砂工艺参数的分析

随着机制砂设备的日趋普及，用途和选择合适的设备工艺成了一定的纠结点。当然更多混凝土、砂浆行业在选择设备时，只要你破碎得够细就行，且当作砂的一定补充而无法完全替代自然砂。更为甚者，使用湿法制砂通过水洗除粉、泥，把制砂后 0.075～0.32mm 的细砂在水洗中当废料排走，使用时还需购买这一粒级的细砂进行补充。粗放型的选择设备工艺仍然是主流，而原材料的选择更是五花八门。逐利是资本积累的原始动力，更多人考虑的是投资回收比和当前利益，缺乏综合效益的概念。

制砂得到的两个细度模数（2.82 和 2.43）的机制砂粒径分布如图 6 和图 7 所示。这两种砂以 25～35mm 石灰石为原材料，氧化钙 43～45，压碎值 6～11 而制成。尤其是 2.43 的砂浆用砂（砂中留粉 10%），完全可用于砂浆中抹灰 DPGM15 的砂浆。

机制砂（砂浆用砂）生产中除了成砂中留下 10%（按砂浆配比要求可调）的粉之外，还会在砂浆生产中根据不同的强度和工地要求，有的需要添加 8%～10%石粉，有的会将部分粉（10%～20%）外排。添加和外排的石粉经过大布袋收尘器收集，这中间因为设备工艺结构不同，会把 0.63～0.075mm 之间的细砂同时收吸（5%～10%）到粉中当作粉料处理。而通过适当的设备配置可以把这部分细砂进行再回收补充到砂中。

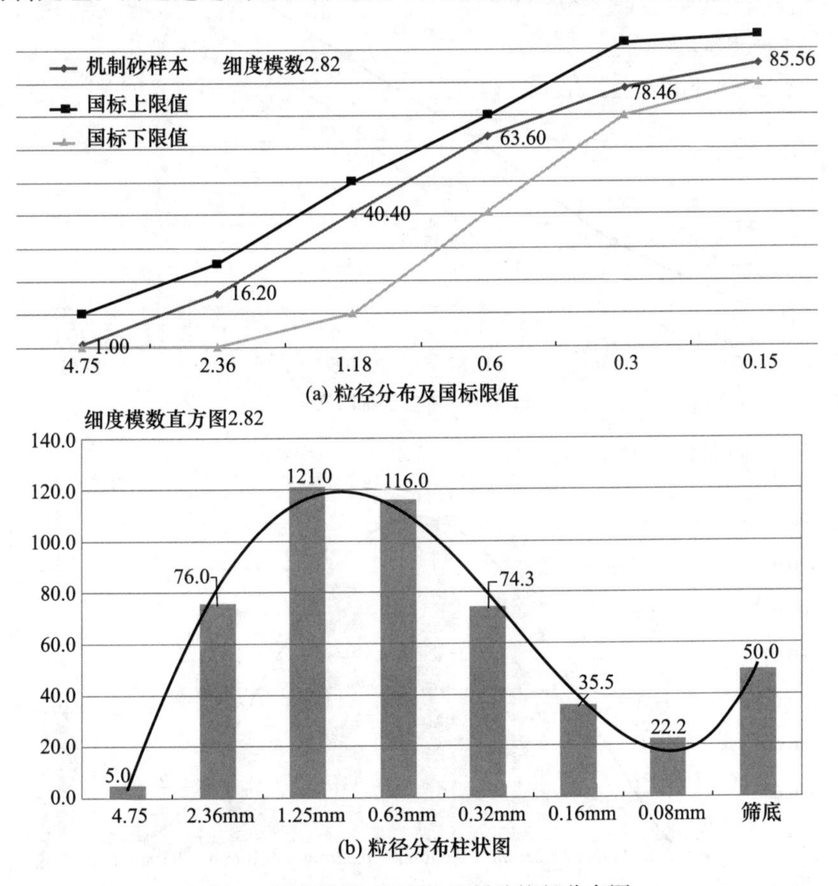

图 6　细度模数 2.82 的机制砂粒径分布图

制砂的负载控制与出砂量，当然这是建立在冲击制砂系统来说，合理的转盘结构与转速，击碎与整形相配合的双机组是首选。而采用冲击式制砂工艺的，负载的定性最好是在 80%～85%之间。因为依靠转盘的高速旋转作为抛石动力，转盘的角速度（抛石速度）达到 75～85m/s 时，为最佳合适动力（以击碎的材料软、硬为基础）。在转盘的抛料结构下，转速高易形成离心粘料（料抛出不去），转速低即角速度低，抛力下降，石子击碎效率下降。所以不是任何结构的抛料转盘都适合于当下自己选择的石材。另外，投料量超过 85%、石子的潮湿度超过 2%时，转盘的抛料通道被堵塞，石料在这中间很难建立初始动力。而投料量低于 80%时则制砂效率下降。控制好原材料、石子、水分是防止效率下降的另一种措施。

当石子进行冲击破进行击碎时，除了上述讲的转盘结构、转速、适配的材料已经决定了整个工艺的击碎效率外，在这基础上，筛分、选粉是绝对的配合工艺，它的布置理念有时超过制砂机。如果筛、选粉不清，会导致出砂率低，冲击破效率下降，能耗上升。换句话说，如果进制砂机之前的原材料中含有较多小于 2.4～2.5mm 的颗粒时，必须做到选筛后制砂的原则，否则会因为高速抛料通道中有粉阻尼，降低制砂机抛料击碎效果。

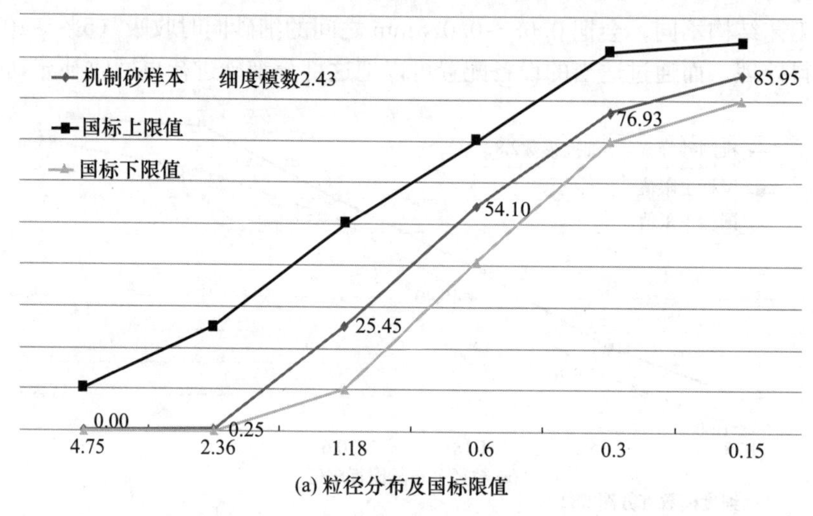

(a) 粒径分布及国标限值

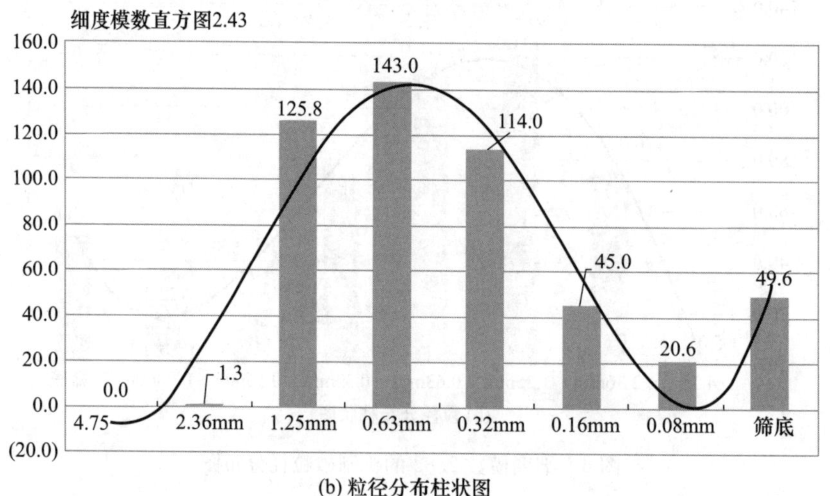

(b) 粒径分布柱状图

图 7 细度模数 2.43 的机制砂粒径分布图

4　结语

（1）原石压碎指标对于制备得到的机制砂物性参数具有主要影响，尤其是对含粉量、颗粒级配和机制砂产出率的影响较大。

（2）机制砂的粒形等物性参数对其自身的堆积特性影响较大，是影响到其离析的主要因素。

（3）机制砂物性参数显著影响到干混砂浆质量稳定性，机制砂离析也会增大水泥砂浆离析程度，堆放休止角会影响砂浆的离析以及粉料分布特征。

（4）选择合适参数的制砂设备和工艺是确保获得高质量机制砂，进而能够制备质量稳定的更好砂浆的关键所在。

参考文献

[1] 高瑞军，吴浩，王玲，等．外掺机制砂石粉对水泥基材料流变性能的影响及机理［J］．硅酸盐通报，2019，38（4）：1080-1085.

[2] 范德科，马强，周宗辉，等．石粉对机制砂混凝土性能的影响［J］．硅酸盐通报，2016，35（3）：913-917.

[3] 周爱军，周红．机制砂在普通砂浆中应用试验研究［J］．硅酸盐通报，2016，35（1）：310-315，321.

[4] 刘春苹，季韬，周丰，等．机制砂取代率及石粉掺量对人工砂砂浆流动度与力学性能的影响[J]．福州大学学报（自然科学版），2014，42（1）：128-132.

[5] 刘战鳌，周明凯，姚楚康．机制砂中细粉的危害性及评价研究［J］．建筑材料学报，2015，18（1）：150-155.

作者简介：来敏，男，工程师，Email-406142582@qq. com。

基于 SAR 理论的装配式住宅技术的一些思考

刘金为[1]　庞　敏[2]　张红英[1]　曾　琳[1]
（1 重庆建筑科技职业学院，重庆 401331；
2 同济大学 材料科学与工程学院，上海 200092）

摘　要：介绍了 SAR 理论的起源及其对装配式住宅技术的指导作用。结合目前我国装配式住宅发展现状提出了关于参与装配式住宅技术研究主体的思考；关于装配式住宅技术研究方向的思考；关于装配式住宅外墙系统的思考；关于装配式住宅自我更新的思考。

关键词：SAR 理论；装配式住宅；发展现状；研究主体；研究方向；外墙系统；自我更新

Some Thoughts On Prefabricated House Technology Based On SAR Theory

Liu Jinwei[1]　Pang min[2]　Zhang hongying[1]　Zeng lin[1]
（1 Chongqing real estate college，Chongqing 401331；2 School of Materials Science and Engineering，Tongji University，Shanghai 200092）

Abstract：This paper introduces the origin of SAR theory and its guiding role in prefabricated housing technology. Combined with the current situation of the development of prefabricated housing in China，this paper puts forward the thinking about the main body participating in the research of prefabricated housing technology；the thinking about the research direction of prefabricated housing technology；the thinking about the external wall system of prefabricated housing；the thinking about the self-renewal of prefabricated housing.

Keywords：SAR theory；prefabricated house；development status；research subjects；research direction；exterior wall system；self-renewal

1　引言

为了阐释建筑的设计和建造，我们通常会做一个形象的类比，即把建筑比作生命有机体。其中建筑结构是有机体的骨架，负责支撑整个有机体，并且承载外加于其上的其他荷载。建筑的外在形象则是有机体的外表皮，负责营造建筑的整体形象和气质。建筑的设备管线，是有机体的脉络，负责给有机体输送能量养分，维持有机体正常生命活动。而建筑的内部装修，就是有机体的内表皮，负责内部空间的形象和感官。很显然，对于一栋完整的建筑来说，外表皮、骨架、脉络、内表皮是缺一不可的。没有外表皮的建筑，粗糙简陋，和市容环境格格不入，很难立足；没有骨架的建筑，将轰然倒塌，根本无法存在；而缺少脉络的建筑，意味着该建筑缺水、停电、没有空气调节等，这样的建筑很难被长期使用；而没有内表皮的建筑，其实就是一个毛坯房，建筑内部空间是要供人们长期停留的场所，若不加修饰，无法发挥建筑的应有功能。

正是这样一个形象而简单的类比，成就了装配式建筑设计及建造的理论基础。这个理论原形是1965年，由哈布瑞根（Nicholas John Habraken）在荷兰建筑师协会会议上提出的。他提出将住宅的设计和建造都分为"骨架（support）"与"可分离构件（detachable unit）"的设想。这个设想的提出正好回应了当时工业化住宅建设面临的一个难题。第二次世界大战以后，大规模的工业化的住宅建设，解决了"二战"后严重的房荒。但是从20世纪60年代后期开始，人们对千篇一律的单调的装配式住房与环境产生不满。荷兰建筑师协会基于哈布瑞根教授的"骨架（support）"与"可分离构件（detachable unit）"的设想提出的SAR建筑理论以期解决大家的不满，也就是解决装配式住宅标准化与多样化之间的矛盾。SAR理论认为："建筑的骨架是根据具体工程的地点、条件、标准，由建筑师等专业人员设计，骨架的建造任务在工程完工后即告结束，不再能做任何改动，除了做日常检查维护或者加强加固；而可分离构件，包括隔墙、设备、装修等则是作为工业化生产的商品，不仅可以安装、拆除、更改、可调节，而且很多构件可以通用。这些可分离构件的选用和布置，也就是住户内的布局，可以完全由居住者自己决定。"正是这种由建筑师事先作出各种可行的可选择户型平面，供居住者选用的装配式住宅建设模式，在理论上解决了装配式住宅标准化与多样性之间的矛盾[1]。

2　SAR理论对世界各国装配式住宅建筑建造及设计的指导作用

"二战"后至20世纪60年代，装配式混凝土建筑得到大量推广，60年代中期装配式混凝土住宅的比重占18%～26%，之后随着住宅需求减少逐步下降。此比例在东欧及苏联等国直到20世纪80年代还在上升，如东德1975年占68%，1978年上升到

80%；波兰 1962 年占 19%，1980 年上升到 80%；苏联 1959 年占 1.5%，1971 年占 37.8%，1980 年上升到 55%。法国的大板建筑技术比较成熟，在非震地区可以建造 25 层的建筑，在地震区也能建造 10～12 层的建筑。

我国 20 世纪 50～60 年代在装配式单层工业厂房建筑体系、装配式多层框架建筑体系、装配式大板建筑体系有过一段时间发展，由于结构抗震、设计、施工、管理等诸多方面研究不够，技术经济性较差，以至于 20 世纪 90 年代中期，装配式混凝土建筑被全现浇混凝土建筑体系取代[2]。

近十年来，随着建筑行业及相关产业的升级迭代，由于装配式建筑拥有大规模减排和高精度制造建筑构件的潜在优势，装配式建筑又被重新寄予厚望[3]。2016 年 2 月 22 日国务院出台《关于大力发展装配式建筑的指导意见》，要求因地制宜发展装配式混凝土结构、钢结构和现代木结构等装配式建筑，力争用 10 年左右的时间，使装配式建筑占新建建筑面积的比例达到 30%。

回顾国内外装配式住宅的发展历程，发现装配式住宅建筑发展至今一直是在 SAR 的理论框架下进行。从 20 世纪 70 年代荷兰的 OB（Open Building）开放建筑理论，到后来的 SI（Skeleton Infill）住宅，再到日本的 KSI（Kikou Skeleton Infill）住宅，以及到我国的 CSI（China Skeleton Infill）装配式建筑体系，无一例外[4]。

3 基于 SAR 理论对我国装配式住宅研究的一些思考

3.1 装配式建筑研究参与主体的思考

以 2007 年上海万科金色里程住宅小区为典型代表，我国新一轮的装配式住宅建设拉开大幕。目前发展的装配式住宅体系为 CSI 住宅体系，即中国的支撑体住宅。CSI 住宅是在吸收 SAR 理论的基础上，进一步借鉴各国 SI 住宅的先进经验，形成具有中国特色的新型工业化住宅建筑体系。CSI 住宅结构体按长寿化标准设计，这是我国发展节能省地型住宅的一个重要方向[4]。

制约我国 CSI 住宅体系蓬勃发展的关键因素还是技术水平滞后。目前的装配式住宅技术经济水平很可能连媲美现浇混凝土体系都谈不上，更别提超越。现浇混凝土技术已经高度成熟，这种技术表现得越优秀，各大建设单位、设计单位，乃至施工单位、装修单位想要推进装配式住宅进程的动力就越弱。原本直接参与工程建设的各方单位才是装配式住宅各项技术的研究主体。而事实上，从近几年的研究成果不难发现，我国参与装配式建筑研究核心机构多数是高校，主要研究者多数为高校学者，相关企业带头人的学术成果较少[5]。

3.2 装配式建筑研究现状及方向的思考

与国外先进的装配式住宅技术相比，目前在我国的装配式建筑尚处于起步阶段，所完成的装配式建筑项目预制的比例低于许多发达国家[6]。关于装配式建筑的研究主要集中在构件抗震性、BIM 技术应用、拟静力试验、有限元分析施工技术、装配式住宅、节点连接等领域[7]。这些领域是装配式建筑初期的阶段性目标课题。从SAR理论角度来分析，可以认为我国主要研究重点集中在骨架上，骨架安全是开展装配式建筑的前提条件。离开这个前提，谈装配式建筑是无意义的。

在装配式建筑发展较为成熟的国家，研究热点似乎早已跨越结构安全这个初级阶段，进而进入到预制构件微观性能改良及其规律研究、装配式建筑能耗研究、废弃物排放研究，以及全生命周期视角管理研究。也就是说，装配式技术发达的国家已经深入到可分离构件的多样性、功能性、及可持续性等领域的研究。

装配式住宅建筑技术属于应用技术，该技术的改进与发展，应该是在建筑设计专业、结构设计专业、设备设计专业、室内设计专业等多专业配合、协同下进行。SAR理论认为结构专业负责提供可靠的骨架，并在骨架上设置通用节点，供建筑专业的外墙、内墙、楼电梯、阳台、屋顶、装饰构件等附着其上；而设备管线及室内装修等则附着在结构或非结构建筑构件之上。这是一种犹如树干上长树枝，树枝上长树叶的连接模式。这种连接模式中骨架与可分离构件之间，以及可各分离构件之间的连接节点的设计至关重要。这些节点，必须安全稳定耐久，且在一定范围内通用，并且能够反复安装及拆除。

在工程技术高度发达的今天，关于连接节点和连接主体的研究，其实是有很多现成技术可以借鉴，乃至集成的。下面以外墙系统为例，阐述如何利用现有技术的启发来开展装配式住宅技术的研究。

3.3　外墙系统的思考

基于SAR理论的指导，我们似乎很容易发现装配式住宅的外墙系统与建筑幕墙体系有相似之处。建筑幕墙指的是建筑物不承重的外墙围护，通常由面板（玻璃、金属板、石板、陶瓷板等）和后面的支撑结构（铝立柱横梁、钢结构、玻璃肋等）组成。目前这套系统技术成熟稳定，可以移植借鉴的技术点较多。

3.3.1　装配式建筑外墙支撑体系的思考

幕墙系统的支撑结构多用铝合金立柱横梁、钢结构、玻璃肋等，这些承重构件作为中间构件连接面板和建筑主体结构。大量使用铝合金、钢结构等，造价昂贵，不具备经济性，不适合住宅这种大量性普通居住建筑。故考虑直接利用楼板、梁、柱等土建结构主体作为支撑体，让外墙板整楼层竖向拉通外挂，或者整开间横向拉通外挂。

3.3.2　装配式建筑外墙面板的思考

对比幕墙系统技术与装配式外墙系统，还存在几个关键技术需要解决。第一是外墙材料的性能，第二是装配式连接节点问题，第三就是装配式外墙的尺寸、形状及质感的设计问题。从生产、运输、安装及最终的效果角度出发，我们希望装配式外墙板有如幕墙墙板材料一样，轻质高强，保温隔热，可加工，可钻孔，可锯切。不仅方便连接主体，同时外墙板尺寸大小适中且外立面效果丰富多变。这样的墙体板材，可以满足标准化批量生产，简单化运输、存放，而且施工起吊难度小，安装也方便，如遇非标准尺寸，施工现场可以二次加工。

如何获得性能如此优良的外墙材料，这是一个材料研究问题，更是一个设计问题。

这需要建筑设计与材料开发研究人员协同工作。

首先，装配式住宅设计师需要了解材料技术，对当前的主流装配式住宅外墙的使用材料的优缺点进行对比，并对材料性能的要求提出改进意见，让材料研究人员的研究具有指向性。

其次，要解决的关键技术是连接节点的设计，装配式住宅和传统住宅一样，是个庞然大物扎根大地，要承受来自自然和内部人为的各种荷载。碎片化的工厂构配件，如何实现安全稳定的连接，且连接完成后热工、隔声等性能能够满足要求，这是一个十分精细化的技术问题。幕墙系统中，利用螺栓、卡槽、爪件、金属框等金属件来固定板材，板材与板材直接或通过密封胶进行封缝。这些技术对装配式住宅墙板设计具有一定启发性。故墙板设计时应该合理拆分并考虑适用的连接设计，可利用凹槽与凸榫、预埋螺栓固定件与连接件。应避免出现悬挑墙板，另外窗户尽可能在一块墙板内。墙板与主体结构的连接应采用柔性连接方式，墙板与墙板之间不应设置刚性连接件[8]。

另外，关于外墙板材的尺寸、形状、质感要求。外墙板可以根据建筑的层高及开间尺寸，以及建筑外立面窗户是横向还是竖向，选择层高方向拉通或者开间方向拉通，而另外一个方向尺寸则应该尽量模数化、标准化和小尺寸化。

在装配式建筑施工现场，大型吊装设备及大型预制构件需要占用大量空间，多维并行吊装作业对施工现场空间资源分配提出严峻考验。其容易造成空间资源分配不合理，会造成预制构件吊装过程中的空间冲突，降低施工作业效率，引发安全事故[9]。因此外墙尺寸标准化，尺寸小量化可以很好地解决生产、运输、施工等问题。具体尺寸可以根据建筑自身情况而定，也可以参考幕墙板材常用尺寸。

当前的主流装配式住宅外墙的使用材料有：薄壁混凝土岩棉复合外墙板、混凝土聚苯乙烯复合外墙板、混凝土膨胀珍珠岩复合外墙板、加气混凝土外墙板等[10]。

由清华大学从国外引进的钢板网泡沫混凝土板（图 1），似乎能够很好地满足轻质高强，保温隔热，可加工性好，可钻孔，可锯切，方便连接主体，且外立面效果丰富等要求。这一泡沫混凝土板由于拉伸网具有纵向加强筋，有很强的抗张能力，泡沫混凝土自身有很好的保温隔热性能，同时钢板网还起到了墙面抗裂作用，对外墙饰面具有很好的兼容性。如果能有效地解决墙板与主体结构的连接问题，以及墙板之间的连接问题，将给装配式外墙系统带来一定的发展。

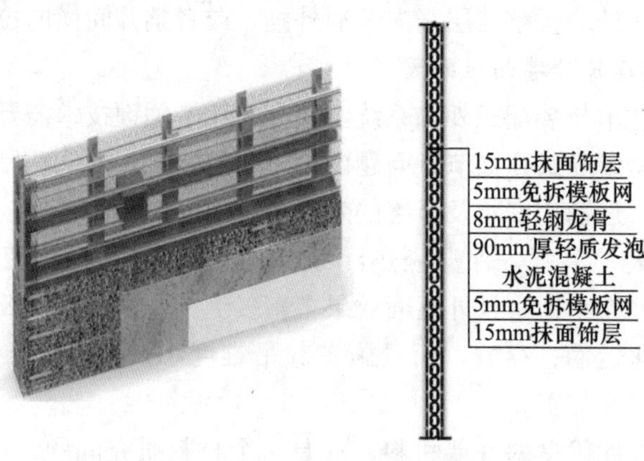

图 1　钢板网泡沫混凝土轻钢龙骨复合墙体

另外，外墙系统除了具有维护作用，还有营造外立面的作用。装配式住宅外立面受制于技术水平的约束，目前外立面设计还略显单调。在标准化、系统化、模块化的原则下，目前大量的装配式住宅外立面，采用的是单一构件，单线复制，外立面整齐划一，没有特点。其实所谓的标准化并不是单一元素单线复制那么简单。纵观幕墙系统建筑的外立面，无不节奏明快，韵律丰富，极大地丰富了建筑地外观，这些建筑外立面都是在标准化、系统化、模块化的指导框架下进行设计与建造。标准化模块进行多线复制、非直线复制等设计思路，可以创造出丰富的建筑外立面。可以说，多样化的设计思路促进技术的革新，新技术、新材料的研发也为设计提供了无限可能。

3.4　装配式住宅体系自我更新的思考

我国建筑包括住宅建筑使用寿命向来不长，由图 2 可以看出，和其他国家的明显差距。在我国传统的住宅建设很少考虑住宅全寿命周期的更新和改造，房屋一经建造，外部形象和内部功能分隔便固化，不再能做任何变化。如果硬要变化也是代价巨大。而时代变化之快，让很多住宅在短短几十甚至十几年就变得由内而外的不适用、不好用。这是大量居住建筑在较短的使用时间内就被推倒重建的主要原因。这既浪费了大量的资源，破坏环境，也是社会财富的巨大损失[11]。

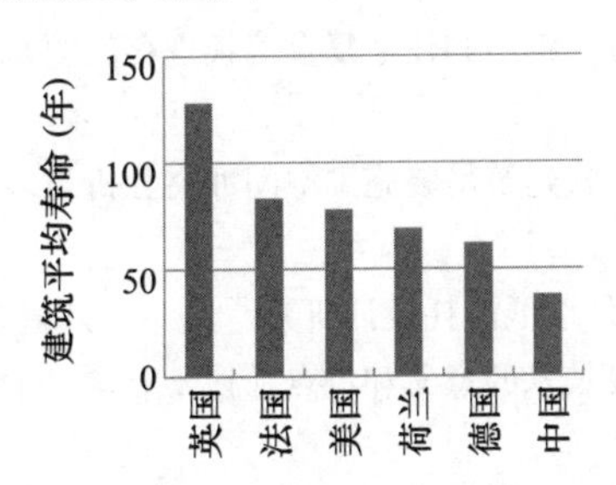

图 2　世界各国建筑平均寿命对比

在装配式住宅的大背景下，基于 SAR 建筑理论，我们希望装配式住宅的骨架体系足够安全耐久，而附着于骨架之上的可分离构件，即建筑外表皮、建筑内表皮、建筑设备等，能够随着城市的发展而更新，根据人们需求的变化而变化。建筑的外立面改造时有发生，建筑内部空间使用功能的变化也不少见。因此从建筑可持续发展的角度来讲，装配式建筑的骨架体系尽可能安全耐久。而作为外表皮的建筑外墙，则应该像幕墙一样，容易安装、拆卸、维修、更新。作为内表皮的室内装修部分，我们也希望其内墙及配套的一体化厨房、卫生间等也同样易于安装、更换、维修。这不仅符合 SAR 理论的以人为本，创造丰富建筑外立面及舒适内部使用环境的初衷，同时也为建筑废弃物排放、全生命周期视角管理做了强有力的铺垫。

4　结语

SAR 理论从提出至今已有半个多世纪，在长达七十多年的时间中，它给装配式建筑技术的研究提供了强有力的理论支撑。即便是今天许多国家的装配式住宅技术已经高度发展，SAR 理论仍然保持着其先进性。

本文是笔者查阅相关文献并结合多年住宅设计工程经验，在 SAR 理论的基础上所做的一些总结和思考，希望能抛砖引玉，对当前中国的装配式住宅设计技术起到一定推进作用。

参考文献

[1] 刘强，徐旭丹，黄伟，等 . SAR 的理论和方法 [J] . 建筑学报，1981 (6)：1-11.

[2] 蒋勤俭 . 国内外装配式混凝土建筑发展综述 [J] . 建筑技术，2010，41 (12)：1074-1077.

[3] 吕僖 . 从设计之外探索装配式建筑设计 [J] . 智慧城建，2019 (2)：20-22.

[4] 干申启 . 工业化住宅建筑可维护更新的技术研究 [D] . 东南大学，2019.

[5] 徐伟，林世梅 . 基于 CiteSpace 的我国装配式建筑研究热点与前沿分析 [J] . 工程建设，2020，52 (5)：12-16.

[6] NAVARATNAM S，NGOT，GUNAWARDENA T，et al. Performance review of prefabricated building systems and future research in Australia [J] . Buildings，2019，9 (2)：1-14.

[7] 李玲燕，赵月溪，高伯洋 . 基于知识图谱的国际和国内装配式建筑文献对比 [J] . 土木工程管理学报，2020，37 (2)：50-57.

[8] 程佑东，贾元蓉，付玮琪，等 . 钢结构住宅复合墙板现存问题及建议 [J] . 工业建筑，2017，47 (7)：53-58.

[9] 马辉，张文静，董美红 . 装配式建筑吊装施工空间冲突分析与多目标优化 [J] . 中国安全科学学报，2020，30 (2)：29-34.

[10] 宋朝扬，黄宁 . 装配式住宅外墙低能耗设计研究 [J] . 中外建筑，2020，12：60-62.

[11] 刘美霞，刘晓 . CSI 住宅建设技术的意义和特点 [J] . 住宅产业，2010，11：61-61.

作者简介：刘金为（1984.08—），女，硕士，高级工程师，2009 年毕业于同济大学材料学专业，现就职于重庆建筑科技职业学院；研究方向：绿色建筑设计，装配式建筑技术。电话：15086802716。E-mail：174627282@qq. com。

浙江鼎峰科技股份有限公司位于浙江省绍兴市柯桥区杨汛桥街道，是一家专业从事绿色建材生产研发的专精特新小巨人企业和高新技术企业。作为一家“新三板”上市公司，公司始终秉承“集先进智造，创美好未来”的企业使命，不断提高资源利用率，降低污染排放，强化固废资源回收再利用，探索建材工业绿色低碳转型的新模式、新思路、新业态。

鼎峰科技创建于 2009 年，年生产能力 60 万吨，生产产量和品牌质量居浙江省砂浆企业前列，销量连年位居绍兴市前列。企业较早通过了省级试验室的验收认证。2016 年公司通过清洁生产、质量管理体系认证、环境管理体系认证、能源管理体系认证、职业健康管理体系认证以及砌筑砂浆、抹灰砂浆、地面砂浆三项产品认证，同年获得全国三星级绿色建材评价标识。鼎峰科技拥有 13 条先进的生产线，努力为客户提供更多的产品选择。公司一直注重提升服务质量，整合现有资源，形成纵向到底、横向到边的优质服务网络。公司秉承绿色环保理念，在生产、销售、运输各个环节采取封闭运行。我们制造的预拌砂浆、腻子粉、瓷砖胶、无机混合料等多种绿色建材产品，几乎可以涵盖整个城市市政、交通等领域的建设任务。

浙江鼎峰科技股份有限公司将不忘初心、砥砺前行，全身心地投身于环保产业，为实现“无废城市”，建设创新、协调、绿色、开放、共享的美丽中国做出应有的贡献。